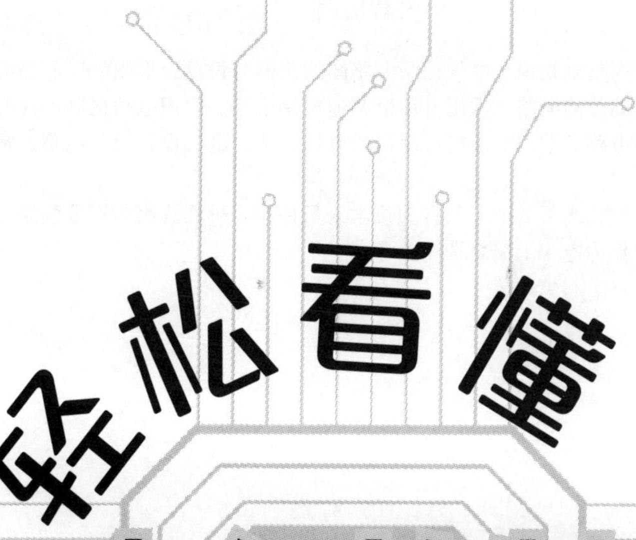

轻松看懂电气控制电路

孙克军　主　编
王忠杰　王晓毅　副主编

化学工业出版社
·北京·

内容提要

本书内容包括电气工程图基础知识、电气控制电路图的绘制与识读、常用低压电器的选择、电动机基本控制电路、常用电动机启动控制电路、常用电动机调速控制电路、常用电动机制动控制电路、常用保护电路、常用电动机节电控制电路、常用电动机控制经验电路、常用电气设备控制电路、常用机床的控制电路等。

本书可供具有初中以上文化水平的电工及有关技术人员使用，可作为高等职业院校及专科学校有关专业师生的教学参考书，也可作为电工上岗培训用参考书。

图书在版编目（CIP）数据

轻松看懂电气控制电路/孙克军主编. —北京：化学工业出版社，2020.6

ISBN 978-7-122-36518-7

Ⅰ.①轻… Ⅱ.①孙… Ⅲ.①电气控制-控制电路 Ⅳ.①TM571.2

中国版本图书馆CIP数据核字（2020）第050414号

责任编辑：高墨荣

责任校对：宋 玮　　　　装帧设计：王晓宇

出版发行：化学工业出版社（北京市东城区青年湖南街13号 邮政编码100011）

印　刷：三河市航远印刷有限公司

装　订：三河市宇新装订厂

787mm×1092mm 1/16 印张16 字数385千字 2020年8月北京第1版第1次印刷

购书咨询：010-64518888　　　　售后服务：010-64518899

网　址：http://www.cip.com.cn

凡购买本书，如有缺损质量问题，本社销售中心负责调换。

定　价：58.00元

前言

随着我国电力事业的飞速发展，电能在工业、农业、国防、交通运输、城乡家庭等各个领域均得到了日益广泛的应用。由于电气工程图是电气技术人员和电气施工人员进行技术交流和生产活动的“工程语言”，是电气技术中应用最广泛的技术资料之一。因此，电气工程图是设计、生产、维修人员工作中不可缺少的技术手段。为了满足广大从事电气工程的初、中级技术人员和电工的需要，我们组织编写了本书。本书编者均为具有实践经验的工程师和教师。

电气控制技术是一门知识性、实践性和专业性都比较强的实用技术，为此本书在编写过程中，面向生产实际，搜集、查阅了大量与电动机、低压电器等有关的技术资料，以基础知识和操作技能为重点，将电动机控制电路的必备知识和技能进行了归类、整理和提炼。

本书内容包括电气工程图基础知识、电气控制电路图的绘制与识读、常用低压电器的选择、电动机基本控制电路、常用电动机启动控制电路、常用电动机调速控制电路、常用电动机制动控制电路、常用保护电路、常用电动机节电控制电路、常用电动机控制经验电路、常用电气设备控制电路、常用机床的控制电路等。本书所介绍的电路都是编者精挑细选的，具有代表性、典型性和新颖性。书中介绍了各种常用电路的工作原理、应用场合及需要注意的问题，既有助于读者了解和掌握电气控制电路原理，又能帮助读者在电气控制电路安装、设备改造及维修中，提高解决实际问题的能力。

本书的特点是密切结合生产实际，图文并茂、深入浅出、通俗易懂，适合自学。而且在编写中力求突出实用性、实践性和针对性，电路图的图形符号和文字符号均采用了国家新标准。书中列举了大量电动机控制电路精讲实例，以帮助读者提高识读电气工程图、解决实际问题的能力。

本书由孙克军主编，王忠杰、王晓毅为副主编。第 1 章由孙克军编写，第 2 章由刘浩编写，第 3 章由王忠杰编写，第 4 章由孙会琴编写，第 5 章由王晓毅编写，第 6 章由井成豪编写，第 7 章由陈明编写，第 8 章由薛增涛编写，第 9 章由王晓晨编写，第 10 章由马超编写，第 11 章由王雷编写，第 12 章由钟爱琴编写。编者对关心本书出版、热心提出建议和提供资料的单位和个人在此一并表示衷心的感谢。

由于水平所限，书中难免有不妥之处，希望广大读者批评指正。

编者

目录 Contents

视频页码
072,077, 080,083, 089,091, 092,094 098

视频页码
101,102,105,108,109

视频页码

173，175，178，179，180，182，184

视频页码
193，194，195，196，198，199

第1章 电气工程图基础知识

1.1 阅读电气工程图的基本知识

电气工程图是根据国家颁布的有关电气技术标准和通用图形符号绘制而成的。它是电气安装工程的“语言”，可以简练而直观地表明设计意图。

电气工程图种类很多，各有其特点和表达方式，各有规定画法和习惯画法，但有一些规定则是共同的，还有许多基本的规定和格式是各种图纸都应共同遵守的。

1.1.1 电气工程图的幅面与标题栏

(1) 图纸的幅面

图纸的幅面是指短边和长边的尺寸。一般分为六种，即0号、1号、2号、3号、4号和5号。具体尺寸如表1-1所示。表中代号的意义如图1-1所示。

表1-1 图幅尺寸 mm

幅面代号	0	1	2	3	4	5
宽×长($B\times L$)	841×1189	594×841	420×594	297×420	210×297	148×210
边宽(c)	10	10	10	5	5	5
装订侧边宽(a)	25	25	25	25	25	25

当图纸不需装订时，图纸的四个边宽尺寸均相同，即a和c一样。

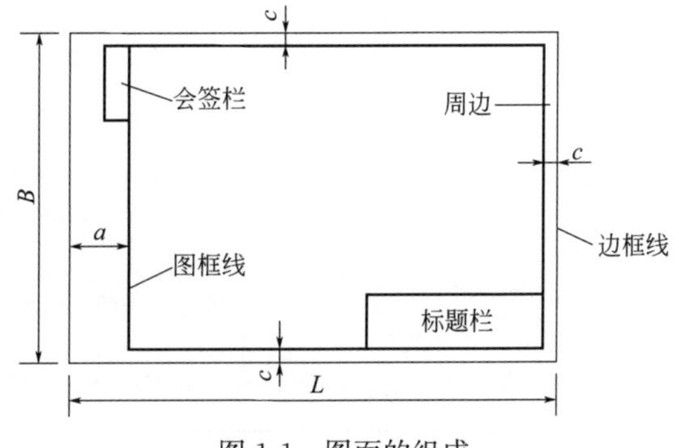

图1-1 图面的组成

（2）标题栏

用以标注图样名称、图号、比例、张次、日期及有关人员签署等内容的栏目，称为标题栏。标题栏的位置一般在图纸的右下方。标题栏中的文字方向为看图的方向。图 1-2 为图纸标题栏示例，其格式目前我国还没有统一规定。

设计单位名称				×××工程	
总工程师		主要设计人		(图名)	
设计总工程师		校核			
专业工程师		制图			
组长		描图			
日期		比例		图号	电×××

图 1-2　标题栏格式

1. 1. 2　电气工程图的比例、字体与图线

（1）比例

比例即工程图样中的图形与实物相对应的线性尺寸之比。大部分电气工程图不是按比例绘制的，只有某些位置图按比例绘制或部分按比例绘制。常用的比例一般有 1∶10、1∶20、1∶50、1∶100、1∶200、1∶500。

（2）字体

工程图纸中的各种字，如汉字、字母和数字等，要求字体端正、笔画清楚、排列整齐、间隔均匀，以保证图样的规定性和通用性。汉字应写成长仿宋体，并采用国家正式公布的简化字。字母和数字可以用正体，也可以用斜体。字体的高度分为 20mm、14mm、10mm、7mm、5mm、3.5mm 等几种，字体的宽度约等于字体高度的三分之二。

（3）图线

绘制电气工程图所用的各种线条统称为图线。工程图纸中采用不同的线形、不同的线宽来表示不同的内容。电气工程图样中常用的图纸名称、形式和应用举例见表 1-2。

表 1-2　图线名称、形式及应用举例

序号	名称	代号	形式	宽度	应用举例
1	粗实线	A	━━━━	b	简图主要用线、可见轮廓线、可见过渡线、可见导线、图框线等
2	中实线		────	约 $b/2$	土建平、立面图上门、窗等的外轮廓线
3	细实线	B	────	约 $b/3$	尺寸线、尺寸界线、剖面线、分界线、范围线、辅助线、弯折线、指引线等
4	波浪线	C	∼∼	约 $b/3$	未全画出的折断界线、中断线、局部剖视图或局部放大图的边界线等
5	双折线（折断线）	D	──╲╱──	约 $b/3$	被断开的部分的边界线

续表

序号	名称	代号	形式	宽度	应用举例
6	虚线	F	- - - - - - - - - - -	约 $b/3$	不可见轮廓线、不可见过渡线、不可见导线、计划扩展内容用线、地下管道(粗虚线 b)、屏蔽线
7	细点画线	G	——·——	约 $b/3$	物体(建筑物、构筑物)的中心线、对称线、回转体轴线、分界线、结构围框线、功能围框线、分组围框线
8	粗点画线	J	——·——	b	表面的表示线、平面图中大型构件的轴线位置线、起重机轨道、有特殊要求的线
9	双点画线	K	——··——	约 $b/3$	运动零件在极限或中间位置时的轮廓线、辅助用零件的轮廓线及其剖面线、剖视图中被剖去的前面部分的假想投影轮廓线、中断线、辅助围框线

1.1.3 方位、安装标高与定位轴线

(1) 方位

电气工程图一般按上北下南、左西右东来表示建筑物或设备的位置和朝向。但在许多情况下都是用方位标记表示。方位标记如图 1-3 所示，其箭头方向表示正北方向（N）。

(2) 安装标高

电气工程图中用标高来表示电气设备和线路的安装高度。标高有绝对标高和相对标高两种表示方法，其中绝对标高又称为海拔；相对标高是以某一平面作为参考面（零点）而确定的高度。建筑工程图样一般以室外地平面为基点，写作±0.00mm。

在电气工程图上有时还标有另一种标高，即敷设标高，它是电气设备或线路安装敷设位置与该层地坪或楼面的高差。

(3) 定位轴线

建筑电气工程图通常是在建筑物断面上完成的。而建筑平面图中，建筑物都标有定位轴线。凡承重墙、柱子、大梁或屋架等主要承重构件，都应画出定位轴线并对轴线编号确定其位置。定位轴线编号的原则是：在水平方向采用阿拉伯数字，由左向右注写；在垂直方向上采用汉语拼音字母由下向上注写，但其中字母 I、Z、O 不得用作轴线编号，以免与阿拉伯数字 1、2、0 混淆。数字和字母用点划线引出，通过定位轴线可以很方便地找到电气设备和其他设备的具体安装位置。图 1-4 所示为定位轴线的标注方法。

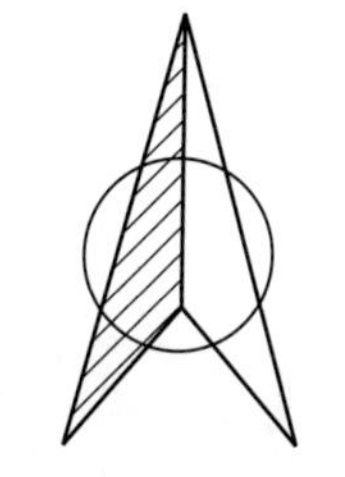

图 1-3　方位标记

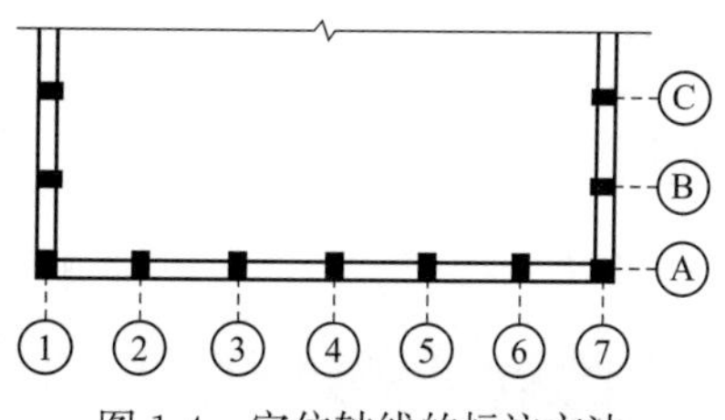

图 1-4　定位轴线的标注方法

1.1.4 图幅分区与详图

（1）图幅分区

电气图上的内容有时是很多的，对于幅面大且内容复杂的图，需要分区，以便在读图时能很快找到相应的部分。图幅分区的方法是将相互垂直的两边框分别等分，分区的数量视图的复杂程度而定，但要求必须为偶数，每一分区的长度一般为25～75mm。分区线用细实线。每个分区内，竖边方向分区代号用大写拉丁字母从上到下顺序编写；水平方向分区代号用阿拉伯数字从左到右顺序编写。分区代号由拉丁字母和阿拉伯数字组合而成，字母在前，数字在后，如B4、C5等。图1-5为图幅分区示例。

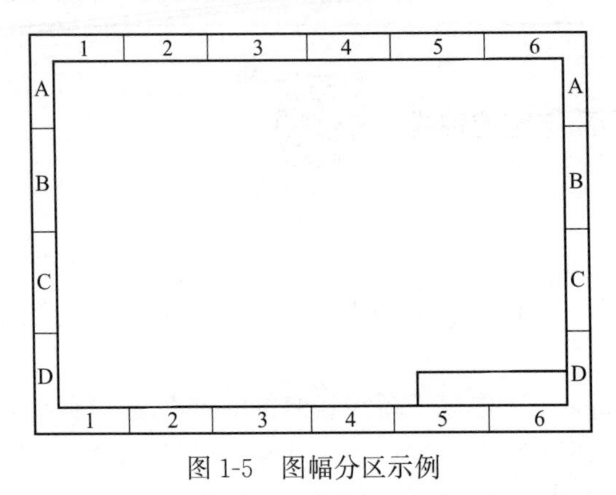

图1-5　图幅分区示例

（2）详图

电气设备中某些零部件、连接点等的结构、做法、安装工艺要求无法表达清楚时，通常将这些部分用较大的比例放大画出，称为详图。详图可以画在同一张图纸上。也可以画在另一张图纸上。为便于查找，应用索引符号和详图符号来反映基本图与详图之间的对应关系，如表1-3所示。

表1-3　详图的标示方法

图例	示意	图例	示意
2/—	2号详图与总图绘制在一张图上	5/2	5号详图被索引在第2号图样上
2/3	2号详图绘制在第3号图样上	D××× 4/6	图集代号为D×××，详图编号为4，详图所在图集页码编号为6
5	5号详图被索引在本张图样上	D××× 8/–	图集代号为D×××，详图编号为8，详图在本页（张）上

1.1.5 指引线的画法

电气图中的指引线（用来注释某一元器件或某一部分的指向线），用细实线表示，指向被标注处，且根据其末端不同，加注不同标记，图1-6列举了三种指引线的画法。

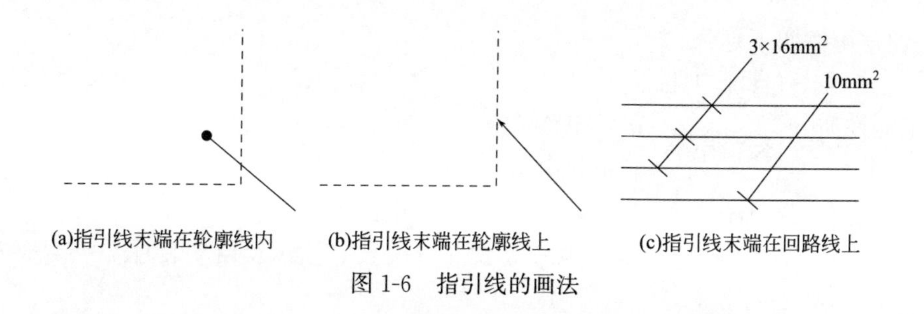

图1-6　指引线的画法

1.1.6 尺寸标注的规定

按国家标准规定，标准的汉字、数字和字母，都必须做到“字体端正、笔划清楚、排列整齐、间隔均匀”。汉字应写成长仿宋体，并应采用国家正式公布的简化字。数字通常采用正体。字母有大写、小写和正体、斜体之分。

标注尺寸时，一般需要有尺寸线、尺寸界线、尺寸起止点的箭头或45°短划线、尺寸数字和尺寸单位几部分。尺寸线、尺寸界线一般用细实线表示。尺寸箭头一般用实心箭头表示，建筑图中则常用45°短划线表示。尺寸数字一般标注在尺寸线的上方或中断处。尺寸单位可用其名称或代号表示，工程图上除标高尺寸、总平面图和一些特大构件的尺寸单位一般以米（m）为单位外，其余尺寸一般以毫米（mm）为单位。凡是尺寸单位为mm的尺寸，不必注明尺寸单位，如图1-7所示。采用其他单位的尺寸，必须注明尺寸单位。在一张图中每一尺寸一般只标注一次（建筑电气图上允许注重复尺寸）。

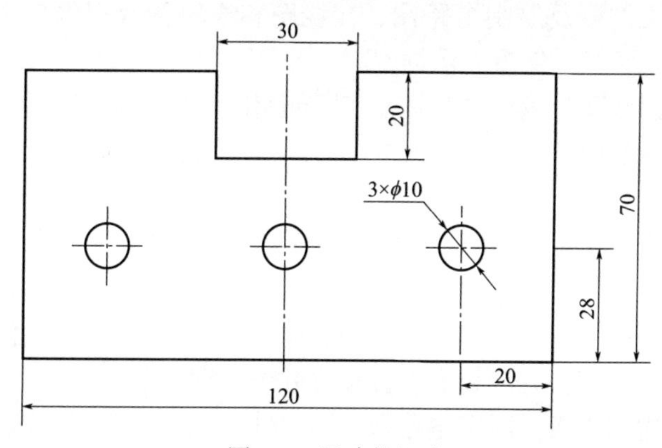

图1-7　尺寸的组成

1.2 常用电气工程图的类型

1.2.1 电路的分类

电路通常可按如下划分。

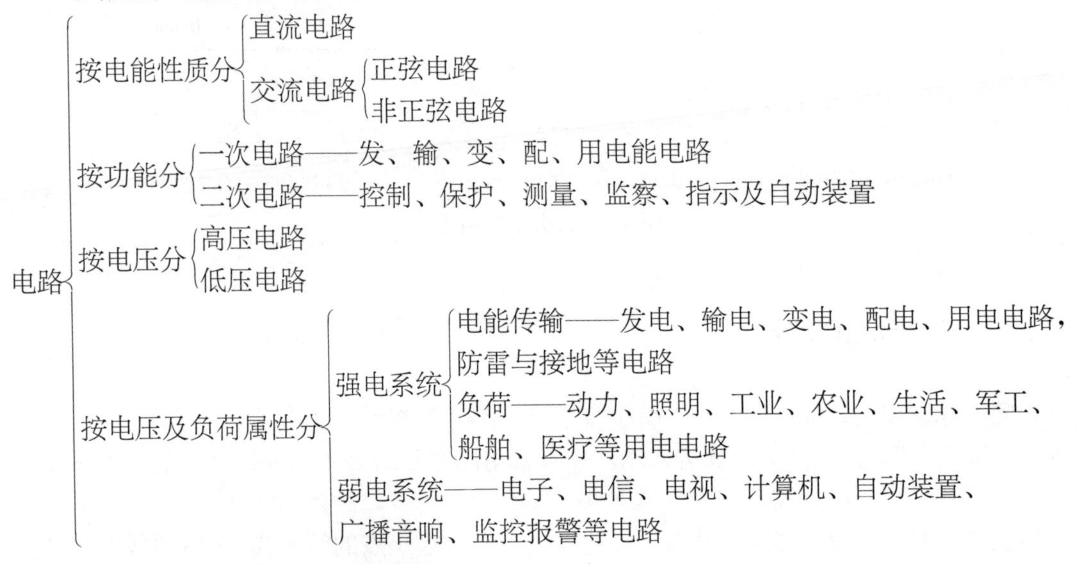

1.2.2 系统图与框图

系统图或框图就是用符号或带注释的框概略表示系统或分系统的基本组成、相互关系及其主要特征的一种简图。它通常是某一系统、某一装置或某一成套设计图中的第一张图样。系统图或框图可分为不同层次绘制，可参照绘图对象逐级分解来划分层次。它还可以作为教学、训练、操作和维修的基础文件，使人们对系统、装置、设备等有一个概略的了解，为进一步编制详细的技术文件以及绘制电路图、接线图和逻辑图等提供依据，也为进行相关计算、选择导线和电气设备等提供重要依据。

电气系统图和框图原则上没有区别。在实际使用时，电气系统图通常用于系统或成套装置，框图则用于分系统或设备。系统图或框图布局采用功能布局法，能清楚地表达过程和信息的流向。

图 1-8 是某工厂的供电系统图。其 10kV 电源取自区域变电所，经两台降压变压器降压后，供各车间等负荷用电。该图表示了这些组成部分（如断路器、隔离器、熔断器、变压器、电流互感器等）的相互关系、主要特征和功能，但各部分都只是简略表示，对每一部分的具体结构、型号规格、连接方法和安装位置等并未详细表示。

对于较为复杂的电子设备，除了电路原理图之外，往往还会用到电路框图。图 1-9 是被动式红外线报警器的原理框图。该报警器利用热释红外线传感器（该传感器对人体辐射的红外信号非常敏感）再配上一个菲涅耳透镜作为探头，对人体辐射的红外线信号进行检测。当有人从探头前经过时，探头会检测到人体辐射的红外线信号，该信号经过电子线路放大、处理后，驱动报警电路发出报警信号。

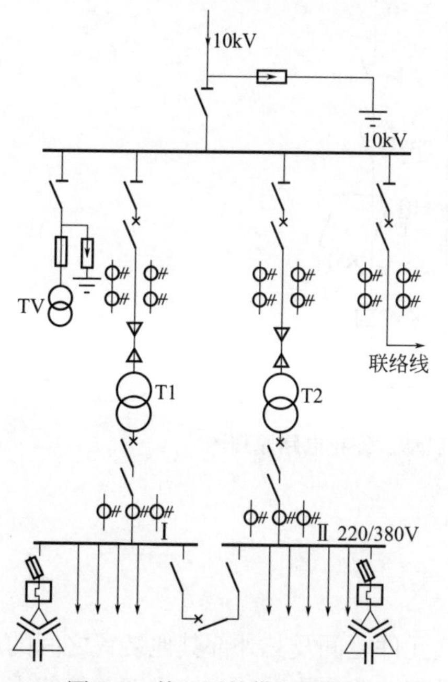

图 1-8　某工厂的供电系统图

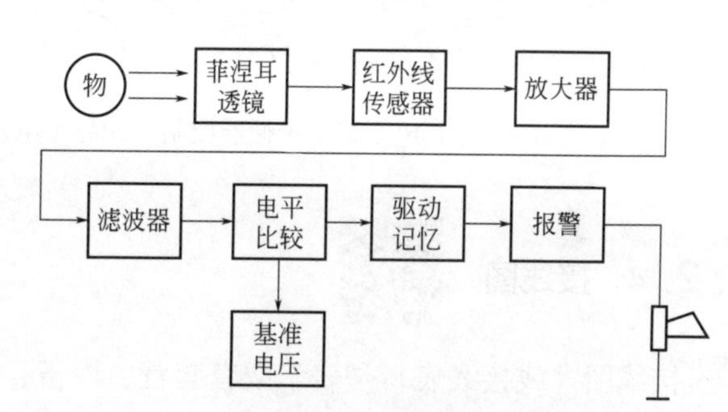

图 1-9　被动式红外线报警器的原理框图

电路框图和电路原理图相比，包含的电路信息比较少。实际应用中，根据电路框图是无法弄清楚电子设备的具体电路的，它只能作为分析复杂电子设备电路的辅助手段。

1.2.3 电路图

电路图以电路的工作原理及阅读和分析电路方便为原则，用国家统一规定的电气图形符号和文字符号，按工作顺序将图形符号从上而下、从左到右排列，详细表示电路、设备或成套装置的工作原理、基本组成和连接关系。电路图是表示电流从电源到负载的传送情况和电气元件的工作原理，而不考虑其实际位置的一种简图。其目的是便于详细理解设备工作原理，为编制接线图、安装和维修提供依据，所以这种图又称为电气原理图或原理接线图，简称原理图。

电路图在绘制时应注意设备和元件的表示方法。在电路图中，设备和元件采用符号表示，并应以适当形式标注其代号、名称、型号、规格等，应注意设备和元件的工作状态。设备和元件的可动部分通常应表示其在非激励或不工作时的状态或位置。符号的布置原则为：驱动部分和被驱动部分之间采用机械连接的设备和元件（例如接触器的线圈、主触点、辅助触点），以及同一个设备的多个元件（例如转换开关的各对触点）可在图上采用集中、半集中或分开布置。

控制原理图是单独用来表示电气设备及元件控制方式及其控制线路的图样，主要表示电气设备及元件的启动、保护、信号、联锁、自动控制及测量等。通过控制原理图可以知道各设备元件的工作原理、控制方式等。交流接触器控制三相异步电动机启动、停止电路原理图如图 1-10 所示，该图表示了系统的供电和控制关系。

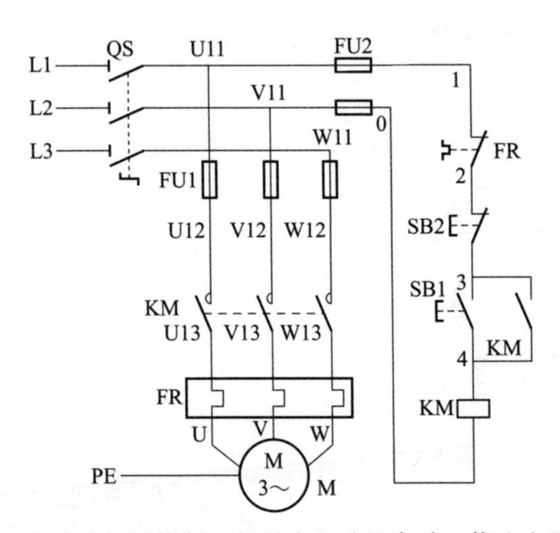

图 1-10　交流接触器控制三相异步电动机启动、停止电路原理图

1.2.4　接线图

接线图（或接线表）是表示成套装置、设备、电气元件之间及其外部其他装置之间的连接关系，用以进行安装接线、检查、试验与维修的一种简图或表格，称为接线图或接线表。

图 1-11 是交流接触器控制三相异步电动机启动、停止电路接线图，它清楚地表示了各元件之间的实际位置和连接关系：电源（L1、L2、L3）接至端子排 XT，然后通过熔断器 FU1 接至交流接触器 KM 的主触点，再经过继电器的发热元件接到端子排 XT，最后用导线接入电动机的 U、V、W 端子。

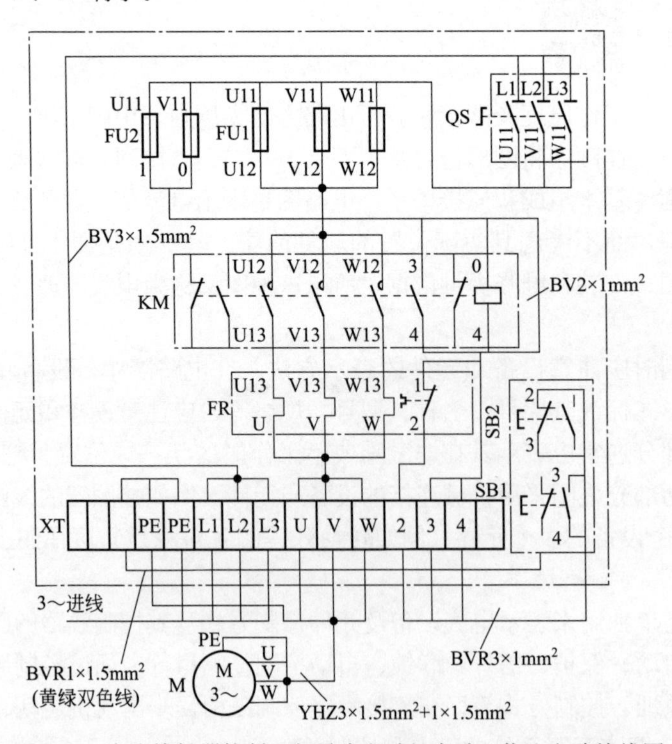

图 1-11　交流接触器控制三相异步电动机启动、停止电路接线图

（1）接线图的特点

① 电气接线图只标明电气设备和控制元件之间的相互连接线路，而不标明电气设备和控制元件的动作原理。

② 电气接线图中的控制元件位置要依据它所在实际位置绘制。

③ 电气接线图中各电气设备和控制要按照国家标准规定的电气图形符号绘制。

④ 电气接线图中的各电气设备和控制元件，其具体型号可标在每个控制元件图形旁边，或者画表格说明。

⑤ 实际电气设备和控制元件结构都很复杂，画接线图时，只画出接线部件的电气图形符号。

（2）其他接线图

当一个装置比较复杂时，接线图又可分解为以下四种。

① 单元接线图　是表示成套装置或设备中一个结构单元内各元件之间的连接关系的一种接线图。这里“单元结构”是指在各种情况下可独立运行的组件或某种组合体，如电动机、开关柜等。

② 互连接线图　是表示成套装置或设备的不同单元之间连接关系的一种接线图。

③ 端子接线图　是表示成套装置或设备的端子以及接在端子上的外部接线（必要时包括内部接线）的一种接线图。

④ 电线电缆配置图　是表示电线电缆两端位置的一种接线图，必要时还包括电线电缆功能、特性和路径等信息。

1.2.5　位置图与电气设备平面图

（1）位置图（布置图）

位置图是指用正投影法绘制的图。位置图是表示成套装置和设备中各个项目的布局、安装位置的图。位置图一般用图形符号绘制。

（2）电气设备平面图

电气设备平面图是在建筑物的平面图上标出电气设备、元件、管线实际布置的图样，主要表示其安装位置、安装方式、规格型号数量及接地网等。通过平面图可以知道每幢建筑物及其各个不同的标高上装设的电气设备、元件及其管线等。建筑电气平面图用的很多，动力、照明、变配电装置、各种机房、通信广播、电缆电视、火灾报警、防盗保安、微机监控、自动化仪表、架空线路、电缆线路及防雷接地等都要用到平面图。

电气总平面图是在建筑总平面图上表示电源及电力负荷分布的图样，主要表示各建筑物的名称和用途、电路负荷的装机容量、电气线路的走向及变配电装置的位置、容量和电源进户的方向等。通过电气总平面图可了解该项工程的概况，掌握电气负荷的分布及电源装置等。一般大型工程都有电气总平面图，中小型工程则由动力平面图或照明平面图代替。

电气平面图是表示电气工程项目的电气设备、装置和线路的平面布置图，例如为了表示电动机及其控制设备的具体平面布置，可采用图 1-12 所示的平面布置图。图中示出了交流接触器控制三相异步电动机启动、停止电路中开关、熔断器、接触器、热继电器、接线端子等的具体平面布置。

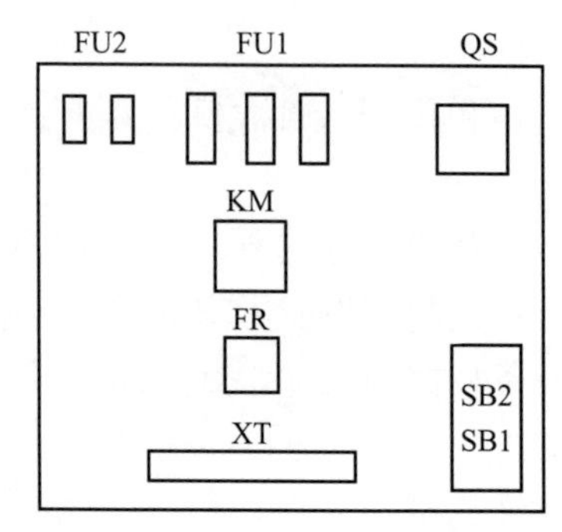

图 1-12　交流接触器控制三相异步电动机启动、停止电路平面布置图

1.3 常用电气图形符号和文字符号

1.3.1 电气设备常用基本文字符号

电气设备常用基本文字符号见表 1-4。

表 1-4　电气设备常用基本文字符号

名称	文字符号	名称	文字符号
分离元件放大器	A	电动机	M
晶体管放大器	AD	直流电动机	MD
集成电路放大器	AJ	交流电动机	MA
电容器	C	电流表	PA
双(单)稳态元件	D	电压表	PV
热继电器	FR	电阻器	R
熔断器	FU	控制开关	SA
旋转发电机	G	选择开关	SA
同步发电机	GS	按钮开关	SB
异步发电机	GA	行程开关	SQ
蓄电池	GB	隔离开关	QS
接触器	KM	单极开关	Q
继电器	KA	刀开关	Q
时间继电器	KT	电流互感器	TA
电压互感器	TV	电力变压器	TM
电磁铁	YA	信号灯	HL
电磁阀	YV	发电机	G
电磁吸盘	YH	直流发电机	GD
接插器	X	交流发电机	GA
照明灯	EL	半导体器件	V
电抗器	L		

1.3.2 电气设备常用辅助文字符号

电气设备常用辅助文字符号见表1-5。

表1-5　电气设备常用辅助文字符号

名称	文字符号	名称	文字符号
交流	AC	加速	ACC
自动	A AUT	附加	ADD
		可调	ADJ
制动	B BRK	快速	F
		反馈	FB
向后	BW	正、向前	FW
控制	C	输入	IN
延时(延迟)	D	断开	OFF
数字	D	闭合	ON
直流	DC	输出	OUT
接地	E	启动	ST

1.3.3 电气设备常用电气图形符号

(1) 电气系统图、电路图常用图形符号及其他符号（表1-6）

表1-6　电气系统图、电路图常用图形符号及其他符号

名称	图形符号	名称	图形符号
直流	— 或 ⎓	交流	~
交直流	≂	接地一般符号	
无噪声接地 (抗干扰接地)		保护接地	
接机壳或接底板	或	等电位	
故障		闪烁、击穿	
导线间绝缘击穿		导线对机壳、绝缘击穿	或
半导体二极管一般符号		光电二极管	
电压调整二极管 (稳压管)		晶体闸流管 (阴极侧受控)	

续表

名称	图形符号	名称	图形符号
PNP 型半导体三极管	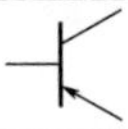	NPN 型半导体三极管	
绕组和电感线圈		电机一般符号	 符号内的星号必须用下述字母代替： C—同步变流机 G—发电机 GS—同步发电机 M—电动机 MG—能作为发电机或电动机使用的电机 MS—同步电动机 SM—伺服电机 TG—测速发电机 TM—力矩电动机 IS—感应同步器
三相笼型异步电动机	 M 3～		
三相绕线转子异步电动机	 M 3～	串励直流电动机	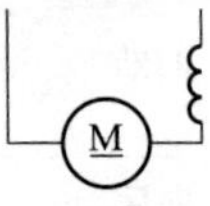 M
电喇叭	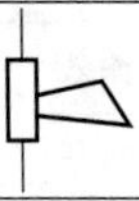	扬声器	
受话器		导线对地绝缘击穿	
导线的连接	或	导线的多线连接	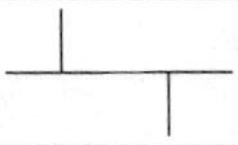 或 
导线的不连接		接通的连接片	或
断开的连接片	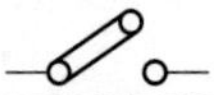	电阻器一般符号	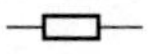
电容器一般符号		极性电容器	 +
他励直流电动机	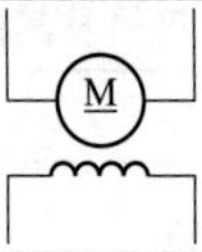 M	并励直流电动机	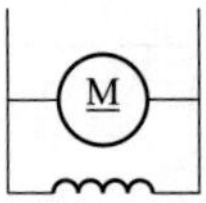 M
复励直流电动机	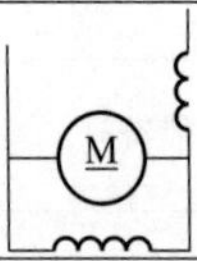 M	铁芯带间隙的铁芯	
单相变压器电压互感器	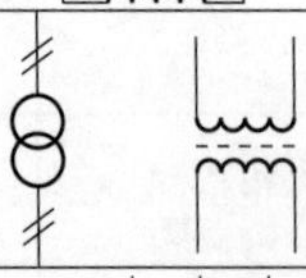	有中心抽头的单相变压器	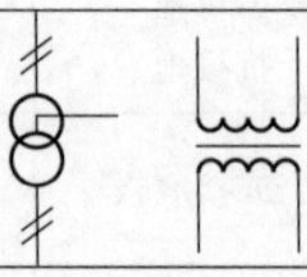
三相变压器星形-有中性点引出线的星形连接	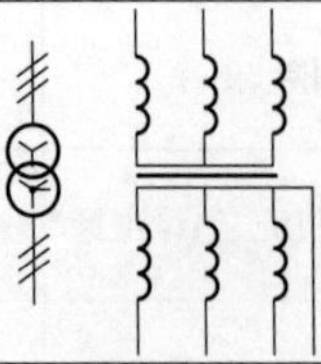	电流互感器脉冲变压器	 或 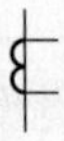
电铃		蜂鸣器	
原电池或蓄电池	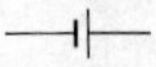		

(2) 常用低压电器的图形符号与文字符号（表 1-7）

表 1-7　常用低压电器的图形符号与文字符号

类别	名称	图形符号	文字符号
开关	单极控制开关	 或	SA
	手动开关一般符号	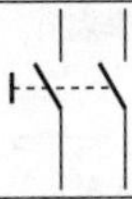	SA
	三极控制开关	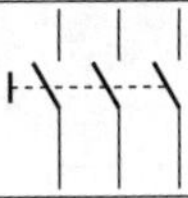	QS
	三极隔离开关	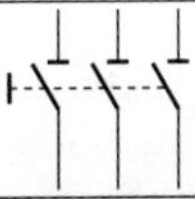	QS
	三极负荷开关	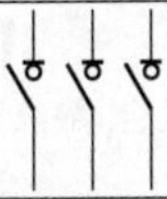	QS
	组合旋钮开关	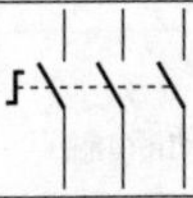	QS
	刀开关		QS
断路器	断路器	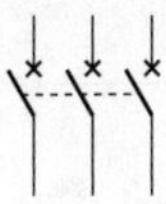	QF
接触器	线圈	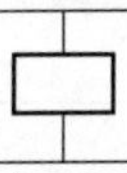	KM
	常开(动合)主触点	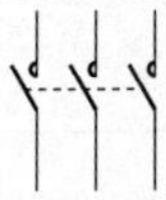	KM
	常开(动合)辅助触点		KM
	常闭(动断)辅助触点		KM
热继电器	热元件	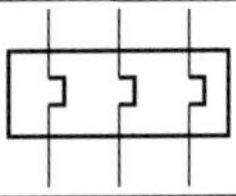	FR
	常开(动合)触点	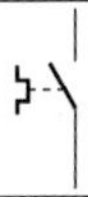	FR
	常闭(动断)触点	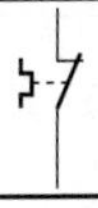	FR

续表

类别	名称	图形符号	文字符号
时间继电器	通电延时(缓吸)线圈		KT
	断电延时(缓放)线圈		KT
	瞬动常开(动合)触点		KT
	瞬动常闭(动断)触点		KT
	延合瞬断常开(动合)触点	或	KT
	延断瞬合常闭(动断)触点	或	KT
	瞬断延合常闭(动断)触点	或	KT
	瞬合延断常开(动合)触点	或	KT
熔断器	熔断器		FU
电磁操作器件	电磁铁的一般符号	或	YA
	电磁阀		YV
位置开关(行程开关)	常开(动合)触点		SQ
	常闭(动断)触点		SQ
	复合触点		SQ

续表

类别	名称	图形符号	文字符号
按钮	常开(动合)按钮		SB
	常闭(动断)按钮		SB
	复合按钮		SB
	急停按钮		SB
	钥匙按钮		SB
中间继电器	线圈		KA
	常开(动合)触点		KA
	常闭(动断)触点		KA
电流继电器	过电流继电器线圈	$I>$	KA
	欠电流继电器线圈	$I<$	KA
	常开(动合)触点		KA
	常闭(动断)触点		KA
电压继电器	过电压继电器线圈	$U>$	KV
	欠电压继电器线圈	$U<$	KV
	常开(动合)触点		KV
	常闭(动断)触点		KV
非电量控制的继电器	速度继电器常开(动合)触点	n	KS
	压力继电器常开(动合)触点	p	KP

第2章 电气控制电路图的绘制与识读

2.1 电气控制电路概述

2.1.1 电气控制电路的功能

为了使电动机能按生产机械的要求进行启动、运行、调速、制动和反转等，就需要对电动机进行控制。控制设备主要有开关、继电器、接触器、电子元器件等。用导线将电动机、电器、仪表等电气元件连接起来并实现某种要求的线路，称为电气控制电路，又称电气控制线路。

不同的生产机械有不同的控制电路，不论其控制电路多么复杂，但总可找出它的几个基本控制环节，即一个整机控制电路是由几个基本环节组成的。每个基本环节起着不同的控制作用。因此，掌握基本环节，对分析生产机械电气控制电路的工作情况，判断其故障或改进其性能都是很有益的。

2.1.2 电气控制电路图的分类与特点

生产机械电气控制电路图包括电气原理图、接线图和电气设备安装图等。电气控制电路图应该根据简明易懂的原则，用规定的方法和符号进行绘制。

电气原理图、接线图和电气设备安装图的区别如下。

(1) 电气原理图

电气原理图简称原理图或电路图。原理图并不按元件的实际位置来绘制，而是根据工作原理绘制的。在原理图中，一般根据各个元件在电路中所起的作用，将其画在不同的位置上，而不受实物位置所限。有些不影响电路工作的元件，如插接件、接线端子等，大多可略去不画。原理图中所表示的状态，除非特别说明外，一般是按未通电时的状态画出的。

原理图具有简单明了、层次分明、易阅读等特点，适于分析生产机械的工作原理和研究生产机械的工作过程和状态。

(2) 接线图

接线图又称敷线图。接线图是按元件实际布置的位置绘制的，同一元件的各部件是画在一起的。它能表明生产机械上全部元件的接线情况，连接的导线、管路的规格、尺寸等。

接线图对于实际安装、接线、调整和检修工作是很方便的。但是，从接线图来了解复杂的电路动作原理较为困难。

(3) 电气设备安装图

电气设备安装图表明元件、管路系统、基本零件、紧固件、锁控装置、安全装置等在生产机械上或机柜上的安装位置、状态及规格、尺寸等。图中的元件、设备多用实际外形图或简化的外形图，供安装时参考。

电气控制电路根据通过电流的大小可分为主电路和控制电路。主电路是流过大电流的电路，一般指从供电电源到电动机或线路末端的电路；控制电路是流过较小电流的电路，如接触器、继电器的吸引线圈以及消耗能量较少的信号电路、保护电路、联锁电路等。

电气控制电路按功能分类，可分为电动机基本控制电路和生产机械控制电路。一般说来，电动机基本控制电路比较简单；生产机械的控制电路一般指整机控制电路比较复杂。

2.2 电气控制电路图的绘制

2.2.1 连接线的表示法

连接线在电气图中使用最多，用来表示连接线或导线的图线应为直线，且应使交叉和折弯最少。图线可以水平布置，也可以垂直布置。只有当需要把元件连接成对称的格局时，才可采用斜交叉线。连接线应采用实线，看不见的或计划扩展的内容用虚线。

(1) 中断线

为了图面清晰，当连接线需要穿越图形稠密区域时，可以中断，但应在中断处加注相应的标记，以便迅速查到中断点。中断点可用相同文字标注，也可以按图幅分区标记。对于连接到另一张图纸上的连接线，应在中断处注明图号、张次、图幅分区代号等。如图 2-1、图 2-2 所示。

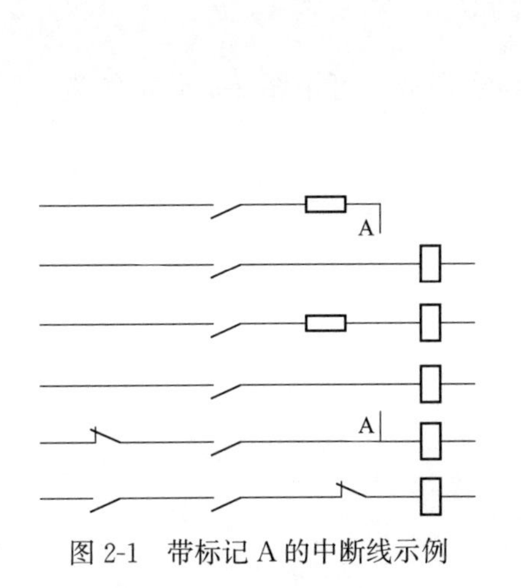

图 2-1　带标记 A 的中断线示例

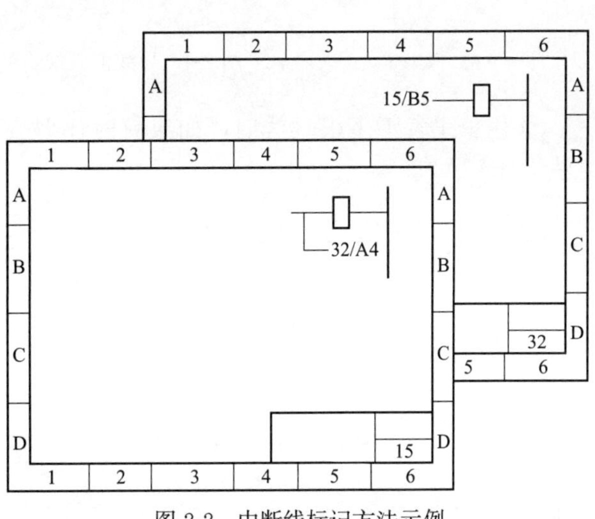

图 2-2　中断线标记方法示例

(2) 单线表示法

当简图中出现多条平行连接线时，为了使图面保持清晰，绘图时可用单线表示法。单线表示法具体应用如下。

① 在一组导线中，如导线两端处于不同位置时，应在导线两端实际位置标以相同的标记，可避免交叉线太多，如图 2-3 所示。

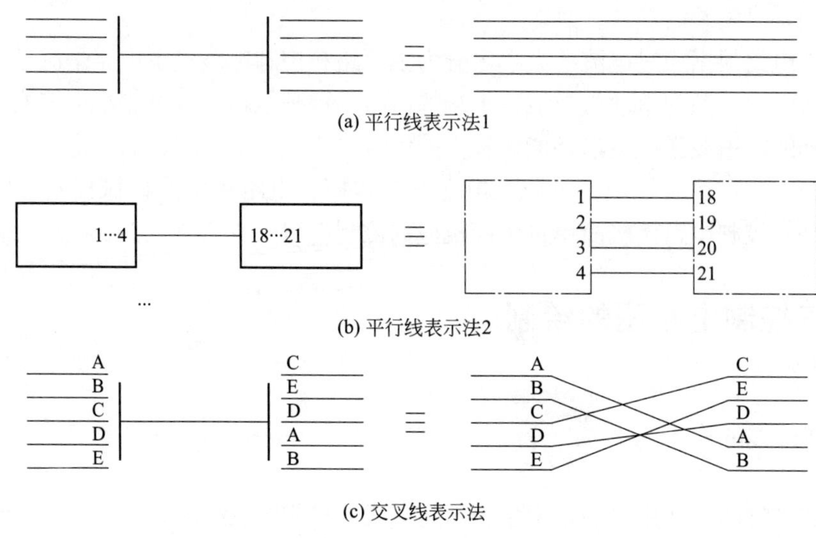

图 2-3　单线表示法示例

② 当多根导线汇入用单线表示的线组时，汇接处应用斜线表示，斜线的方向应能使看图者易于识别导线汇入或离开线组的方向，并且每根导线的两端要标注相同的标记，如图 2-4 所示。

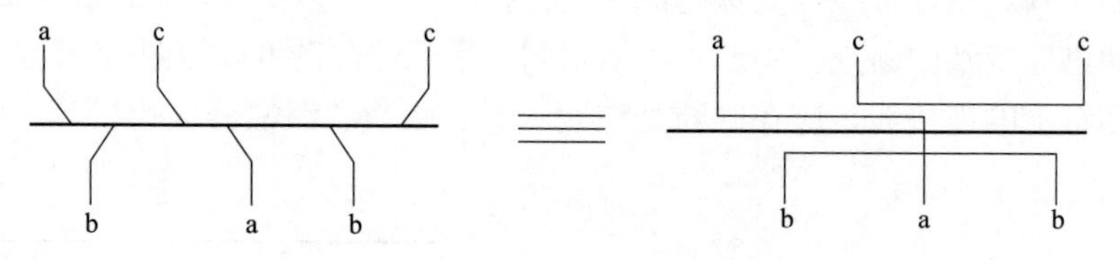

图 2-4　导线汇入线组的单线表示法

③ 用单线表示多根导线时，如果有时还要表示出导线根数，可用图 2-5 所示的表示方法。

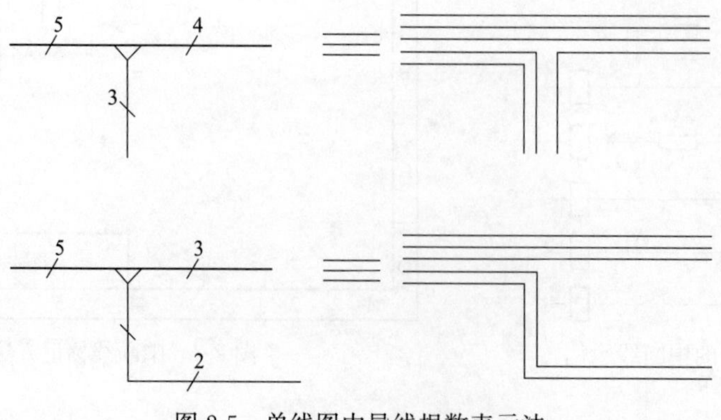

图 2-5　单线图中导线根数表示法

2. 2. 2　项目的表示法

项目是指在图上通常用一个图形符号表示的基本件、部件、组件、功能单元、设备、系统等。项目表示法主要分为集中表示法、半集中表示法和分开表示法。

（1）集中表示法

把一个项目各组成部分的图形符号在简图上绘制在一起的方法称为集中表示法，如图 2-6 所示。

（2）半集中表示法

把一个项目某些组成部分的图形符号在简图上分开布置，并用机械连接符号来表示它们之间关系的方法称为半集中表示法，如图 2-7 所示。

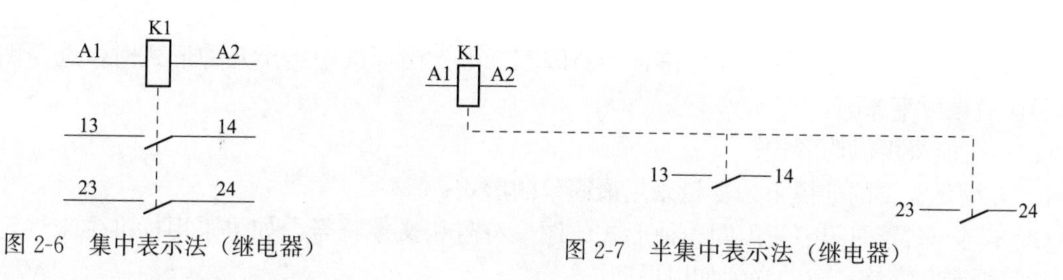

图 2-6　集中表示法（继电器）

图 2-7　半集中表示法（继电器）

（3）分开表示法

把一个项目某些组成部分的图形符号在简图上分开布置，仅用项目代号来表示它们之间关系的方法称为分开表示法，如图 2-8 所示。

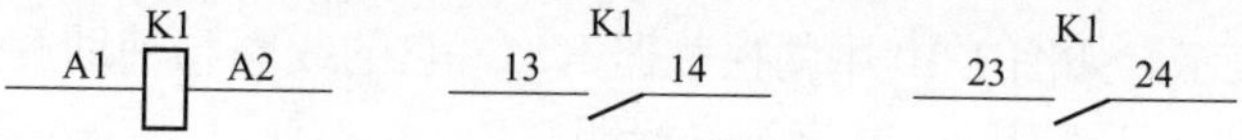

K1　A1　A2　K1　13　14　K1　23　24

图 2-8　分开表示法

2. 2. 3　电路的简化画法

（1）并联电路

多个相同的支路并联时，可用标有公共连接符号的一个支路来表示，同时应标出全部项目代号和并联支路数，见图 2-9。

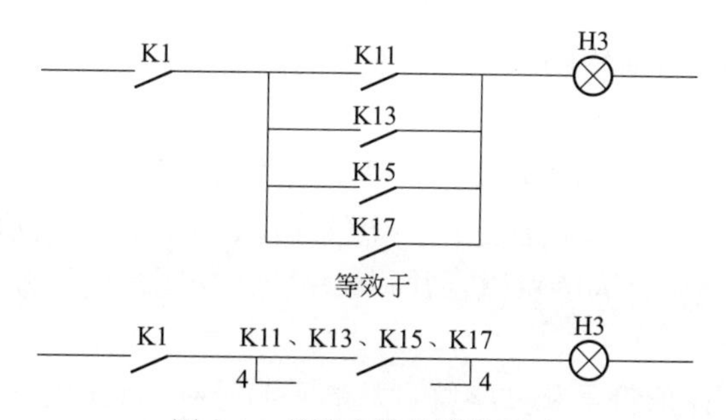

图 2-9　并联电路的简化画法

(2) 相同电路

相同的电路重复出现时，仅需详细表示出其中的一个，其余的电路可用适当的说明来代替。

(3) 功能单元

功能单元可用方框符号或端子功能图来代替，此时应在其上加注标记，以便查找被其代替的详细电路。端子功能图应表示出该功能单元所有的外接端子和内部功能，以便能通过对端子的测量从而确定如何与外部连接。其排列应与其所代表的功能单元的电路图的排列相同，内部功能可用下述方式表示：①方框符号或其他简化符号；②简化的电路图；③功能表图；④文字说明。

2.2.4 绘制原理图应遵循的原则

① 图中各元件的图形符号均应符合最新国家标准，当标准中给出几种形式时，选择图形符号应遵循以下原则：

a. 尽可能采用优选形式；

b. 在满足需要的前提下，尽量采用最简单的形式；

c. 在同一图号的图中使用同一种形式的图形符号和文字符号。如果采用标准中未规定的图形符号或文字符号时，必须加以说明。

② 图中所有电气开关和触点的状态，均以线圈未通电、手柄置于零位、无外力作用或生产机械在原始位置的初始状态画出。

③ 各个元件及其部件在原理图中的位置根据便于阅读的原则来安排，同一元件的各个部件（如线圈、触点等）可以不画在一起。但是，属于同一元件上的各个部件均应用同一文字符号和同一数字表示。如图 1-10 中的接触器 KM，它的线圈和辅助触点画在控制电路中，主触点画在主电路中，但都用同一文字符号标明。

④ 图中的连接线、设备或元件的图形符号的轮廓线都应使用实线绘制。屏蔽线、机械联动线、不可见轮廓线等用虚线绘制。分界线、结构围框线、分组围框线等用点划线绘制。

⑤ 原理图分主电路和控制电路两部分，主电路画在左边，控制电路画在右边，按新的国家标准规定，一般采用竖直画法。

⑥ 电动机和电器的各接线端子都要编号。主电路的接线端子用一个字母后面附加一位或两位数字来编号。如 U1、V1、W1。控制电路的接线端子只用数字编号。

⑦ 图中的各元件除标有文字符号外，还应标有位置编号，以便寻找对应的元件。

2.2.5 绘制接线图应遵循的原则

① 接线图应表示出各元件的实际位置，同一元件的各个部件要画在一起。

② 图中要表示出各电动机、电器之间的电气连接、可用线条表示（见图 1-11），也可用去向号表示。凡是导线走向相同的可以合并画成单线。控制板内和板外各元件之间的电气连接是通过接线端子来进行的。

③ 接线图中元件的图形符号和文字符号及端子编号应与原理图一致，以便对照查找。

④ 图中应标明导线和走线管的型号、规格、尺寸、根数等，例如图 1-11 中按钮到接线

端子的连接线为 BVR 3×1mm²，表示导线的型号为 BVR，共有 3 根，每根截面面积为 1mm²。

2.2.6 绘制电气原理图的有关规定

要正确绘制和阅读电气原理图，除了应遵循绘制电气原理图的一般原则外，还应遵守以下的规定。

① 为了便于检修线路和方便阅读，应将整张图样划分成若干区域，简称图区。图区编号一般用阿拉伯数字写在图样下部的方框内，如图 2-10 所示。

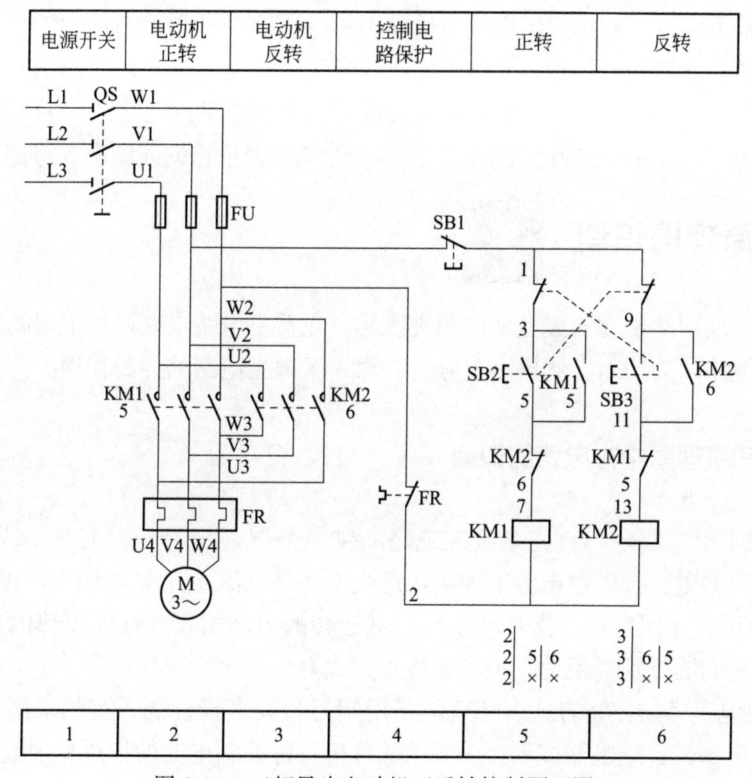

图 2-10　三相异步电动机正反转控制原理图

② 图中每个电路在生产机械操作中的用途，必须用文字标明在用途栏内，用途栏一般以方框形式放在图面的上部，如图 2-10 所示。

③ 原理图中的接触器、继电器的线圈与受其控制的触点的从属关系应按以下方法标记。

a. 在每个接触器线圈的文字符号（如 KM）的下面画两条竖直线，分成左、中、右三栏，把受其控制而动作的触点所处的图区号，按表 2-1 规定的内容填上。对备而未用的触点，在相应的栏中用记号"×"标出。

表 2-1　接触器线圈符号下的数字标志

左栏	中栏	右栏
主触点所处的图区号	辅助常开（动合）触点所处的图区号	辅助常闭（动断）触点所处的图区号

b. 在每个继电器线圈的文字符号（KT）的下面画一条竖直线，分成左、右两栏，把受其控制而动作的触点所处的图区号，按表 2-2 规定的内容填上，同样，对备而未用的触点，在相应的栏中用记号“×”标出。

表 2-2　继电器线圈符号下的数字标志

左栏	右栏
常开(动合)触点所处的图区号	常闭(动断)触点所处的图区号

c. 原理图中每个触点的文字符号下面表示的数字为动作它的线圈所处的图区号。

例如在图 2-10 中，接触器 KM1 线圈下面竖线的左边（左栏中）有三个 2，表示在 2 号图区有它的三副主触点；在第二条竖线左边（中栏中）有一个 5 和一个“×”，则表示该接触器共有两副动合（常开）触点，其中一副在 5 号图区，而另一副未用；在第二条竖线右边（右栏中）有一个 6 和一个“×”，则表示该接触器共有两副动断（常闭）触点，其中一副在 6 号图区，而另一副未用；在触点 KM1 下面有一个 5，表示它的线圈在 5 号图区。

2.3 电气原理图识读

阅读电气原理图的步骤一般是从电源进线起，先看主电路电动机、电器的接线情况，然后再查看控制电路，通过对控制电路电分析，深入了解主电路的控制程序。

2.3.1　电气原理图中主电路的识读

① 先看供电电源部分　首先查看主电路的供电情况，是由母线汇流排或配电柜供电，还是由发电机组供电。并弄清电源的种类，是交流还是直流；其次弄清供电电压的等级。

② 看用电设备　用电设备指带动生产机械运转的电动机，或耗能发热的电弧炉等电气设备。要弄清它们的类别、用途、型号、接线方式等。

③ 看对用电设备的控制方式　如有的采用闸刀开关直接控制；有的采用各种启动器控制；有的采用接触器、继电器控制。应弄清并分析各种控制电器的作用和功能等。

2.3.2　电气原理图中控制电路的识读

① 先看控制电路的供电电源　弄清电源是交流还是直流；其次弄清电源电压的等级。

② 看控制电路的组成和功能　控制电路一般由几个支路（回路）组成，有的在一条支路中还有几条独立的小支路（小回路）。弄清各支路对主电路的控制功能，并分析主电路的动作程序。例如当某一支路（或分支路）形成闭合通路并有电流流过时，主电路中的相应开关、触点的动作情况及电气元件的动作情况。

③ 看各支路和元件之间的并联情况　由于各分支路之间和一个支路中的元件，一般是相互关联或互相制约的。所以，分析它们之间的联系，可进一步深入了解控制电路对主电路的控制程序。

④ 注意电路中有哪些保护环节，某些电路可以结合接线图来分析。

电气原理图是按原始状态绘制的，这时，线圈未通电、开关未闭合、按钮未按下，但看图时不能按原始状态分析，而应选择某一状态分析。

2.4 电气控制电路的一般设计方法

一般设计法又称经验设计法，它是根据生产工艺要求，利用各种典型的电路环节，直接设计控制电路。这种设计方法比较简单，但要求设计人员必须熟悉大量的控制线路。在设计过程中往往还要经过多次反复地修改、试验，才能使线路符合设计的要求。即使这样，所得出的方案不一定是最佳方案。

一般设计法没有固定模式，通常先用一些典型线路环节拼凑起来实现某些基本要求，然后根据生产工艺要求逐步完善其功能，并加以适当的联锁与保护环节。由于是靠经验进行设计的，因而灵活性很大。

用一般方法设计控制电路时，应注意以下几个原则：

① 应最大限度地实现生产机械和工艺对电气控制电路的要求。

② 在满足生产要求的前提下，控制线路应力求简单、经济。

a. 尽量选用标准的、常用的或经过实际考验过的电路和环节。

b. 尽量缩短连接导线的数量和长度。特别要注意电气柜、操作点和限位开关之间的连接线，如图 2-11 所示。图 2-11（a）所示的接线是不合理的，因为按钮在操作台上，而接触器在电气柜内，这样接线就需要由电气柜二次引出连接线到操作台上的按钮上。因此，一般都将启动按钮和停止按钮直接连接，如图 2-11（b）所示，这样可以减少一次引出线。

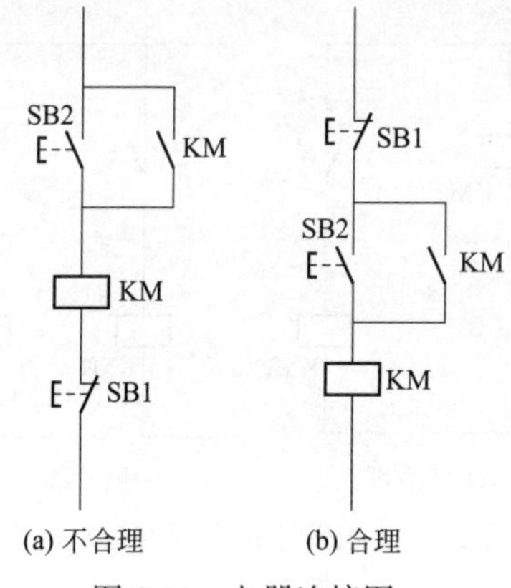

图 2-11　电器连接图

c. 尽量缩减电器的数量、采用标准件，并尽可能选用相同型号。

d. 应减少不必要的触点，以便得到最简化的线路。

e. 控制线路在工作时，除必要的电器必须通电外，其余的尽量不通电以节约电能。以三相异步电动机串电阻降压启动控制电路为例，如图 2-12（a）所示，在电动机启动后接触器 KM1 和时间继电器 KT 就失去了作用。若接成图 2-12（b）所示的电路时，就可以在启动后切除 KM1 和 KT 的电源。

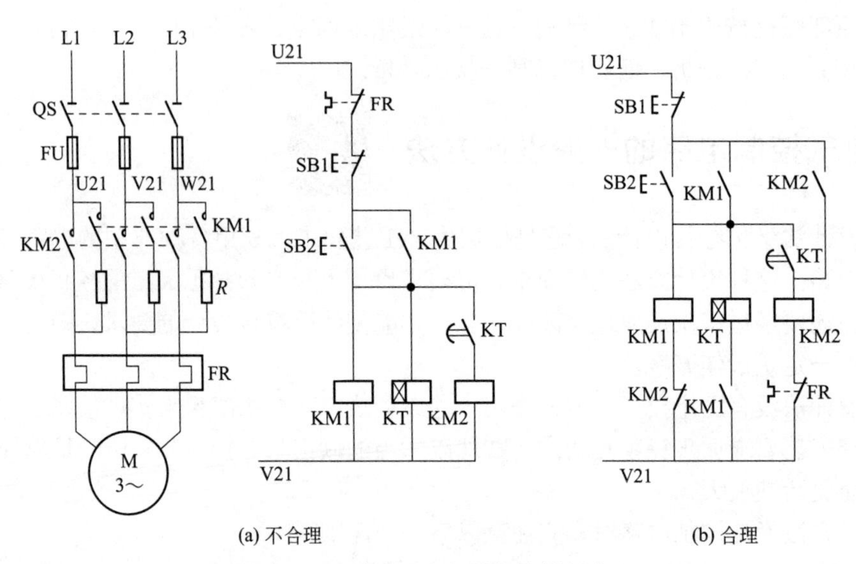

(a) 不合理　　(b) 合理

图 2-12　减少通电电器的控制电路

③ 保证控制线路的可靠性和安全性。

a. 尽量选用机械和电气寿命长、结构坚实、动作可靠、抗干扰性能好的电气元件。

b. 正确连接电器的触点。同一电器的常开和常闭辅助触点靠得很近，如果分别接在电源的不同相上，如图 2-13（a）所示，由于限位开关 S 的常开触点与常闭触点不是等电位，当触点断开产生电弧时，很可能在两触点间形成飞弧而造成电源短路。如果按图 2-13（b）接线，由于两触点电位相同，就不会造成飞弧。

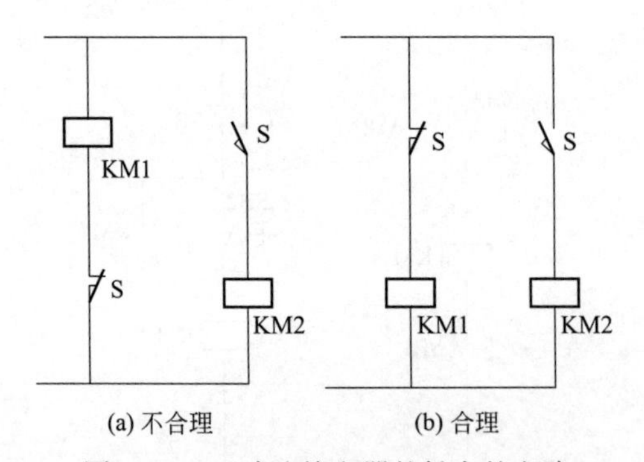

(a) 不合理　　(b) 合理

图 2-13　正确连接电器的触点的电路

c. 在频繁操作的可逆电路中，正、反转接触器之间不仅要有电气联锁，而且要有机械联锁。

d. 在电路中采用小容量继电器的触点来控制大容量接触器的线圈时，要计算继电器触点断开和接通容量是否足够。如果继电器触点容量不够，须加小容量接触器或中间继电器。

e. 正确连接电器的线圈。在交流控制电路中，不能串联接入两个电器的线圈，如图 2-14 所示。即使外加电压是两个线圈额定电压之和，也是不允许的。因为交流电路中，每个线圈上所分配到的电压与线圈阻抗成正比，两个电器动作总是有先有后，不可能同时吸合。假如交流接触器 KM1 先吸合，由于 KM1 的磁路闭合，线圈的电感显著增加，因而在该线圈上的电压降也相应增大，从而使另一个接触器 KM2 的线圈电压达不到动作电压。因此，当两个电器需要同时动作时，其线圈应该并联连接。

f. 在控制电路中，应避免出现寄生电路。在控制电路的动作过程中，那种意外接通的电路称为寄生电路（或称假回路）。例如，图2-15所示是一个具有指示灯和热保护的正反向控制电路。在正常工作时，能完成正反向启动、停止和信号指示。但当热继电器FR动作时，电路中就出现了寄生电路，如图2-15中虚线所示，使正转接触器KM1不能释放，不能起到保护作用。因此，在控制电路中应避免出现寄生电路。

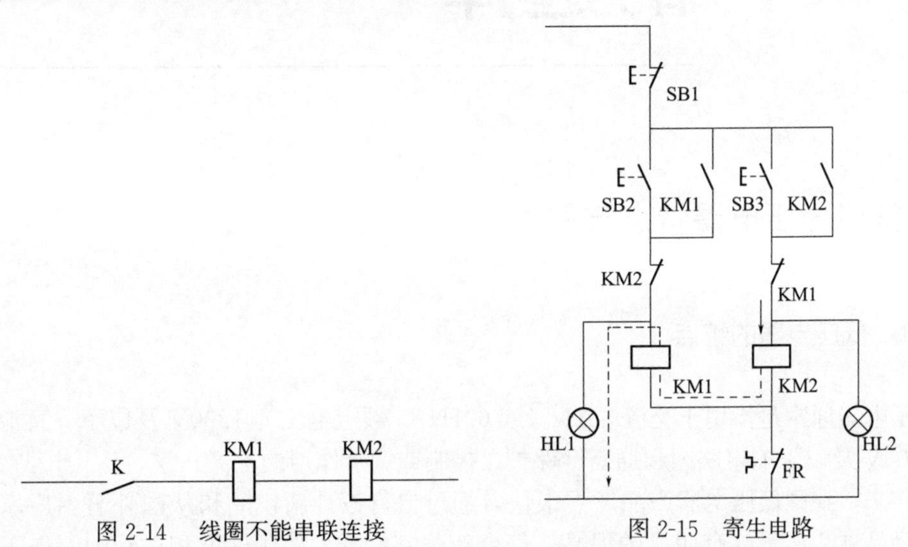

图2-14　线圈不能串联连接

图2-15　寄生电路

g. 应具有完善的保护环节，以避免因误操作而发生事故。完善的保护环节包括过载、短路、过流、过压、欠压、失压等保护环节，有时还应设有合闸、断开、事故等必需的指示信号。

④ 应尽量使操作和维修方便。

第 3 章 常用低压电器的选择

3.1 常用低压电器特点与种类

3.1.1 低压电器的特点

低压电器通常是指用于交流 50Hz（或 60Hz）、额定电压为 1200V 及以下、直流额定电压为 1500V 及以下的电路内起通断、保护、控制或调节作用的电器。

近年来，我国低压电器产品发展很快，通过自行设计新产品和从国外著名厂家引进技术，产品品种和质量都有明显的提高，符合新国家标准、部颁标准和达到国际电工委员会（IEC）标准的产品不断增加。当前，低压电器继续沿着体积小、质量轻、安全可靠、使用方便的方向发展，主要途径是利用微电子技术提高传统电器的性能；在产品品种方面，大力发展电子化的新型控制器，如接近开关、光电开关、电子式时间继电器、固态继电器等，以适应控制系统迅速电子化的需要。

目前，低压电器在工农业生产和人们的日常生活中有着非常广泛的应用，低压电器的特点是品种多、用量大、用途广。

3.1.2 低压电器的种类

低压电器的种类繁多，结构各异，功能多样，用途广泛，其分类方法很多。按不同的分类方式有着不同的类型。

低压电器按用途分类见表 3-1。

表 3-1 低压电器按用途分类

电器名称		主要品种	用 途
配电电器	刀开关	刀开关 熔断器式刀开关 开启式负荷开关 封闭式负荷开关	主要用于电路隔离，也能接通和分断额定电流

续表

电器名称		主要品种	用　途
配电电器	转换开关	组合开关 换向开关	用于两种以上电源或负载的转换和通断电路
	断路器	万能式断路器 塑料外壳式断路器 限流式断路器 漏电保护断路器	用于线路过载、短路或欠压保护，也可用作不频繁接通和分断电路
	熔断器	半封闭插入式熔断器 无填料熔断器 有填料熔断器 快速熔断器 自复熔断器	用于线路或电气设备的短路和过载保护
控制电器	接触器	交流接触器 直流接触器	主要用于远距离频繁启动或控制电动机，以及接通和分断正常工作的电路
	继电器	电流继电器 电压继电器 时间继电器 中间继电器 热继电器	主要用于控制系统中，控制其他电器或用作主电路的保护
	启动器	电磁启动器 减压启动器	主要用于电动机的启动和正反向控制
	控制器	凸轮控制器 平面控制器 鼓形控制器	主要用于电气控制设备中转换主回路或励磁回路的接法，以达到电动机启动、换向和调速的目的
	主令电器	控制按钮 行程开关 主令控制器 万能转换开关	主要用于接通和分断控制电路
	电阻器	铁基合金电阻	用于改变电路的电压、电流等参数或变电能为热能
	变阻器	励磁变阻器 启动变阻器 频敏变阻器	主要用于发电机调压以及电动机的减压启动和调速
	电磁铁	起重电磁铁 牵引电磁铁 制动电磁铁	用于起重、操纵或牵引机械装置

3.2 刀开关

3.2.1 刀开关概述

(1) 刀开关的用途与分类

① 刀开关的用途　刀开关又称闸刀开关，是一种带有动触点（触刀），在闭合位置与底座上的静触点（刀座）相契合（或分离）的一种开关。它是手控电器中最简单而使用又较广泛的一种低压电器。主要用于各种配电设备和供电电路，可作为非频繁地接通和分断容量不

大的低压供电线路之用，如照明线路或小型电动机线路。当能满足隔离功能要求时，闸刀开关也可以用来隔离电源。

② 刀开关的分类　根据工作条件和用途的不同，刀开关有不同的结构形式，但工作原理是一致的。刀开关按极数可分为单极、双极、三极和四极；按切换功能（位置数）可分为单投和双投开关；按操作方式可分为中央手柄式和带杠杆操作机构式。

刀开关主要有开启式刀开关、封闭式负荷开关（铁壳开关）、开启式负荷开关（胶盖瓷底闸刀开关）、熔断器式刀开关、熔断器式隔离器、组合开关等，产品种类很多，尤其是近几年不断出现新产品、新型号，其可靠性越来越高。

（2）刀开关的结构

常用刀开关的外形如图 3-1 所示；开启式负荷开关的结构如图 3-2 所示；封闭式负荷开关的结构如图 3-3 所示。

(a) HD11系列中央手柄式　　(b) HS11系列中央手柄式

图 3-1　刀开关的外形

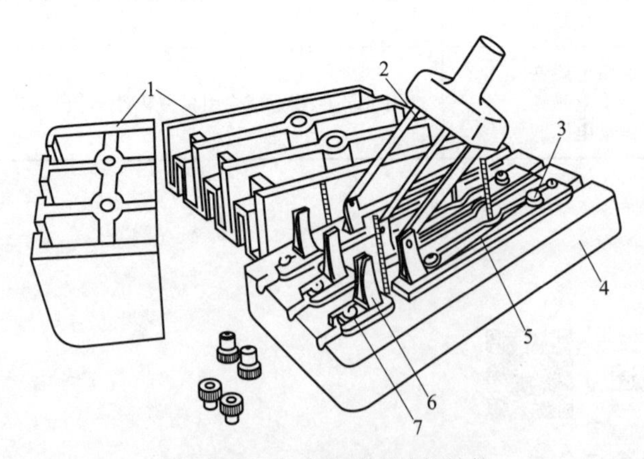

图 3-2　开启式负荷开关的结构

1—胶盖；2—触刀；3—出线座；4—瓷底座；5—熔丝；6—夹座；7—进线座

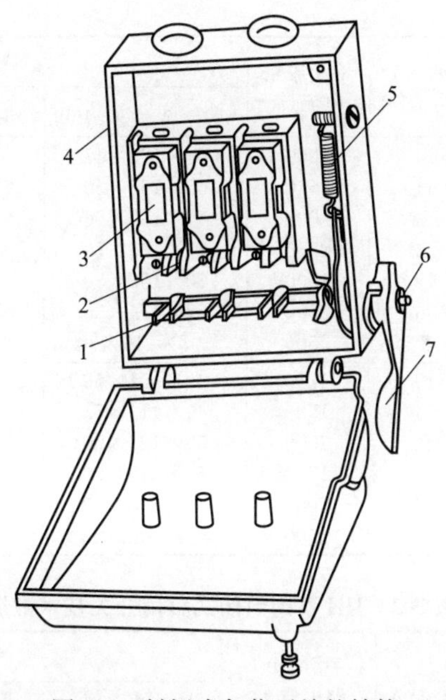

图 3-3 封闭式负荷开关的结构

1—闸刀（动触刀）；2—夹座（静触座）；3—熔断器；4—铁壳；5—速断弹簧；6—转轴；7—手柄

(3) 刀开关的图形符号和文字符号

刀开关的图形符号及文字符号如图 3-4 所示，其文字符号用 QS 或 QK 表示。

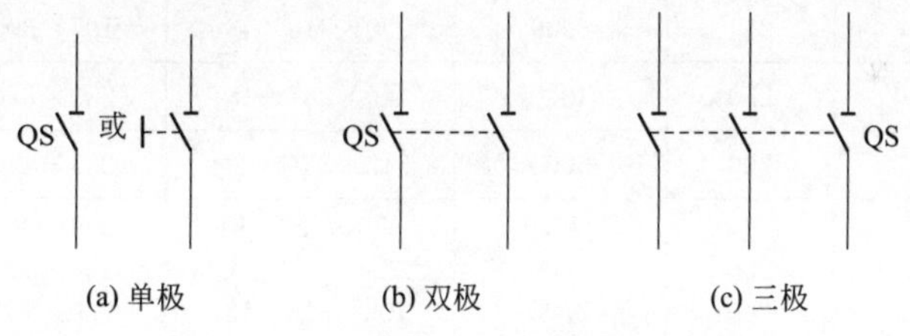

图 3-4 刀开关的图形符号及文字符号

3.2.2 常用刀开关技术数据

HK 系列开启式负荷开关的技术数据见表 3-2；HH 系列封闭式负荷开关的技术数据见表 3-3。

表 3-2 HK 系列开启式负荷开关技术数据

型号	额定工作电压/V	额定工作电流/A	接通与分断电流/A	熔断短路电流/A	外形及安装尺寸		
					(长×宽×高)/mm	(长×宽)/mm	安装孔/mm
HK2	AC380 AC220	10/2	40	500	55×132×58	64	5
		15/2	60	500	62×165×66	89	5
		30/2	120	1000	62×188×64	106	5
		15/3	30	500	84×193×64.5	100×24.5	5
		30/3	60	1000	100×224×77.5	116×31	5
		60/3	90	1500	130×280×93	142×40	7

续表

型号	额定工作电压/V	额定工作电流/A	接通与分断电流/A	熔断短路电流/A	外形及安装尺寸		
					(长×宽×高)/mm	(长×宽)/mm	安装孔/mm
HK4	AC380 AC220	10/2 16/2 32/2 63/2 16/3 32/3 63/3	40 64 128 252 48 96 189	1000 1500 2000 2500 1500 2000 2500	44×122×47 62×165×50 54×159×56 67×205×70 70×152×50 82×174×56 108×219×70	76 84 104 110 93×24 117×28 130×38	4 4 5 5 4 5 5
HK8	AC380	10/2 16/2 32/2 16/3 32/3 63/3	40 64 128 48 96 189	1000 1500 2000 1500 2000 2500	40×104×50 44×112×51 52×124×60 63×116×50 72×150×67 100×188×92	88 94 108 99×22.5 130×25 166×38	4 4 4 4 4 4

表 3-3　HH 系列封闭式负荷开关技术数据

型号	额定工作电压/V	额定工作电流/A	接通与分断电流/A	熔断短路电流/A	外形及安装尺寸		
					(长×宽×高)/mm	(长×宽)/mm	安装孔/mm
HH3	AC415 AC230	10	40	500	172×151×82	43×113	6
		15 20	60 80	1000 1000	224×194×95	122×113	6
		30	120	2000	170×232×105	118×206	5
		60	240	3000	390×312×138	107×300	7
		100	250	4000	440×361×187	230×370	9
		200	300	6000	512×364×204	254×445	9
HH4	AC415	15 30 60 100	60 200 240 250	500 1500 3000 3000	270×220×91 224×194×95 406×316×132 410×340×164	150×80 190×120 250×150 351×240	6 7 7 7
HH12	AC415	20 32 63 100 200	80 140 250 400 800	1500 1500 2500 2500 2500	180×160×70 260×220×85 360×300×110 430×347×134 490×361×143	100×60 200×106 260×140 320×160 352×168	5 6 6 7 7

3.2.3　刀开关的选择方法与实例

（1）刀开关的选择

① 结构形式的确定　选用刀开关时，首先应根据其在电路中的作用和其在成套配电装置中的安装位置，确定其结构形式。如果电路中的负载由低压断路器、接触器或其他具有一定分断能力的开关电器（包括负荷开关）来分断，即刀开关仅仅是用来隔离电源时，则只需选用没有灭弧罩的产品；反之，如果刀开关必须分断负载，就应选用带有灭弧罩，而且是通过杠杆操作的产品。此外，还应根据操作位置、操作方式和接线方式来选用。

② 规格的选择　刀开关的额定电压应等于或大于电路的额定电压。刀开关的额定电流一般应等于或大于所分断电路中各个负载额定电流的总和。若负载是电动机，就必须考虑电

动机的启动电流为额定电流的4～7倍，甚至更大，故应选用额定电流大一级的刀开关。此外，还要考虑电路中可能出现的最大短路电流（峰值）是否在该额定电流等级所对应的电动稳定性电流（峰值）以下。如果超出，就应当选用额定电流更大一级的刀开关。

(2) 负荷开关的选择

① 额定电压的选择　开启式负荷开关用于照明电路时，可选用额定电压为220V或250V的二极开关；用于小容量三相异步电动机时，可选用额定电压为380V或500V的三极开关。

② 额定电流的选择　在正常的情况下，开启式负荷开关一般可以接通或分断其额定电流。因此，当开启式负荷开关用于普通负载（如照明或电热设备）时，负荷开关的额定电流应等于或大于开断电路中各个负载额定电流的总和。

当开启式负荷开关被用于控制电动机时，考虑到电动机的启动电流可达额定电流的4～7倍，因此不能按照电动机的额定电流来选用，而应把开启式负荷开关的额定电流选得大一些，换句话说，即负荷开关应适当降低容量使用。根据经验，负荷开关的额定电流一般可选为电动机额定电流的3倍左右。

③ 熔丝的选择

a. 对于变压器、电热器和照明电路，熔丝的额定电流宜等于或稍大于实际负载电流。

b. 对于配电线路，熔丝的额定电流宜等于或略小于线路的安全电流。

c. 对于电动机，熔丝的额定电流一般为电动机额定电流的1.5～2.5倍。在重载启动和全电压启动的场合，应取较大的数值；而在轻载启动和减压启动的场合，则应取较小的数值。

(3) 选择实例

【例3-1】 一台Y112M-4型三相异步电动机，额定电压为380V，功率为4kW，额定电流为8.8A，用于重载启动的场合，试选择开启式负荷开关的型号。

解：由于开启式负荷开关被用于控制电动机，所以选用负荷开关的额定电流为

$$I_n \geqslant 2.5 \times 8.8 = 22\ (\text{A})$$

查表3-2可知，可选用HK4-32/3型开启式负荷开关。

【例3-2】 一台Y160M-4型三相异步电动机，额定电压为380V，功率为11kW，额定电流为22.6A，用于轻载启动的场合，试选择封闭式负荷开关的型号。

解：由于封闭式负荷开关被用于控制电动机，所以选用负荷开关的额定电流为

$$I_n \geqslant 2.0 \times 22.6 = 45.2\ (\text{A})$$

查表3-3可知，可选用HH3-60/3型封闭式负荷开关。

3.3 组合开关

3.3.1 组合开关概述

(1) 组合开关的用途与分类

组合开关（又称转换开关）实质上也是一种刀开关，只不过一般刀开关的操作手柄是在垂直于其安装面的平面内向上或向下转动的。而组合开关的操作手柄则是在平行于其安装面的平面内向左或向右转动而已。组合开关由于其可实现多组触点组合而得名，实际上是一种转换开关。

组合开关一般用于电气设备中，作为非频繁地接通和分断电路、换接电源和负载、测量三相电压以及控制小容量异步电动机的正反转和 Y-△启动等用。

常用的组合开关主要是 HZ5 系列、HZ10 系列、HZ12 系列、HZ15 系列、3LB 系列等产品。

(2) 组合开关的基本结构

组合开关的外形和结构如图 3-5 所示。

(3) 组合开关的图形符号和文字符号

组合开关的图形符号及文字符号如图 3-6 所示，其文字符号用 QS 或 SA 表示。

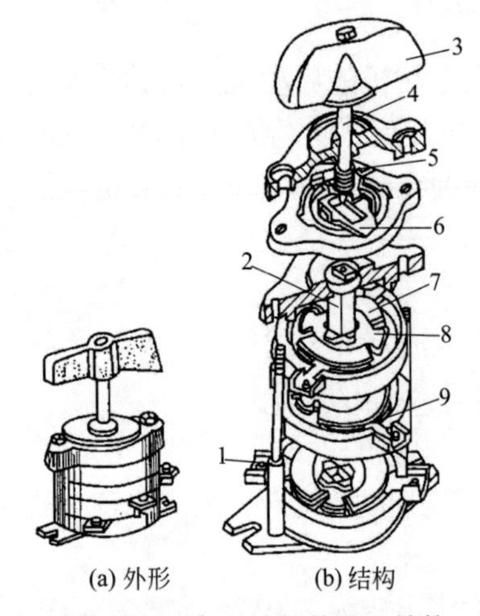

(a) 外形　　(b) 结构

图 3-5　组合开关的外形和结构

1—接线柱；2—绝缘杆；3—手柄；4—转轴；5—弹簧；6—凸轮；7—绝缘垫板；8—动触点；9—静触点

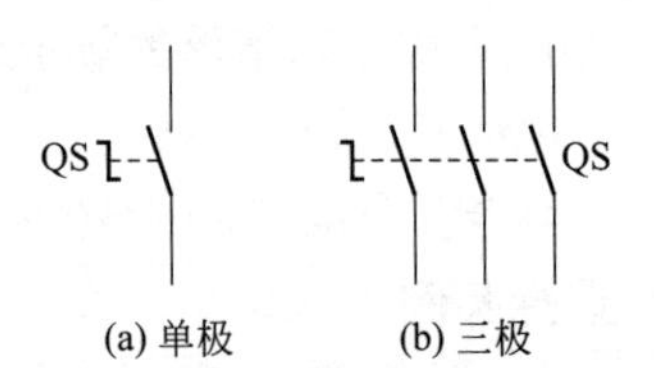

(a) 单极　　(b) 三极

图 3-6　组合开关的图形符号和文字符号

3.3.2 常用组合开关技术数据

常用组合开关的技术数据见表 3-4。

表 3-4　HZ10 系列组合开关的技术数据

型号	额定电压/V	额定电流/A	极数	极限分断能力①/A		可控制电动机最大容量和额定电流①		额定电压及额定电流下的通断次数	
				接通	分断	容量/kW	额定电流/A	交流 cosφ	
								≥0.8	≥0.3
HZ10-10	交流 380	6	单极	94	62	3	7	20000	10000
		10	2、3						
HZ10-25		25		155	108	5.5	12		
HZ10-60		60							
HZ10-100		100						10000	5000

① 均指三极组合开关。

3.3.3　组合开关的选择方法与实例

（1）组合开关选择

组合开关是一种体积小、接线方式多、使用非常方便的开关电器。选择组合开关时应注意以下几点：

① 组合开关应根据用电设备的电压等级、容量和所需触点数进行选用。组合开关用于一般照明、电热电路时，其额定电流应等于或大于被控制电路中各负载电流的总和；组合开关用于控制电动机时，其额定电流一般取电动机额定电流的1.5～2.5倍。

② 组合开关接线方式很多，应根据需要，正确地选择相应规格的产品。

③ 组合开关本身是不带过载保护和短路保护的，如果需要这类保护，应另设其他保护电器。

④ 虽然组合开关的电寿命比较高，但当操作频率超过300次/h或负载功率因数低于规定值时，开关需要降低容量使用。否则，不仅会降低开关的使用寿命，有时还可能因持续燃弧而发生事故。

⑤ 一般情况下，当负载的功率因数小于0.5时，由于熄弧困难，不易采用HZ系列的组合开关。

（2）选择实例

【例3-3】 一台Y112M-4型三相异步电动机，额定电压为380V，功率为4kW，额定电流为8.8A，用于重载启动的场合，试选择开启式负荷开关的型号。

解：由于开启式负荷开关被用于控制电动机，所以选用负荷开关的额定电流为

$$I_n \geqslant 2.5\times 8.8=22\ (A)$$

查表3-4可知，可选用HZ25型组合开关。

3.4 熔断器

3.4.1　熔断器概述

（1）熔断器的用途

熔断器是一种起保护作用的电器，它串联在被保护的电路中，当线路或电气设备的电流超过规定值足够长的时间后，其自身产生的热量能够熔断一个或几个特殊设计的和相应的部件，断开其所接入的电路并分断电源，从而起到保护作用。熔断器包括组成完整电器的所有部件。

熔断器结构简单、使用方便、价格低廉，广泛应用于低压配电系统和控制电路中，主要作为短路保护元件，也常作为单台电气设备的过载保护元件。

（2）按结构形式分类

熔断器按结构形式可分为

① 插入式熔断器；

② 无填料密闭管式熔断器；

③ 有填料封闭管式熔断器；

④ 快速熔断器。

(3) 熔断器的基本结构

RC1A 插入式熔断器的结构如图 3-7 所示；RL1 螺旋式熔断器的外形和结构如图 3-8 所示；RM10 无填料封闭管式熔断器的外形和结构如图 3-9 所示；有填料密封管式熔断器的外形和结构如图 3-10 所示。

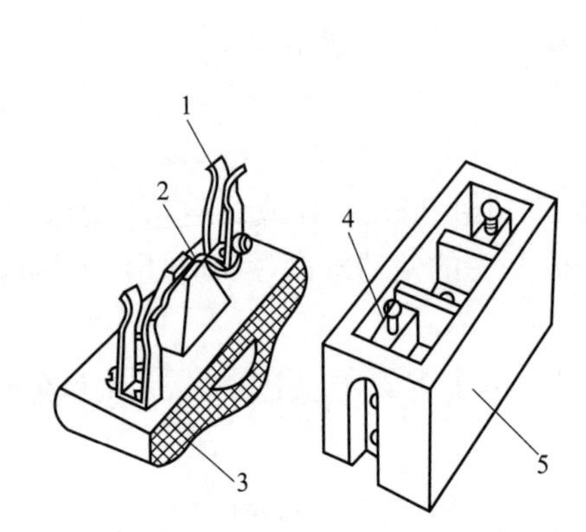

图 3-7 RC1A 系列插入式熔断器的结构
1—动触点；2—熔丝；3—瓷盖；4—静触点；5—瓷座

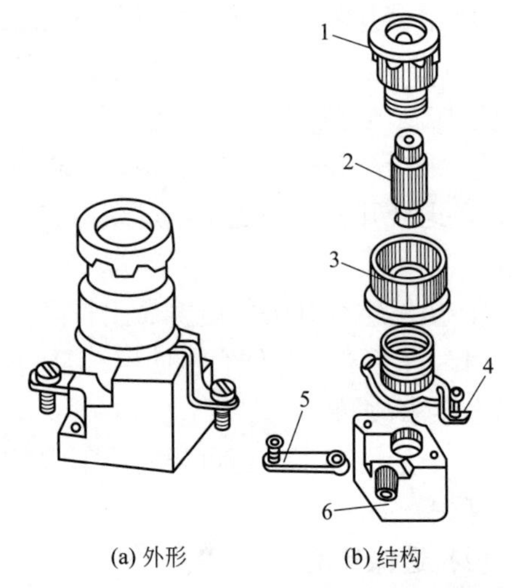

图 3-8 RL1 系列螺旋式熔断器的外形和结构
1—瓷帽；2—熔管；3—瓷套；4—上接线端；
5—下接线端；6—底座

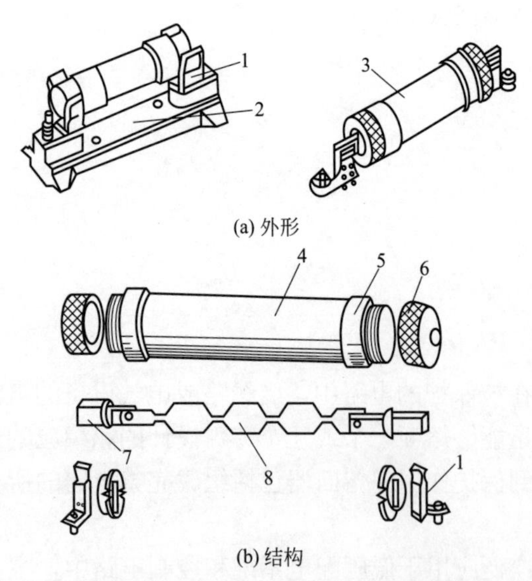

图 3-9 RM10 系列无填料封闭管式熔断器的外形和结构
1—夹座；2—底座；3—熔管；4—钢纸管；
5—黄铜管；6—黄铜帽；7—触刀；8—熔体

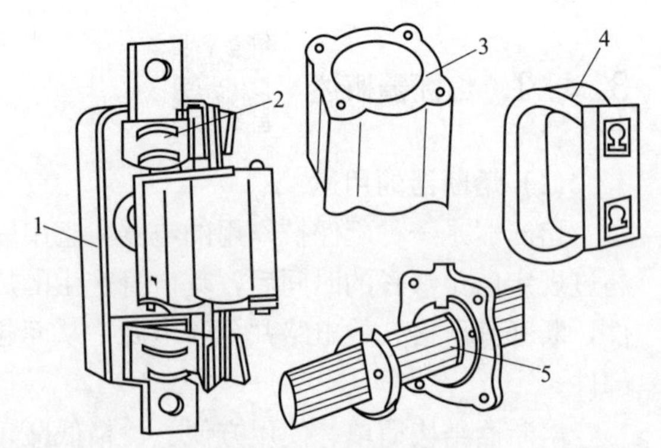

图 3-10 有填料密封管式熔断器的外形和结构
1—瓷底座；2—弹簧片；3—管体；
4—绝缘手柄；5—熔体

(4) 熔断器的图形符号和文字符号

熔断器的图形符号及文字符号如图 3-11 所示。

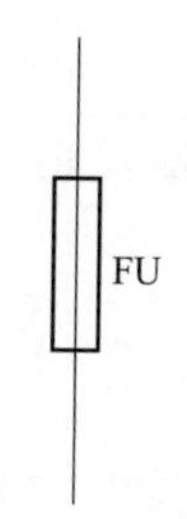

图3-11　熔断器的图形符号和文字符号

3.4.2　常用熔断器技术数据

（1）RC1A系列插入式熔断器技术数据（见表3-5）

表3-5　RC1A系列插入式熔断器技术数据

类别	型号	额定电压/V	额定电流/A	熔体额定电流等级/A
瓷插式熔断器	RC1A-5	交流 380 220	5	2、5
	RC1A-10		10	2、4、6、10
	RC1A-15		15	6、10、15
	RC1A-30		30	20、25、30
	RC1A-60		60	40、50、60
	RC1A-100		100	80、100

（2）RL6、RL7系列螺旋式熔断器技术数据（见表3-6）

表3-6　RL6、RL7系列螺旋式熔断器的技术数据

产品型号	额定电压/V	额定电流/A		额定分断能力/kA
		熔体支持件	熔体	
RL6-16	500	16	2、4、5、6、10、16	50
RL6-25		25	16、20、25	
RL6-63		63	35、50、63	
RL6-100		100	80、100	
RL6-200		200	125、160、200	
RL7-25	660	25	2、4、6、10、20、25	25
RL7-63		63	35、50、63	
RL7-100		100	80、100	

（3）RM10系列无填料密闭管式熔断器技术数据（见表3-7）

表 3-7　RM10 系列无填料密闭管式熔断器技术数据

产品型号	额定电压/V	额定电流/A		额定分断能力/kA
		熔断器	熔体	
RM10-15	交流 500、380、220 直流 440、220	15	6、10、15	1.2
RM10-60		60	15、20、25、30、40、50、60	3.5
RM10-100		100	60、80、100、	10
RM10-200		200	100、125、160、200	10
RM10-350		350	200、240、260、300、350	10
RM10-600		600	350、430、500、600	10
RM10-1000		1000	600、700、850、1000	12

3.4.3　熔断器的选择方法与实例

(1) 熔断器选择的一般原则

① 应根据使用条件确定熔断器的类型。

② 选择熔断器的规格时，应首先选定熔体的规格，然后再根据熔体去选择熔断器的规格。

③ 熔断器的保护特性应与被保护对象的过载特性有良好的配合。

④ 在配电系统中，各级熔断器应相互匹配，一般上一级熔体的额定电流要比下一级熔体的额定电流大 2～3 倍。

⑤ 对于保护电动机的熔断器，应注意电动机启动电流的影响。熔断器一般只作为电动机的短路保护，过载保护应采用热继电器。

(2) 熔断器类型的选择

熔断器主要根据负载的情况和电路短路电流的大小来选择类型。例如，对于容量较小的照明线路或电动机的保护，宜采用 RC1A 系列插入式熔断器或 RM10 系列无填料密闭管式熔断器；对于短路电流较大的电路或有易燃气体的场合，宜采用具有高分断能力的 RL 系列螺旋式熔断器或 RT（包括 NT）系列有填料封闭管式熔断器；对于保护硅整流器件及晶闸管的场合，应采用快速熔断器。

熔断器的形式也要考虑使用环境，例如，管式熔断器常用于大型设备及容量较大的变电场合；插入式熔断器常用于无振动的场合；螺旋式熔断器多用于机床配电；电子设备一般采用熔丝座。

(3) 熔体额定电流的选择

① 对于照明电路和电热设备等电阻性负载，因为其负载电流比较稳定，可用作过载保护和短路保护，所以熔体的额定电流（I_{rn}）应等于或稍大于负载的额定电流（I_{fn}），即

$$I_{rn}=1.1I_{fn}$$

② 电动机的启动电流很大，因此对电动机只宜作短路保护，对于保护长期工作的单台电动机，考虑到电动机启动时熔体不能熔断，即

$$I_{rn}\geqslant(1.5\sim2.5)I_{fn}$$

式中，轻载启动或启动时间较短时，系数可取近1.5；带重载启动、启动时间较长或启动较频繁时，系数可取近2.5。

③ 对于保护多台电动机的熔断器，考虑到在出现尖峰电流时不熔断熔体，熔体的额定电流应等于或大于最大一台电动机的额定电流的1.5～2.5倍，加上同时使用的其余电动机的额定电流之和，即

$$I_{\rm rn} \geqslant (1.5 \sim 2.5) I_{\rm fnmax} + \sum I_{\rm fn}$$

式中 $I_{\rm fnmax}$——多台电动机中容量最大的一台电动机的额定电流；

$\sum I_{\rm fn}$——其余各台电动机额定电流之和。

必须说明，由于电动机负载情况不同，其启动情况也各不相同，因此，上述系数只作为确定熔体额定电流时的参考数据，精确数据需在实践中根据使用情况确定。

（4）熔断器额定电压的选择

熔断器的额定电压应等于或大于所在电路的额定电压。

（5）熔断器的选型实例

【例3-4】 一台Y160M-4三相异步电动机，额定电压为380V，额定功率为11kW，额定电流为23A，试选择RC1A系列熔断器的型号。

解：熔体的额定电流为

$$I_{\rm rn} \geqslant (1.5 \sim 2.5) \times 23 = 34.5 \sim 57.5 ({\rm A})$$

查表3-5可知，可选用RC1A-60型瓷插式熔断器。

【例3-5】 一台Y132S1-2三相异步电动机，额定电压为380V，额定功率为5.5kW，额定电流为11A，试选择螺旋式熔断器的型号。

解：熔体的额定电流为

$$I_{\rm rn} \geqslant (1.5 \sim 2.5) \times 11 = 16.5 \sim 27.5 ({\rm A})$$

查表3-6可知，可选用RL6-63/35型螺旋式熔断器。

【例3-6】 一台Y112M-2三相异步电动机，额定电压为380V，额定功率为4kW，额定电流为8.2A，试选择无填料密闭管式熔断器的型号。

解：熔体的额定电流为

$$I_{\rm rn} \geqslant (1.5 \sim 2.5) \times 8.2 = 12.3 \sim 20.5 ({\rm A})$$

查表3-7可知，可选用RM10-60/25型无填料密闭管式熔断器。

【例3-7】 例3-1～例3-3所述的三台三相异步电动机安装在同一车间，请为该三台电动机选择总熔断器。

解：熔体的额定电流为

$$\begin{aligned} I_{\rm rn} &\geqslant (1.5 \sim 2.5) I_{\rm fnmax} + \sum I_{\rm fn} \\ &= (1.5 \sim 2.5) \times 23 + (11 + 8.2) \\ &= 53.7 \sim 76.7 ({\rm A}) \end{aligned}$$

查表3-7可知，可选用RM10-100型无填料密闭管式熔断器，使用额定电流为60A或80A的熔体均可。

3.5 低压断路器

3.5.1 低压断路器概述

(1) 断路器的用途

断路器曾称自动开关，是指能接通、承载以及分断正常电路条件下的电流，也能在规定的非正常电路条件（例如短路）下接通、承载一定时间和分断电流的一种机械开关电器。按规定条件，对配电电路、电动机或其他用电设备实行通断操作并起保护作用，即当电路内出现过载、短路或欠电压等情况时能自动分断电路的开关电器。

通俗地讲，断路器是一种可以自动切断故障线路的保护开关，它既可用来接通和分断正常的负载电流、电动机的工作电流和过载电流，也可用来接通和分断短路电流，在正常情况下还可以用于不频繁地接通和断开电路以及控制电动机的启动和停止。

断路器具有动作值可调整、兼具过载和保护两种功能、安装方便、分断能力强，特别是在分断故障电流后一般不需要更换零部件，因此应用非常广泛。

(2) 断路器的分类

断路器的类型很多，常用的分类方法见表 3-8。

表 3-8 断路器的分类

项目	种类
按使用类别分类	断路器按使用类别，可分为非选择型(A类)和选择型(B类)两类。
按结构型式分类	断路器按结构形式，可分为万能式(曾称框架式)和塑料外壳式(曾称装置式)。
按操作方式分类	断路器按操作方式，可分为人力操作(手动)和无人力操作(电动、储能)。
按极数分类	断路器按极数，可分为单极、两极、三极和四极式。
按用途分类	断路器按用途，可分为配电用、电动机保护用、家用和类似场所用、剩余电流(漏电)保护用、特殊用途用等。

(3) 低压断路器的基本结构和外形

万能式低压断路器的结构如图 3-12 所示；塑料外壳式低压断路器的外形如图 3-13 所示。

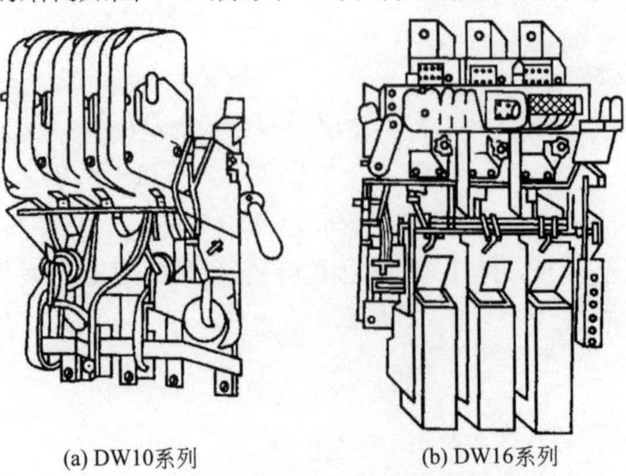

(a) DW10系列　　(b) DW16系列

图 3-12 万能式低压断路器的结构

(a) DZ108系列塑料外壳式断路器

(b) DZ12-60塑料外壳式断路器

(c) DZ5系列塑料外壳式断路器

(d) DZ253系列塑料外壳式断路器

(e) NM10系列塑料外壳式断路器

(f) NM8系列塑料外壳式断路器

图 3-13　塑料外壳式低压断路器的外形

(4) 断路器的图形符号和文字符号

断路器的图形符号及文字符号如图 3-14 所示。

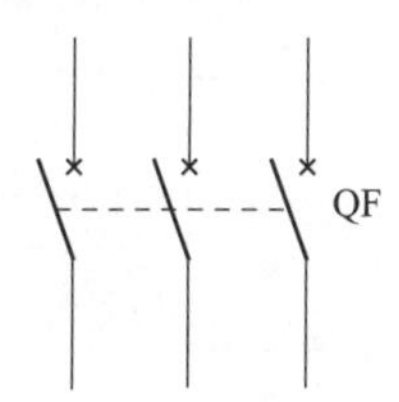

图 3-14　断路器的图形符号和文字符号

3.5.2 常用断路器技术数据

(1) DW15 系列万能式断路器技术数据（见表 3-9）

表 3-9　DW15 系列万能式断路器技术数据

型号	额定电压/V	额定电流/A	额定短路接通分断能力					外形尺寸 宽×高×深/mm
			电压/V	接通最大值/kA	分断有效值/kA	$\cos\varphi$	短延时最大延时/s	
DW15-200	380	200	380	40	20		—	242×420×341(正面) 386×420×316(侧面)
DW15-400	380	400	380	52.5	25		—	242×420×341 386×420×316

续表

<table>
<tr><th rowspan="2">型号</th><th rowspan="2">额定
电压/V</th><th rowspan="2">额定
电流/A</th><th colspan="5">额定短路接通分断能力</th><th rowspan="2">外形尺寸
宽×高×深/mm</th></tr>
<tr><th>电压/V</th><th>接通最
大值/kA</th><th>分断有
效值/kA</th><th>cosφ</th><th>短延时最
大延时/s</th></tr>
<tr><td>DW15-630</td><td>380</td><td>630</td><td>380</td><td>63</td><td>30</td><td></td><td>—</td><td>242×420×341
386×420×316</td></tr>
<tr><td>DW15-1000</td><td>380</td><td>1000</td><td>380</td><td>84</td><td>40</td><td>0.2</td><td>—</td><td>441×531×508</td></tr>
<tr><td>DW15-1600</td><td>380</td><td>1600</td><td>380</td><td>84</td><td>40</td><td>0.2</td><td>—</td><td>441×531×508</td></tr>
<tr><td>DW15-2500</td><td>380</td><td>2500</td><td>380</td><td>132</td><td>60</td><td>0.2</td><td>0.4</td><td>687×571×631
897×571×631</td></tr>
<tr><td>DW15-4000</td><td>380</td><td>4000</td><td>380</td><td>196</td><td>80</td><td>0.2</td><td>0.4</td><td>687×571×631
897×571×631</td></tr>
</table>

（2）DZ15 系列塑料外壳式断路器技术数据（见表 3-10）

表 3-10 DZ15 系列塑料外壳式断路器技术数据

<table>
<tr><th colspan="2">型号</th><th>壳架额定
电流/A</th><th>额定
电压/V</th><th>极数</th><th>脱扣器额定
电流/A</th><th>额定短路通
断能力/kA</th><th>电气、机械
寿命/次</th></tr>
<tr><td colspan="2">DZ15-40/1901</td><td rowspan="5">40</td><td>220</td><td>1</td><td rowspan="5">6、10、16、20、
25、32、40</td><td rowspan="5">3
(cosφ=0.9)</td><td rowspan="5">15000</td></tr>
<tr><td colspan="2">DZ15-40/2901</td><td rowspan="4">380</td><td>2</td></tr>
<tr><td rowspan="2">DZ15-40/</td><td>3901</td><td>3</td></tr>
<tr><td>3902</td><td rowspan="2">4</td></tr>
<tr><td colspan="2">DZ15-40/4901</td></tr>
<tr><td colspan="2">DZ15-63/1901</td><td rowspan="5">63</td><td>220</td><td>1</td><td rowspan="5">10、16、20、25、
32、40、50、63</td><td rowspan="5">5
(cosφ=0.7)</td><td rowspan="5">10000</td></tr>
<tr><td colspan="2">DZ15-63/2901</td><td rowspan="4">380</td><td>2</td></tr>
<tr><td rowspan="2">DZ15-63/</td><td>3901</td><td rowspan="2">3</td></tr>
<tr><td>3902</td></tr>
<tr><td colspan="2">DZ15-63/4901</td><td>4</td></tr>
</table>

3.5.3 低压断路器的选择方法与实例

（1）类型的选择

应根据电路的额定电流、保护要求和断路器的结构特点来选择断路器的类型。例如：

① 对于额定电流 600A 以下，短路电流不大的场合，一般选用塑料外壳式断路器；

② 若额定电流比较大，则应选用万能式断路器；若短路电流相当大，则应选用限流式断路器；

③ 在有漏电保护要求时，还应选用漏电保护式断路器；

④ 断路器的类型应符合安装条件、保护功能及操作方式的要求；

⑤ 一般情况下，保护变压器及配电线路可选用万能式断路器，保护电动机可选塑料外壳式断路器；

⑥ 校核断路器的接线方向，如果断路器技术文件或端子上表明只能上进线，则安装时不可采用下进线，母线开关一定要选用可下进线的断路器。

(2) 电气参数的确定

断路器的结构选定后，接着需选择断路器的电气参数。所谓电气参数的确定主要是指除断路器的额定电压、额定电流和通断能力外，一个重要的问题就是怎样选择断路器过电流脱扣器的整定电流和保护特性以及配合等，以便达到比较理想的协调动作。选用的一般原则（指选用任何断路器都必须遵守的原则）如下。

① 断路器的额定工作电压≥线路额定电压。

② 断路器的额定电流≥线路计算负载电流。

③ 断路器的额定短路通断能力≥线路中可能出现的最大短路电流（一般按有效值计算）。

④ 断路器热脱扣器的额定电流≥电路工作电流。

⑤ 根据实际需要，确定电磁脱扣器的额定电流和瞬时动作整定电流。

a. 电磁脱扣器的额定电流只要等于或稍大于电路工作电流即可。

b. 电磁脱扣器的瞬时动作整定电流：作为单台电动机的短路保护时，电磁脱扣器的整定电流为电动机启动电流的1.35倍（DW系列断路器）或1.7倍（DZ系列断路器）；作为多台电动机的短路保护时，电磁脱扣器的整定电流为1.3倍最大一台电动机的启动电流再加上其余电动机的工作电流。

⑥ 断路器欠电压脱扣器额定电压＝线路额定电压。

并非所有断路器都需要带欠电压脱扣器，是否需要应根据使用要求而定。在某些供电质量较差的系统，选用带欠电压保护的断路器，反而会因电压波动而经常造成不希望的断电。在这种场合，若必须带欠电压脱扣器，则应考虑有适当的延时。

⑦ 断路器分励脱扣器的额定电压＝控制电源电压。

⑧ 电动传动机构的额定工作电压＝控制电源电压。

需要注意的是，选用时除一般选用原则外，还应考虑断路器的用途。配电用断路器和电动机保护用断路器以及照明、生活用导线保护断路器，应根据使用特点予以选用。

(3) 断路器的选型实例

【例3-8】 一台Y132M-4型三相异步电动机，额定电压为380V，功率为7.5kW，额定电流为15A，拟用断路器作保护和不频繁操作，试选择断路器的型号。

解：因额定电流为15A，故断路器脱扣器的额定电流≥15A

查表3-10可知，可选用DZ15-40/3901型断路器，脱扣器的额定电流为20A。

3.6 接触器

3.6.1 接触器概述

(1) 接触器的用途

接触器是指仅有一个起始位置，能接通、承载和分断正常电路条件（包括过载运行条件）下的电流的一种非手动操作的机械开关电器。它可用于远距离频繁地接通和分断交、直流主电路和大容量控制电路，具有动作快、控制容量大、使用安全方便、能频繁操作和远距离操作等优点，主要用于控制交、直流电动机，也可用于控制小型发电机、电热装置、电焊机和电容器组等设备，是电力拖动自动控制电路中使用最广泛的一种低压电气元件。

接触器能接通和断开负载电流，但不能切断短路电流，因此接触器常与熔断器和热继电器等配合使用。

（2）接触器的分类

接触器的种类繁多，有多种不同的分类方法。

① 按操作方式分，有电磁接触器、气动接触器和液压接触器。

② 按接触器主触点控制电流种类分，有交流接触器和直流接触器。

③ 按灭弧介质分，有空气式接触器、油浸式接触器和真空接触器。

④ 按有无触点分，有有触点式接触器和无触点式接触器。

⑤ 按主触点的极数，还可分为单极、双极、三极、四极和五极等。

目前应用最广泛的是空气电磁式交流接触器和空气电磁式直流接触器，习惯上简称为交流接触器和直流接触器。

（3）接触器的基本结构

交流接触器的外形如图 3-15 所示；交流接触器的结构如图 3-16 所示。

(a) CJ20-25系列　(b) CJ20-40系列

(c) CJ20-160系列　(d) B系列

图 3-15 交流接触器的外形

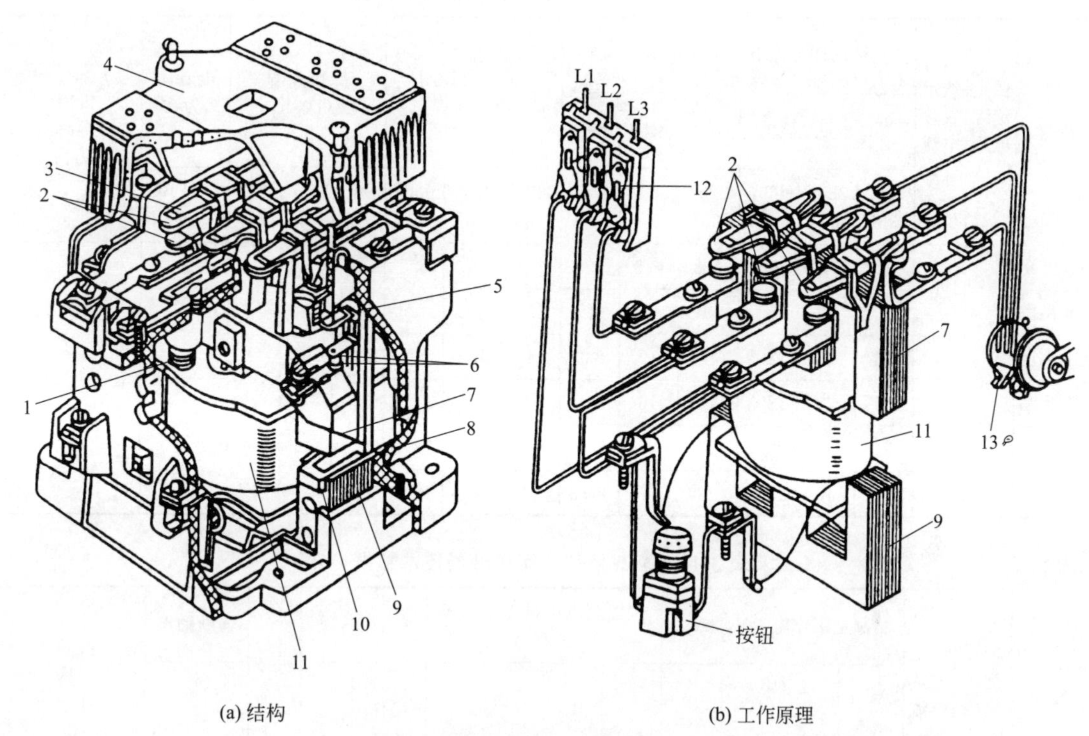

(a) 结构　　(b) 工作原理

图 3-16　交流接触器的结构和工作原理

1—释放弹簧；2—主触点；3—触点压力弹簧；4—灭弧罩；5—常闭辅助触点；6—常开辅助触点；7—动铁芯；8—缓冲弹簧；9—静铁芯；10—短路环；11—线圈；12—熔断器；13—电动机

(4) 接触器的图形符号和文字符号

接触器的图形符号和文字符号如图 3-17 所示。

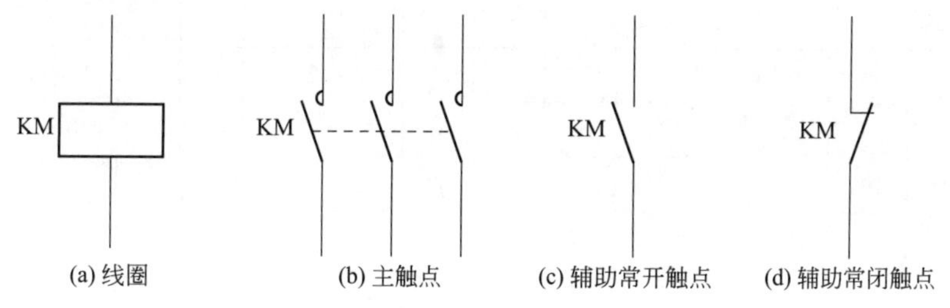

(a) 线圈　(b) 主触点　(c) 辅助常开触点　(d) 辅助常闭触点

图 3-17　接触器的图形符号和文字符号

3.6.2 常用接触器技术数据

CJ45 系列交流接触器的技术数据见表 3-11；3TB 系列交流接触器的技术数据见表 3-12。

表 3-11　CJ45 系列交流接触器技术数据

型号	额定绝缘电压 U_i/V	约定发热电流 I_{th}/A	断续周期工作下的额定电流 I_N/A						AC-3 类控制功率/kW			操作频率/(次/h)			电寿命/万次		机械寿命/万次
			AC-2 或 AC-3			AC-4											
			220/230V	380/400V	660/690V	220/230V	380/400V	660/690V	220/230V	380/400V	660/690V	AC-3	AC-4	无载操作	AC-3	AC-4	
CJ45-9	690	20	9	9	6.9	6.3	6.3	5	2.2	4	5.5	800	250	7000	100	5	1000
CJ45-12			12	12	9.1	9	9	6.7	3.0	5.5	7.5						
CJ45-16		30	16	16	12.5	12	12	8.9	4	7.5	11						
CJ45-25			25	25	12.5	16	16	8.9	6.1	11	11				60		
CJ45-32		45	32	32	22.1	25	25	17.8	8.5	15	18.5						
CJ45-40			40	40	22.1	32	32	17.8	11	18.5	18.5						

表 3-12　3TB 系列交流接触器技术数据

型号	额定绝缘电压 U_i/V	约定发热电流/A	额定工作电流 I_N/A				可控制电动机功率/kW AC-2 或 AC-3				在 AC-3 类		机械寿命/次	辅助触点		线圈吸持功率/W
			AC-1 不间断工作制①	AC-2 或 AC-3		AC-4②	220V	380～415V	500V	660V	操作频率/(次/h)	电寿命/次		U_i/V	I/A	
				380V	660V											
3TB40	660	32	—	9	7.2	—		4		5.5	1000	1.2×10^6	15×10^6	600	10	10
3TB41				12	9.5			5.5		7.5						
3TB42		35		16	13.5			7.5		11	750					
3TB43				22	13.5			11		11						
3TB44		55		32	18			15		15			10×10^6			
3TB46	750		80	45		24	15	22	30	37	500	10×10^6				16
3TB47	1000		90	63		34	18.5	30	37	37						20
3TB48			100	75		34	22	37	45	55						26
3TB50			160	110		52	37	55	75	90						32
3TB52			200	170		72	55	90	110	132						40
3TB54			300	250		103	75	132	160	200						48
3TB56			400	400		120	115	200	255	355						84
3TB58			630	630		150	190	325	430	560						170

① 在 35℃时。
② AC-4（100%点动）在 380～415V 下触点寿命为 20 万次时的额定电流。

3.6.3 接触器的选择方法与实例

(1) 接触器的选择方法

由于接触器的安装场所与控制的负载不同，其操作条件与工作的繁重程度也不同。因此，必须对控制负载的工作情况以及接触器本身的性能有一个较全面的了解，力求经济合理、正确地选用接触器。也就是说，在选用接触器时，应考虑接触器的铭牌数据，因铭牌上只规定了某一条件下的电流、电压、控制功率等参数，而具体的条件又是多种多样的，因此，在选择接触器时应注意以下几点。

① 选择接触器的类型　接触器的类型应根据电路中负载电流的种类来选择。也就是说，交流负载应使用交流接触器，直流负载应使用直流接触器，若整个控制系统中主要是交流负载，而直流负载的容量较小，也可全部使用交流接触器，但触点的额定电流应适当大些。

② 选择接触器主触点的额定电流　主触点的额定电流应大于或等于被控电路的额定电流。

若被控电路的负载是三相异步电动机，其额定电流，可按下式推算，即

$$I_N=\frac{P_N\times10^3}{\sqrt{3}U_N\cos\varphi\eta}$$

式中　I_N——电动机额定电流，A；

U_N——电动机额定电压，V；

P_N——电动机额定功率，kW；

$\cos\varphi$——功率因数；

η——电动机效率。

例如，$U_N=380V$，$P_N=100kW$ 以下的电动机，其 $\cos\varphi\eta$ 约为 0.7～0.82。

在频繁启动、制动和频繁正反转的场合，可将主触点的额定电流稍微降低使用。

③ 选择接触器主触点的额定电压　接触器的额定工作电压应不小于被控电路的最大工作电压。

④ 接触器的额定通断能力应大于通断时电路中的实际电流值；耐受过载电流能力应大于电路中最大工作过载电流值。

⑤ 应根据系统控制要求确定主触点和辅助触点的数量和类型，同时要注意其通断能力和其他额定参数。

⑥ 如果接触器用来控制电动机的频繁启动、正反转或反接制动时，应将接触器的主触点额定电流降低使用，通常可降低一个电流等级。

（2）选用注意事项

① 接触器线圈的额定电压应与控制回路的电压相同。

② 因为交流接触器的线圈匝数较少，电阻较小，当线圈通入交流电时，将产生一个较大的感抗，此感抗值远大于线圈的电阻，线圈的励磁电流主要取决于感抗的大小。如果将直流电流通入时，则线圈就成为纯电阻负载，此时流过线圈的电流会很大，使线圈发热，甚至烧坏。所以，在一般情况下，不能将交流接触器作为直流接触器使用。

（3）接触器的选型实例

【例 3-9】　怎样选用控制一般负载电动机的交流接触器？

答：这种接触器主要运行在 AC-3 使用类别，用于接通、运行并分断笼型与绕线型异步电动机。其操作频率不高，一般接触器使用寿命可达 60 万次，已能满足运行 8 年的要求。因此，只要选用的接触器额定工作电压大于或等于电动机额定电压；接触器额定工作电流大于或等于电动机额定电流即可。

控制一般负载电动机的交流接触器常选用 CJ20 系列或 CJ10 系列。

属于一般负载的机械有泵类、压缩机、通风机、离心机、升降机、空调机、搅拌机、传送带、剪床、冲床、电梯等。

【例 3-10】 怎样选用控制重载电动机的交流接触器?

答：这种情况下，接触器常运行于混合的使用类别，电动机除启动外，还经常制动、反向、低速分断，因此，接触器的操作频率非常高，可达 100 次/h 或以上。

其选择原则与一般负载相同，若选用 CJ10 系列，以选 CJ10Z 型为宜，并降容使用，以满足电寿命的要求，也可选用 CJ20 系列接触器。

属于重载的典型机械有车、钻、磨、铣等工作母机、升降设备、轧机设备、卷扬机、破碎机等。

【例 3-11】 如何选用控制特重负载电动机的交流接触器?

答：控制特重负载的交流接触器主要运行于 AC-2 或 AC-4（100%）的使用类别，电动机经常启动、制动或可逆运行，操作频率高达 600 次/h 以上。

在选择交流接触器时，可按电动机的启动电流等于接触器额定工作电流来选择，以便获得较高的电寿命。

属于特重负载的设备有印刷机、拉丝机、镗床等。

【例 3-12】 如何选用控制电热设备的交流接触器?

答：电热设备的工作电流一般不超过 40%额定电流，属电阻性负载。

在选择交流接触器时，可按接触器额定发热电流等于或大于 1.2 倍电热设备额定电流来选择。如果没有发热电流，就按额定工作电流来选择。

对于单相电热设备，可将接触器三极并联，以增大其使用电流。不过，并联的三极额定持续电流只能达到 2～2.4 倍，而不是 3 倍。

3.7 中间继电器

3.7.1 中间继电器概述

(1) 中间继电器的特点

中间继电器是一种通过控制电磁线圈的通断，将一个输入信号变成多个输出信号或将信号放大（即增大触点容量）的继电器。中间继电器是用来转换控制信号的中间元件，其输入信号为线圈的通电或断电信号，输出信号为触点的动作。它的触点数量较多，触点容量较大，各触点的额定电流相同。

(2) 中间继电器的用途

中间继电器的主要作用是，当其他继电器的触点数量或触点容量不够时，可借助中间继电器来扩大它们的触点数或增大触点容量，起到中间转换（传递、放大、翻转、分路和记忆等）作用。中间继电器的触点额定电流比其线圈电流大得多，所以可以用来放大信号。将多个中间继电器组合起来，还能构成各种逻辑运算与计数功能的线路。

(3) 中间继电器与接触器的区别

① 接触器主要用于接通和分断大功率负载电路，而中间继电器主要用于切换小功率的负载电路。

② 中间继电器的触点对数多，且无主辅触点之分，各对触点所允许通过的电流大小相等。

③ 中间继电器主要用于信号的传送，还可以用于实现多路控制和信号放大。

④ 中间继电器常用以扩充其他电器的触点数目和容量。

(4) 中间继电器的基本结构

中间继电器的种类很多，常用中间继电器的外形如图 3-18 所示；中间继电器的结构如图 3-19 所示。

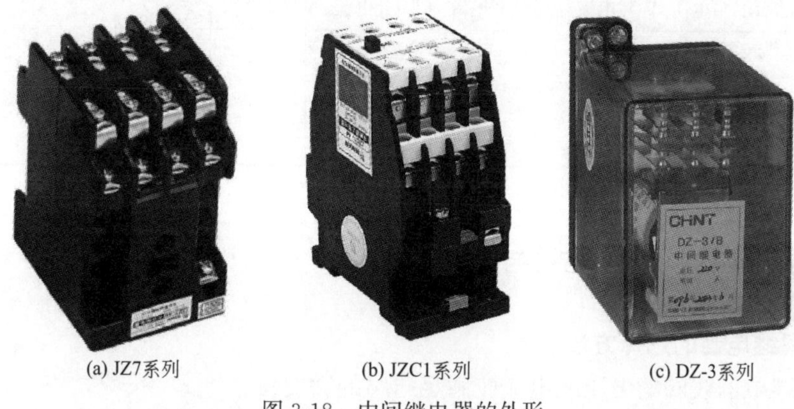

(a) JZ7系列　(b) JZC1系列　(c) DZ-3系列

图 3-18　中间继电器的外形

(5) 中间继电器的图形符号和文字符号

中间继电器的图形符号和文字符号如图 3-20 所示。

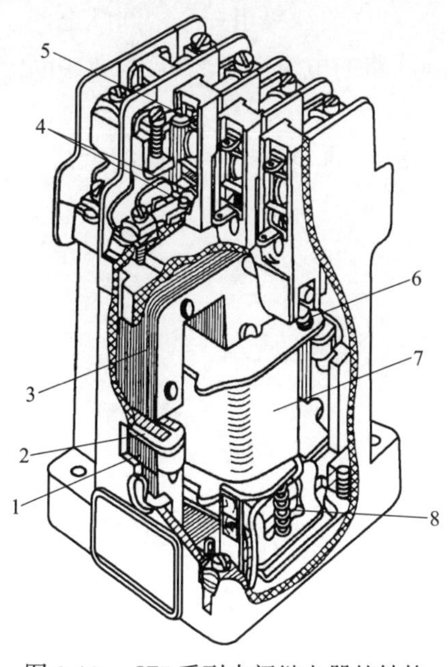

图 3-19　JZ7 系列中间继电器的结构

1—静铁芯；2—短路环；3—衔铁（动铁芯）；4—常开（动合）触点；5—常闭（动断）触点；6—释放(复位)弹簧；7—线圈；8—缓冲(反作用)弹簧

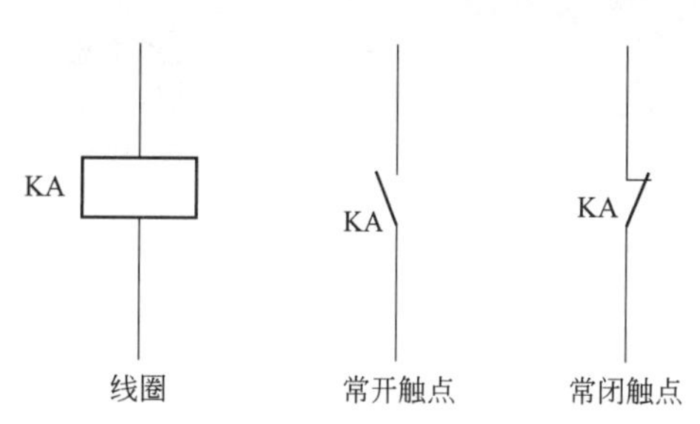

图 3-20　中间继电器的图形符号和文字符号

3.7.2 常用中间继电器技术数据

JZ 系列中间继电器技术数据见表 3-13。

表 3-13 JZ7 系列中间继电器技术数据

型号	触点参数						操作频率/(次/h)	线圈消耗功率/W	线圈电压/V
	常开	常闭	电压/V	电流/A	分断电流/A	闭合电流/A			
JZ7-44	4	4	380	5	2.5	13	1200	12	12、24、36、48、110、127、220、380、420、440、500
JZ7-62	6	2	220		3.5	13			
JZ7-80	8	0	127		4	20			

3.7.3 中间继电器的选择方法与实例

(1) 中间继电器的选择方法

① 中间继电器线圈的电压或电流应满足电路的需要。

② 中间继电器触点的种类和数目应满足控制电路的要求。

③ 中间继电器触点的额定电压和额定电流也应满足控制电路的要求。

④ 应根据电路要求选择继电器的交流或直流类型。

(2) 中间继电器选择实例

【例 3-13】 某三相异步电动机点动与连续运行控制电路欲采用一个中间继电器，构成联锁控制电路，已知其控制回路的电压为 380V，控制回路的电流小于 2A，需要中间继电器的两对常开（动合）触点。

答：根据已知条件查表 3-13，选用线圈电压为 380V 的 JZ7-44 型中间继电器，4 对常开（动合）触点、4 对常闭（动断）触点。

3.8 时间继电器

3.8.1 时间继电器概述

(1) 时间继电器的用途

时间继电器是一种自得到动作信号起至触点动作或输出电路产生跳跃式改变有一定延时，该延时又符合其准确度要求的继电器，即从得到输入信号（线圈的通电或断电）开始，经过一定的延时后才输出信号（触点的闭合或断开）的继电器。时间继电器被广泛应用于电动机的启动控制和各种自动控制系统。

(2) 时间继电器的分类与特点

① 按动作原理分类　时间继电器按动作原理可分为有电磁式、同步电动机式、空气阻尼式（又称气囊式）、晶体管式（又称电子式）等。

② 按延时方式分类　时间继电器按延时方式可分为通电延时型和断电延时型。

a. 通电延时型时间继电器接受输入信号后延迟一定的时间，输出信号才发生变化；当输入信号消失后，输出瞬时复原。

b. 断电延时型时间继电器接受输入信号时，瞬时产生相应的输出信号；当输入信号消失后，延迟一定时间，输出才复原。

（3）时间继电器的基本结构

常用时间继电器的外形如图 3-21 所示，JS7-A 系列空气阻尼式时间继电器的结构如图 3-22 所示，它是利用空气的阻尼作用进行延时的。其电磁系统为直动式双 E 形，触点系统是借用微动开关，延时机构采用气囊式阻尼器。

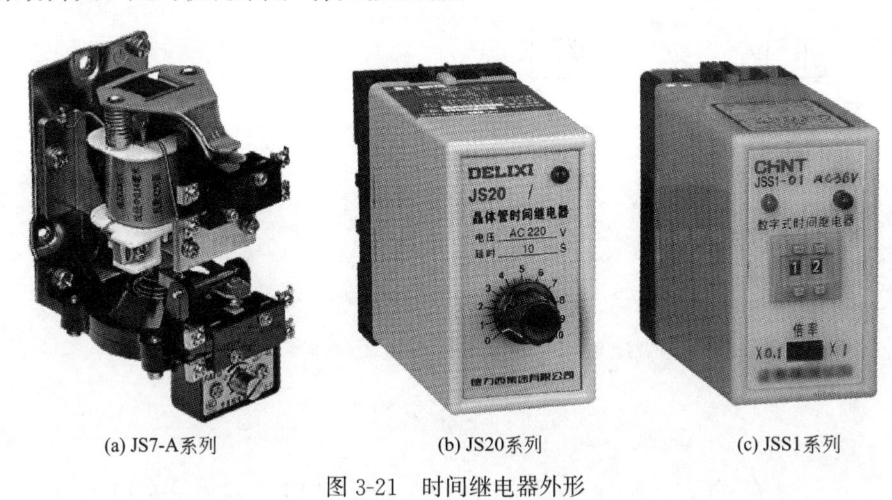

(a) JS7-A系列　　(b) JS20系列　　(c) JSS1系列

图 3-21　时间继电器外形

图 3-22　JS7-A 系列空气阻尼式时间继电器的结构

1—调节螺钉；2—推板；3—推杆；4—塔形弹簧；5—线圈；6—反力弹簧；7—衔铁；8—铁芯；9—弹簧片；10—杠杆；11—延时触点；12—瞬时触点

(4）时间继电器的图形符号和文字符号

时间继电器的图形符号和文字符号如图 3-23 所示，图中延时闭合的常开触点指的是：当时间继电器的线圈得电时，触点延时闭合；当时间继电器线圈失电时，触点瞬时断开；图中延时断开的常闭触点指的是：当时间继电器的线圈得电时，触点延时断开，当时间继电器线圈失电时，触点瞬时闭合；图中延时断开的常开触点指的是：当时间继电器的线圈得电时，触点瞬时闭合，当时间继电器线圈失电时，触点延时断开；图中延时闭合的常闭触点指的是：当时间继电器的线圈得电时，触点瞬时断开，当时间继电器线圈失电时，触点延时闭合。

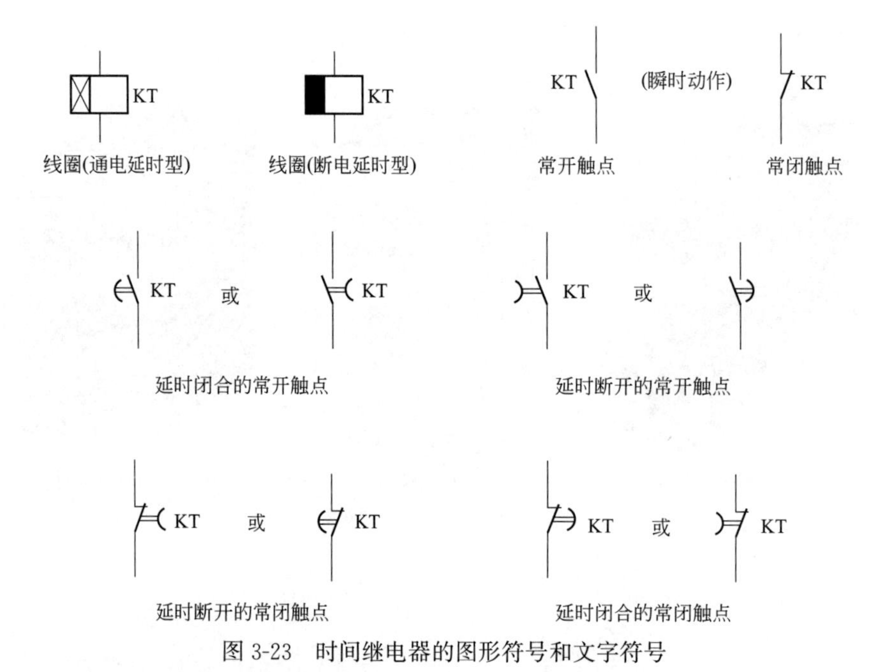

图 3-23　时间继电器的图形符号和文字符号

3.8.2 时间继电器技术数据

JS7-A 系列空气阻尼式时间继电器的技术数据见表 3-14；常用数字式时间继电器的技术数据见表 3-15。

表 3-14　JS7-A 系列空气阻尼式时间继电器技术数据

型号	瞬时动作触点数量		有延时的触点数量				触点额定电压/V	触点额定电流/A	线圈电压/V	延时范围/s	额定操作频率/(次/h)
			通电延时		断电延时						
	常开	常闭	常开	常闭	常开	常闭					
JS7-1A	—	—	1	1	—	—	380	5	24、36、110、127、220、380、420	0.4～60 及 0.4～180	600
JS7-2A	1	1	1	1	—	—					
JS7-3A	—	—	—	—	1	1					
JS7-4A	1	1	—	—	1	1					

表 3-15　常用数字式时间继电器技术数据

型号	延时范围	设定方式	工作方式	触点数量
JSS1-01	0.1～9.9s,1～99s	不标注:发光二极管指示 A—二位递增数显 C—三位递增数显 E—四位递增数显	不标注:通电延时 W—往复循环延时 D—断开延时	延时 2 转换
JSS1-02	0.1～9.9s,10～990s			
JSS1-03	1～99s,10～990s			
JSS1-04	0.1～9.9min,1～99min			
JSS1-05	0.1～99.9s,1～999s			
JSS1-06	1～999s,10～9990s			
JSS1-07	10～9990s,1～999min			
JSS1-08	0.1～999.9s,1～9999s			
JSS1-09	1～9999s,10～99990s			
JSS1-10	10～99990s,1～9999min			
JSS20-11	0.1～9.9s,1～99s 0.1～9.9min,1～99min	按键开关	不标注—通电延时 Z—循环延时	延时 1 转换
JSS20-21				延时 2 转换
JSS20-48AM	0.1～9.9s,1～99s 1～99min	二位按键开关	通电延时	延时 2 转换
	0.01～9.99s,0.1～99.9s 1～.999s,1～999min	三位按键开关		
	0.01～99.9s,0.1～999.9s 1～.9999s,1～9999min	四位按键开关		
JSS27A-1	0.01～9.99s	三位按键开关	不标注—通电延时 X—循环延时 D—断开延时	4 常开 4 常闭
JSS27A-2	0.1～99.9s			
JSS27A-3	1～999s			
JSS27A-4	1～999min			
JSS48P	0.01s～99.99s	四位按键开关	通电延时	延时 1 转换
	1s～99min59s			
	1min～99h59min			

注：常用数字式时间继电器的额定工作电压有 AC36V、110V、127V、220V、380V 和 DC24V，延时准确度≤1%，也可≤0.5%，触点容量 AC220V 为 3A，DC28V 为 5A，电寿命 1×10^5 次，机械寿命 1×10^6 次。

3.8.3　时间继电器的选择方法与实例

(1) 选择方法

① 时间继电器延时方式有通电延时型和断电延时型两种，因此选用时应确定采用哪种延时方式更方便组成控制线路。

② 凡对延时精度要求不高的场合，一般宜采用价格较低的电磁阻尼式（电磁式）或空气阻尼式（气囊式）时间继电器；若对延时精度要求较高，则宜采用电动机式或晶体管式时间继电器。

③ 延时触点种类、数量和瞬动触点种类、数量应满足控制要求。

④ 应注意电源参数变化的影响。例如，在电源电压波动大的场合，采用空气阻尼式或电动机式比采用晶体管式好；而在电源频率波动大的场合，则不宜采用电动机式时间继电器。

⑤ 应注意环境温度变化的影响。通常在环境温度变化较大处，不宜采用空气阻尼式和晶体管式时间继电器。

⑥ 对操作频率也要加以注意。因为操作频率过高不仅会影响电气寿命，还可能导致延时误动作。

⑦ 时间继电器的额定电压应与电源电压相同。

（2）选择实例

【例 3-14】 某控制电路需要一只时间继电器，要求延时范围为 50～500s，工作方式为通电延时，延时触点数量为 2 个，触点电压为 220V，触点电流 2A，时间继电器的额定工作电压为 220V，延时准确度≤1%。试为该控制电路选择一只时间继电器。

解：查表 3-15，选择 JSS1-06 型数字式时间继电器，延时范围 1～999s，额定工作电压 AC220V，延时准确度≤1%，触点容量 AC220V 为 3A。

3.9 热继电器

3.9.1 热继电器概述

（1）热继电器的用途

热继电器是热过载继电器的简称，它是一种利用电流的热效应来切断电路的一种保护电器，常与接触器配合使用，热继电器具有结构简单、体积小、价格低和保护性能好等优点，主要用于电动机的过载保护、断相及电流不平衡运行的保护及其他电气设备发热状态的控制。

（2）热继电器的分类

① 按动作方式分，有双金属片式、热敏电阻式和易熔合金式三种。

a. 双金属片式　利用双金属片（用两种膨胀系数不同的金属，通常为锰镍、铜板轧制成），受热弯曲去推动执行机构动作。这种继电器因结构简单、体积小、成本低，同时选择合适的热元件的基础上能得到良好的反时限特性（电流越大越容易动作，经过较短的时间就开始动作）等优点被广泛应用。

b. 热敏电阻式　利用电阻值随温度变化而变化的特性制成的热继电器。

c. 易熔合金式　利用过载电流发热使易熔合金达到某一温度时，合金熔化而使继电器动作。

② 按加热方式分，有直接加热式、复合加热式、间接加热式和电流互感器加热式四种。

③ 按极数分，有单极、双极和三极三种。其中三极的又包括带有和不带断相保护装置的两类。

④ 按复位方式分，有自动复位和手动复位两种。

（3）热继电器的基本结构

常用热继电器的外形如图 3-24 所示；双金属片式热继电器的结构如图 3-25 所示。

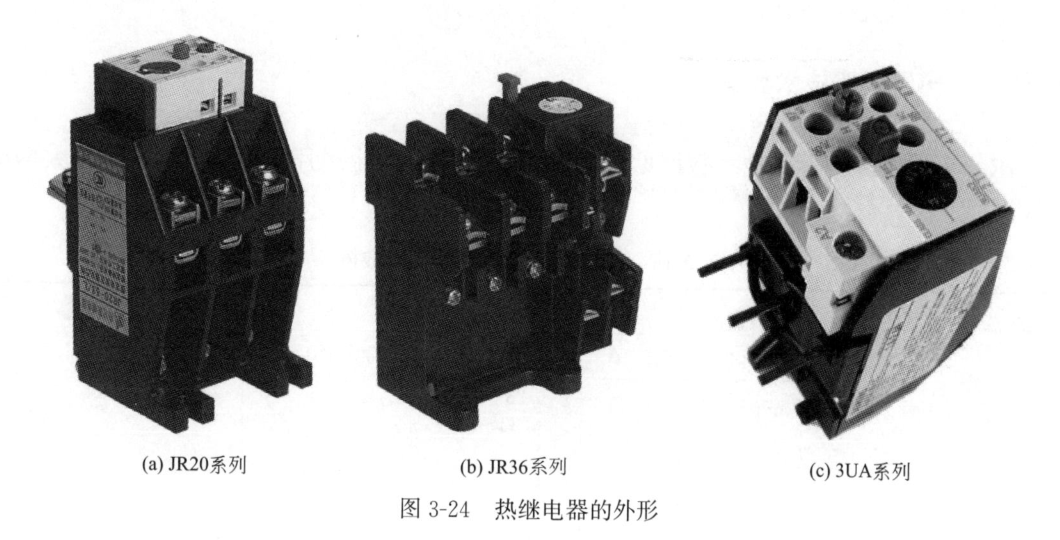

(a) JR20系列　(b) JR36系列　(c) 3UA系列

图 3-24　热继电器的外形

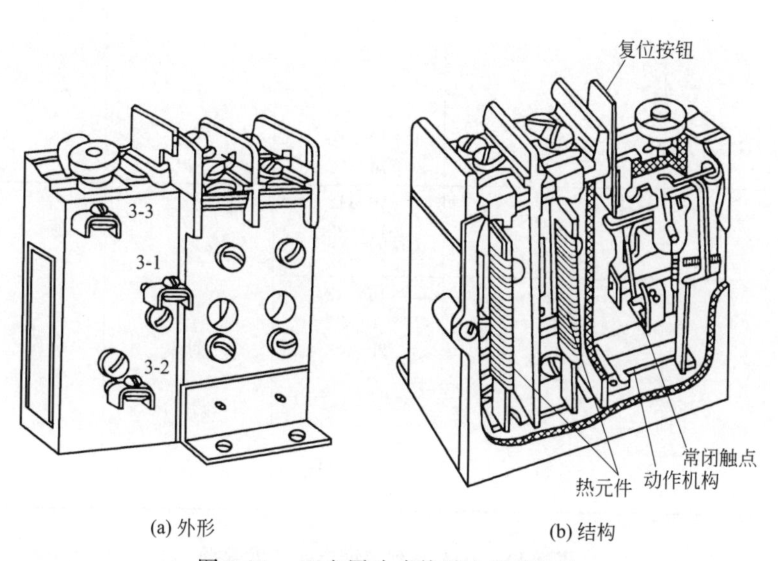

(a) 外形　(b) 结构

图 3-25　双金属片式热继电器的结构

（4）热继电器的图形符号和文字符号

热继电器的图形符号和文字符号如图 3-26 所示。

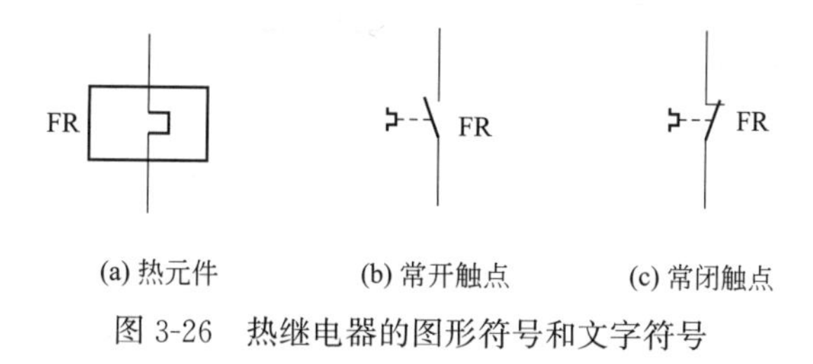

(a) 热元件　(b) 常开触点　(c) 常闭触点

图 3-26　热继电器的图形符号和文字符号

3.9.2 热继电器技术数据

JR36 系列热继电器的技术数据见表 3-16；3UA 系列双金属片式热继电器的技术数据见表 3-17。

表 3-16 JR36 系列热继电器技术数据

型号	额定工作电流/A	热元件等级		辅助触点	
		热元件额定电流/A	电流调节范围/A	额定电压/V	额定电流/A
JR36-20	20	0.35 0.5 0.72 1.1 1.6 2.4 3.5 5 7.2 11 16 22	0.25～0.35 0.32～0.5 0.45～0.72 0.68～1.1 1～1.6 1.5～2.4 2.2～3.5 3.2～5 4.5～7.2 6.8～11 10～16 14～22	380	0.47
JR36-32	32	16 22 32	10～16 14～22 20～32	380	0.47
JR36-63	63	22 32 45 63	14～22 20～32 28～45 40～63		
JR36-160	160	63 85 120 160	40～63 53～85 75～120 100～160		

表 3-17 3UA 系列热继电器技术数据

型号	额定工作电流/A	额定绝缘电压/V	整定电流范围/A
3UA50	14.5	660	0.1～0.16、0.16～0.25、0.25～0.4、0.32～0.5、0.4～0.63、0.63～1、0.8～1.25、1～1.6、1.25～2、1.6～2.5、2～3.2、2.5～4、3.2～5、4～6.3、5～8、6.3～10、8～12.5、10～14.5
3UA52	25	660	0.1～0.16、0.16～0.25、0.25～0.4、0.4～0.63、0.63～1、0.8～1.25、1～1.6、1.25～2、1.6～2.5、2～3.2、2.5～4、3.2～5、4～6.3、5～8、6.3～10、8～12.5、10～16、12.5～20、16～25
3UA54	36	660	4～6.3、6.3～10、10～16、12.5～20、16～25、20～32、25～36
3UA58	80	1000	16～25、20～32、25～40、32～50、40～57、50～63、57～70、63～80
3UA59	63	660	0.1～0.16、0.16～0.25、0.25～0.4、0.4～0.63、0.63～1、0.8～1.25、1～1.6、1.25～2、1.6～2.5、2～3.2、2.5～4、3.2～5、4～6.3、5～8、6.3～10、8～12.5、10～16、12.5～20、16～25、20～32、25～40、32～45、40～57、50～63
3UA62	180	1000	55～80、63～90、80～110、90～120、110～135、120～150、135～160、150～180
3UA66	400	1000	80～125、125～200、160～250、200～320、250～400
3UA68	630	1000	320～500、400～630

3.9.3 热继电器的选择方法与实例

(1) 热继电器的选择方法

热继电器选用是否得当，直接影响着对电动机进行过载保护的可靠性。通常选用时应按电动机形式、工作环境、启动情况及负载情况等几方面综合加以考虑。

① 原则上热继电器（热元件）的额定电流等级一般略大于电动机的额定电流。热继电器选定后，再根据电动机的额定电流调整热继电器的整定电流，使整定电流与电动机的额定电流相等。对于过载能力较差的电动机，所选的热继电器的额定电流应适当小一些，并且将整定电流调到是电动机额定电流的60%～80%。当电动机因带负载启动而启动时间较长或电动机的负载是冲击性的负载（如冲床等）时，则热继电器的整定电流应稍大于电动机的额定电流。

② 一般情况下可选用两相结构的热继电器。对于电网电压均衡性较差、无人看管的电动机或与大容量电动机共用一组熔断器的电动机，宜选用三相结构的热继电器。定子三相绕组为三角形连接的电动机，应采用有断相保护的三元件热继电器作过载和断相保护。

③ 热继电器的工作环境温度与被保护设备的环境温度的差别不应超出15～25℃。

④ 对于工作时间较短、间歇时间较长的电动机（例如，摇臂钻床的摇臂升降电动机等），以及虽然长期工作，但过载可能性很小的电动机（例如，排风机电动机等），可以不设过载保护。

⑤ 双金属片式热继电器一般用于轻载、不频繁启动电动机的过载保护。对于重载、频繁启动的电动机，则可用过电流继电器（延时动作型的）作它的过载和短路保护。因为热元件受热变形需要时间，故热继电器不能作短路保护。

因为热继电器是利用电流热效应，使双金属片受热弯曲，推动动作机构切断控制电路起保护作用的，双金属片受热弯曲需要一定的时间。当电路中发生短路时，虽然短路电流很大，但热继电器可能还未来得及动作，就已经把热元件或被保护的电气设备烧坏了，因此，热继电器不能用作短路保护。

(2) 热继电器选择实例

【例3-15】 一台Y160L-4型三相异步电动机，额定电压为380V，额定功率为15kW，额定电流为30.3A，试选择热继电器的型号。

解：查表3-16可知，可选用JR36-63型热继电器，额定工作电流为63A，热元件额定电流为45A。

【例3-16】 一台Y160M-4型三相异步电动机，额定电压为380V，功率为11kW，额定电流为22.6A，用热继电器进行保护，试选择热继电器的型号。

解：查表3-16可知，可选用JR36-32型热继电器，额定工作电流为32A，热元件的电流为32A。

【例3-17】 一台Y315S-6型三相异步电动机，额定电压为380V，功率为75kW，额定电流为141A，用热继电器进行保护，试选择热继电器的型号。

解：查表3-16可知，可选用JR36-160型热继电器，额定工作电流为160A，热元件的电流为160A。

3.10 电流继电器

3.10.1 电流继电器概述

(1) 电流继电器的分类与用途

电流继电器是一种根据线圈中（输入）电流大小而接通或断开电路的继电器，即触点的动作与否与线圈动作电流大小有关的继电器。电流继电器按线圈电流的种类可分为交流电流继电器和直流电流继电器，按用途可分为过电流继电器和欠电流继电器。

电流继电器的线圈与被测量电路串联，以反映电路电流的变化，为不影响电路的工作情况，其线圈的匝数少、导线粗、线圈阻抗小。

过电流继电器的任务是，当电路发生短路或严重过载时，必须立即将电路切断。因此，当电路在正常工作时，即当过电流继电器线圈通过的电流低于整定值时，继电器不动作，只要超过整定值时，继电器才动作。瞬动型过电流继电器常用于电动机的短路保护；延时动作型常用于过载兼具短路保护。过电流继电器复位分自动和手动两种。

欠电流继电器的任务是，当电路电流过低时，必须立即将电路切断。因此，当电路在正常工作时，即欠电流继电器线圈通过的电流为额定电流（或低于额定电流一定值）时，继电器是吸合的。只有当电流低于某一整定值时，继电器释放，才输出信号。欠电流继电器常用于直流电动机和电磁吸盘的失磁保护。

(2) 电流继电器的结构

电流继电器的种类很多，常用电流继电器的外形如图 3-27 所示。JT4 系列过电流继电器的外形结构和动作原理如图 3-28 所示。

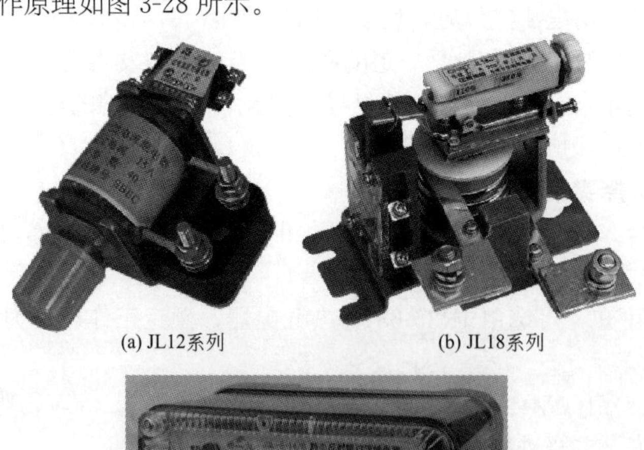

(a) JL12系列　　(b) JL18系列

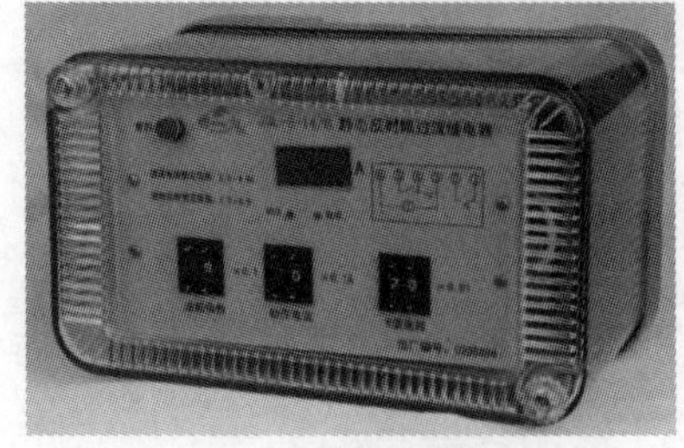

(c) JGL-8系列

图 3-27　电流继电器外形

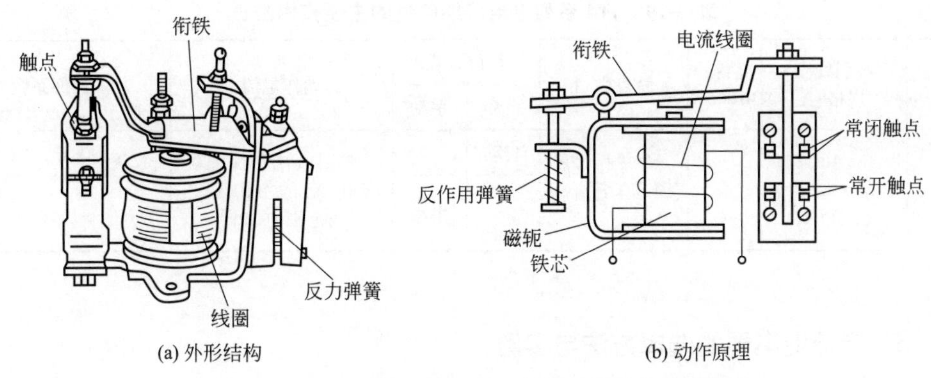

(a) 外形结构　　(b) 动作原理

图 3-28　JT4 系列过电流继电器的外形结构和动作原理

(3) 电流继电器的图形符号和文字符号

电流继电器的图形符号和文字符号如图 3-29 所示。电流继电器的文字符号一般用 KA 表示，或欠电流继电器用 KUC 表示；过电流继电器用 KOC 表示。

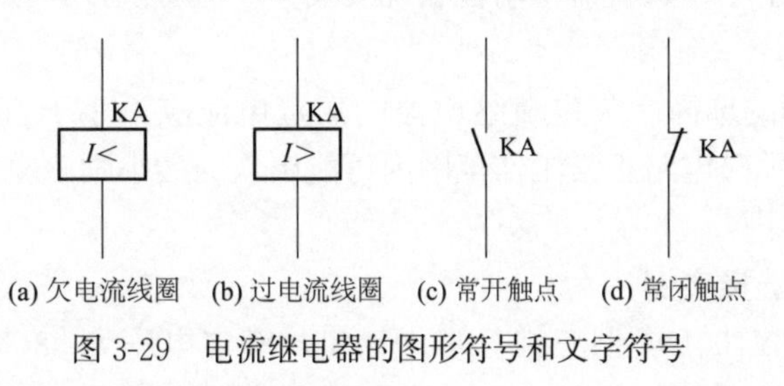

(a) 欠电流线圈　(b) 过电流线圈　(c) 常开触点　(d) 常闭触点

图 3-29　电流继电器的图形符号和文字符号

3.10.2 电流继电器技术数据

JL14 系列过电流继电器的主要技术数据见表 3-18。JT4 系列过电流继电器的主要技术数据见表 3-19。

表 3-18　JL14 系列过电流继电器的主要技术数据

电流种类	型号	线圈额定电流/A	吸合电流调整范围		触点参数			复位方式
			吸引	释放	电压/V	电流/A	触点组合	
直流	JL14-□□Z	1、1.5、2.5、5、10、15、25、40、60、100、150、300、600、1200、1500	(70%～300%)I_N		440	5	3 常开,3 常闭	自动
	JL14-□□ZS						2 常开,1 常闭	手动
	JL14-□□ZQ		(30%～65%)I_N	(10%～20%)I_N			1 常开,2 常闭 1 常开,1 常闭	自动
交流	JL14-□□J		(110%～400%)I_N		380	5	2 常开,2 常闭	自动
	JL14-□□JS						1 常开,1 常闭	手动
	JL14-□□JG						1 常开,1 常闭	自动

注：型号中的字母含义：J—继电器；L—电流；Z—直流；J—交流；S—手动复位；Q—欠电流；G—高返回系数。

表 3-19　JT4 系列过电流继电器的主要技术数据

型号	吸引线圈规格/A	消耗功率/W	触点数目	复位方式		动作电流	返回系数
				自动	手动		
JT4-□□L	5，10，15，20，40，80，150，300，600	5	2常开2常闭或1常开1常闭	自动		吸引电流在线圈额定电流的 110%～350%范围内调节	0.1～0.3
JT4-□□S（手动）					手动		

3.10.3　电流继电器的选择方法与实例

（1）电流继电器的选择

① 过电流继电器的选择　过电流继电器的额定电流应当大于或等于被保护电动机的额定电流，其动作电流一般为电动机额定电流的 1.7～2 倍，频繁启动时，为电动机额定电流的 2.25～2.5 倍；对于小容量直流电动机和绕线式异步电动机，其额定电流应按电动机长期工作的额定电流选择。

② 欠电流继电器的选择　欠电流继电器的额定电流应不小于直流电动机的励磁电流，释放动作电流应小于励磁电路正常工作范围内可能出现的最小励磁电流. 一般为最小励磁电流的 0.8 倍。

（2）电流继电器选择实例

【例 3-18】　一台 Y160L-4 型三相异步电动机，额定电压为 380V，额定功率为 15kW，额定电流为 30.3A。欲采用过流继电器，已知控制电路电压为 380V，控制回路电流小于 2A，需要一个常开触点和一个常闭触点，试选择过电流继电器的型号。

解：因为 30.3×(1.7～2.0)＝51.51～60.60（A）

所以，查表 3-18 可知，可选用 JL14-11J 型电流继电器，线圈额定工作电流为 60A，1 个常开触点和 1 个常闭触点。

3.11　电压继电器

3.11.1　电压继电器概述

（1）电压继电器的工作原理与特点

电压继电器用于电力拖动系统的电压保护和控制，使用时电压继电器的线圈与负载并联，为不影响电路的工作情况，其线圈的匝数多、导线细、线圈阻抗大。

一般来说，过电压继电器在电压升至额定电压的(1.1～1.2)倍时动作，对电路进行过电压保护；欠电压继电器在电压降至额定电压的(0.4～0.7)倍时动作，对电路进行欠电压保护；零电压继电器在电压降至额定电压的(0.05～0.25)倍时动作，对电路进行零压保护。

（2）电压继电器的用途

① 过电压继电器　过电压继电器线圈在额定电压时，动铁芯不产生吸合动作，只有当线圈电压高于其额定电压的某一值（即整定值）时，动铁芯才产生吸合动作，所以称为过电

压继电器。因为直流电路不会产生波动较大的过电压现象，所以在产品中没有直流过电压继电器。交流过电压继电器在电路中起过电压保护作用。当电路一旦出现过高的电压现象时，过电压继电器就马上动作，从而控制接触器及时分断电气设备的电源。

② 欠电压继电器　与过电压继电器比较，欠电压继电器在电路正常工作（即未出现欠电压故障）时，其衔铁处于是处于吸合状态。如果电路出现电压降低至线圈的释放电压（即继电器的整定电压）时，则衔铁释放，使触点动作，从而控制接触器及时断开电气设备的电源。

(3) 电压继电器的基本结构

电压继电器的种类很多，常用电压继电器的外形如图 3-30 所示。

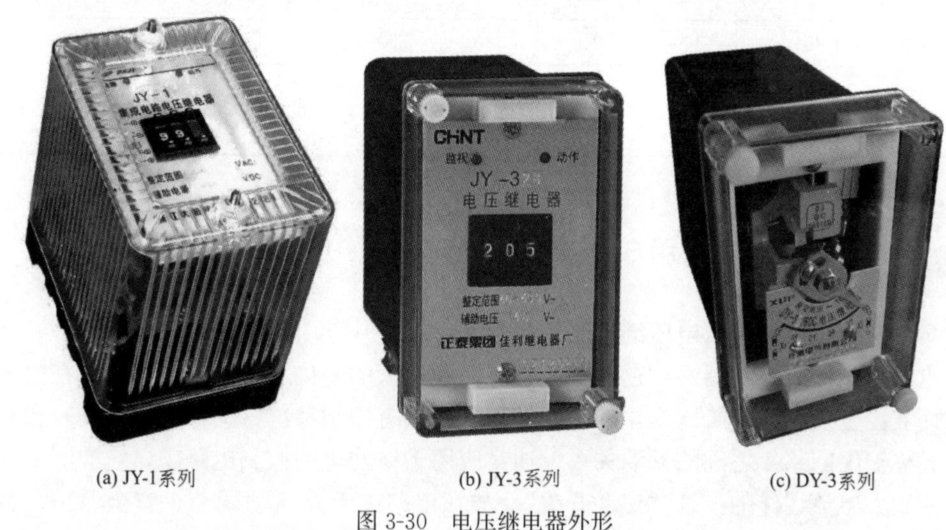

(a) JY-1系列　(b) JY-3系列　(c) DY-3系列

图 3-30　电压继电器外形

(4) 电压继电器的图形符号和文字符号

电压继电器的图形符号和文字符号如图 3-31 所示。电压继电器的文字符号一般用 KV 表示，或欠压流继电器用 KUV 表示；过电压继电器用 KOV 表示。

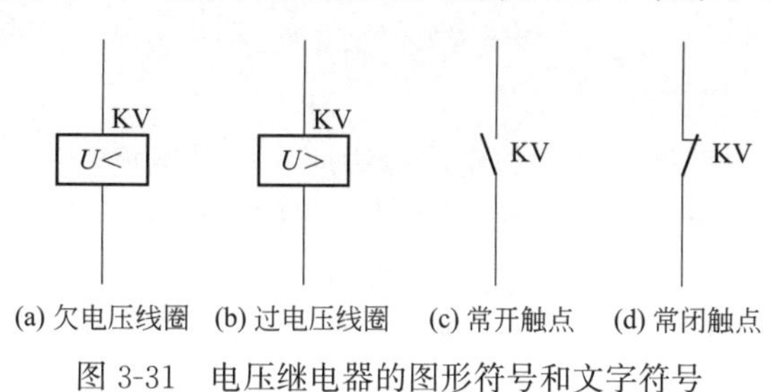

(a) 欠电压线圈　(b) 过电压线圈　(c) 常开触点　(d) 常闭触点

图 3-31　电压继电器的图形符号和文字符号

3.11.2 电压继电器技术数据

电压继电器的主要技术数据见表 3-20。

表 3-20　电压继电器的主要技术数据

<table>
<tr><th colspan="2" rowspan="2">型号</th><th rowspan="2">最大整定电压/V</th><th colspan="2">额定电压/V</th><th colspan="2">长期允许电压/V</th><th rowspan="2">电压整定范围/V</th><th colspan="2">动作电压/V</th></tr>
<tr><th>线圈并联</th><th>线圈串联</th><th>线圈并联</th><th>线圈串联</th><th>线圈并联</th><th>线圈串联</th></tr>
<tr><td colspan="2">DY-32/60C</td><td>60</td><td>100</td><td>200</td><td>110</td><td>220</td><td>15～60</td><td>15～30</td><td>30～60</td></tr>
<tr><td rowspan="4">过电压</td><td>DY-31</td><td>60</td><td>30</td><td>60</td><td>35</td><td>70</td><td>15～60</td><td>15～30</td><td>30～60</td></tr>
<tr><td>DY-32</td><td>200</td><td>100</td><td>200</td><td>110</td><td>220</td><td>50～200</td><td>50～100</td><td>100～200</td></tr>
<tr><td>DY-33</td><td rowspan="2">400</td><td rowspan="2">200</td><td rowspan="2">400</td><td rowspan="2">220</td><td rowspan="2">440</td><td rowspan="2">100～400</td><td rowspan="2">100～200</td><td rowspan="2">200～400</td></tr>
<tr><td>DY-34</td></tr>
<tr><td rowspan="4">欠电压</td><td>DY-35</td><td>48</td><td>30</td><td>60</td><td>35</td><td>70</td><td>12～48</td><td>12～24</td><td>24～48</td></tr>
<tr><td>DY-36</td><td>160</td><td>100</td><td>200</td><td>110</td><td>220</td><td>40～160</td><td>40～80</td><td>80～160</td></tr>
<tr><td>DY-37</td><td rowspan="2">320</td><td rowspan="2">200</td><td rowspan="2">400</td><td rowspan="2">220</td><td rowspan="2">440</td><td rowspan="2">80～320</td><td rowspan="2">80～160</td><td rowspan="2">160～320</td></tr>
<tr><td>DY-38</td></tr>
</table>

3.11.3　电压继电器的选用方法与实例

(1) 过电压继电器与欠电压继电器的区别

继电器是一种电控制器件，是当输入量（激励量）的变化达到规定要求时，在电气输出电路中使被控量发生预定阶跃变化的一种电器。它具有控制系统（又称输入回路）和被控制系统（又称输出回路）之间的互动关系。通常应用于自动化的控制电路中，它实际上是用小电流去控制大电流运作的一种“自动开关”。故在电路中起着自动调节、安全保护、转换电路等作用。

过电压继电器正常运行时的线圈一直是接在被监测的电压上，继电器是不吸合的，只是当被监测的电压高于设定的动作值时，继电器才吸合。

欠电压继电器正常运行时的线圈一直是接在被监测的电压上，继电器是吸合的，只是当被监测的电压低于设定的动作值时，继电器才释放。

(2) 电压继电器的选择方法

① 电压继电器的线圈电流的种类和电压等级应与控制电路一致。

② 根据继电器在控制电路中的作用（是过电压或欠电压）选择继电器的类型，按控制电路的要求选择触点的类型（动合或动断）和数量。

③ 过电压继电器的动作电压一般为系统额定电压的(1.1～1.2)倍。

④ 零电压继电器常用一般电磁式继电器或小型接触器，因此选用时，只要满足一般要求即可，对释放电压值无特殊要求。

(3) 电压继电器的使用方法

欠电压继电器的电磁线圈与被保护或检测电路并联，将欠电压继电器的触点（比如常开触点）接在控制电路中，电路正常时其触点系统已经动作（常开闭合），而当电压低至其设定值时，其电磁系统产生的电磁力会减小，在复位弹簧的作用下，触点系统会复位（常开触点由闭合变为断开），从而使控制电路断电，进而控制主电路断电，保护用电器在低压下不被损坏。

（4）电压继电器选择实例

【例3-19】 为保护某电气设备在低压下不被损坏，欲在其控制电路中采用欠电压继电器进行保护。已知该电气设备的额定电压为交流380V，要求当电源电压低于额定电压的80%时，进行欠电压保护，切断主电路的电源。请选择欠电压继电器的型号。

解：因为380×80%=304（V）

所以，查表3-20可知，可选用DY-38型欠电压继电器，最大整定电压320V，采用线圈串联，额定电压400V，将动作电压整定为304V。

3.12 速度继电器

3.12.1 速度继电器概述

（1）速度继电器的用途

速度继电器是指按速度原则动作的继电器，其主要用于笼型三相异步电动机的反接制动控制，因此也称反接制动继电器。

速度继电器是将电动机的转速信号经电磁感应原理来控制触点动作的电器，是当转速达到规定值时动作的继电器。它常被用于电动机反接制动的控制电路中，当反接制动的转速下降到接近零时，它能自动地及时切断电源。

（2）速度继电器的基本结构

速度继电器主要由定子、转子和触点系统三部分组成。触点系统有正向运转时动作和反向运转时动作的触点各一组，每组又各有一对常闭触点和一对常开触点。图3-32所示为JY1系列速度继电器的外形及结构。

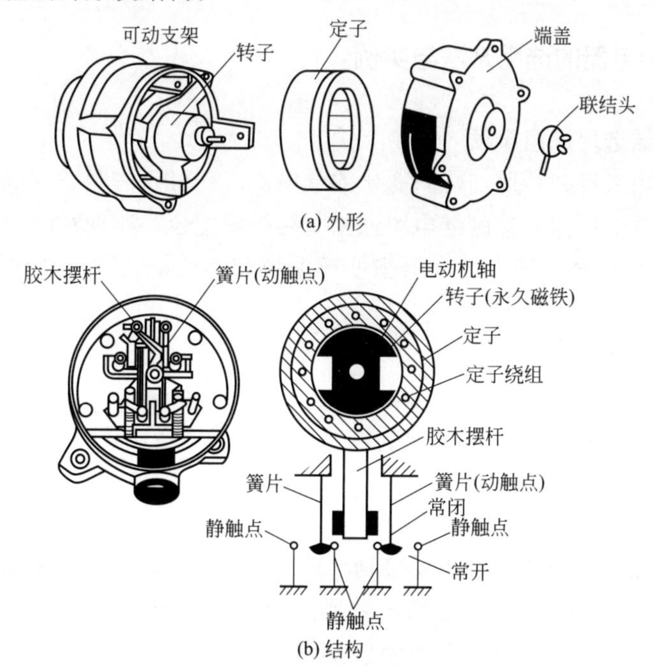

图3-32　JY1系列速度继电器的外形及结构

(3) 速度继电器的图形符号和文字符号

速度继电器的图形符号和文字符号如图 3-33 所示。

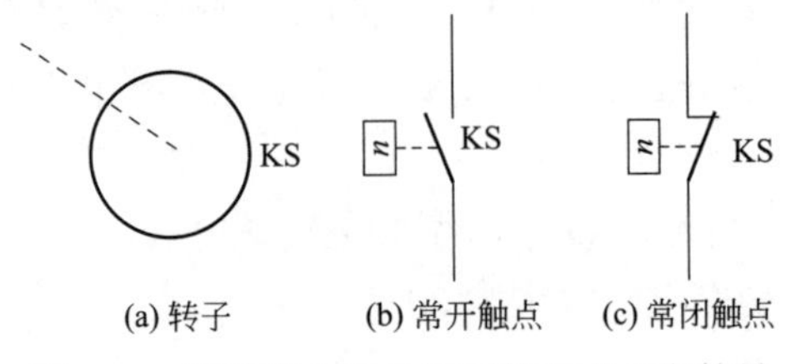

图 3-33 速度继电器的图形符号和文字符号

3.12.2 速度继电器技术数据

常用速度继电器的主要技术数据见表 3-21。

表 3-21 常用速度继电器的主要技术数据

型号	触点额定电压/V	触点额定电流/A	触点数量		额定工作转速/(r/min)	允许操作频率/(次/h)
			正转时动作	逆转时动作		
JY1	380	2	1 常开 1 常闭	1 常开 1 常闭	100～3600	<30
JFZO					300～3600	

通常速度继电器动作转速为一般不低于 300r/min，复位转速约在 100r/min 以下，应将速度继电器的转子与被控电动机同轴连接，而将其触点（一般用常开触点）串联在控制电路中。

3.12.3 速度继电器的选用方法与实例

(1) 速度继电器选用注意事项

速度继电器是用来反映转速与转向变化的继电器。它可以按照被控电动机转速的大小使控制电路接通或断开的电器。速度继电器通常与接触器配合，实现对电动机的反接制动。

① 速度继电器的选择 速度继电器主要根据被控电动机的额定转速、控制要求等合理选择。

② 速度继电器的使用

a. 速度继电器的转轴应与电动机同轴连接。

b. 速度继电器安装接线时，正反向的触点不能接错，否则不能起到反接制动时接通和断开反向电源的作用。

(2) 速度继电器选择实例

【例 3-20】 在某三相异步电动机反接制动控制电路中，欲采用一个速度继电器。已知该电动机的额定电压为交流 380V，电动机的额定转速为 2900r/min。该控制电路的电压为 380V，控制电路的电流小于 1A。需要速度继电器有一个常开触点。请选择速度继电器的型号。

解：根据已知条件，由表3-21可知，可选用JY-1型速度继电器，触点额定电压380V，触点额定电流2A，额定工作转速为100～3600r/min。

3.13 控制按钮

3.13.1 控制按钮概述

(1) 控制按钮的用途

控制按钮又称按钮开关或按钮，是一种短时间接通或断开小电流电路的手动控制器，一般用于电路中发出启动或停止指令，以控制电磁启动器、接触器、继电器等电器线圈电流的接通或断开，再由它们去控制主电路。按钮也可用于信号装置的控制。

(2) 控制按钮的分类

随着工业生产的需求，按钮的规格品种也在日益增多。驱动方式由原来的直接推压式，转化为旋转式、推拉式、杠杆式和带锁式（即用钥匙转动来开关电路，并在将钥匙抽走后不能随意动作，具有保密和安全功能）。传感接触部件也发展为平头、蘑菇头以及带操纵杆式等多种形式。带灯按钮也日益普遍地使用在各种系统中。按钮的具体分类如下。

① 按钮按用途和触点的结构分，有启动按钮（动合按钮）、停止按钮（动断按钮）和复合按钮（动合和动断组合按钮）三种。

② 按钮按结构形式、防护方式分，有开启式、防水式、紧急式、旋钮式、保护式、防腐式、钥匙式和带指示灯式等。

为了标明各个按钮的作用，通常将按钮做成红、绿、黑、黄、蓝、白等不同的颜色加以区别。一般红色表示停止按钮，绿色表示启动按钮。

(3) 按钮的基本结构

按钮的种类非常多，常用按钮的外形如图3-34所示。

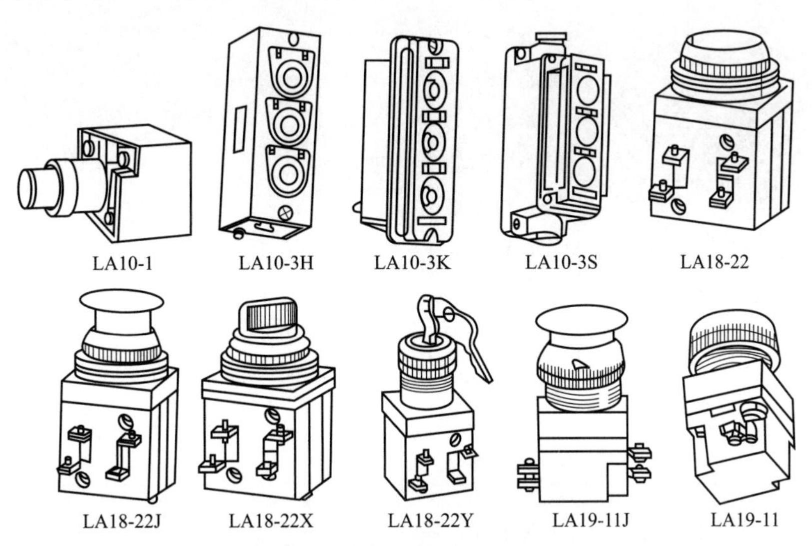

图3-34　常见控制按钮的外形

控制按钮主要由按钮帽、复位弹簧、触点、接线柱和外壳等组成，其外形和结构如图 3-35 所示。

(4) 控制按钮的图形符号和文字符号

控制按钮的图形符号和文字符号如图 3-36 所示。

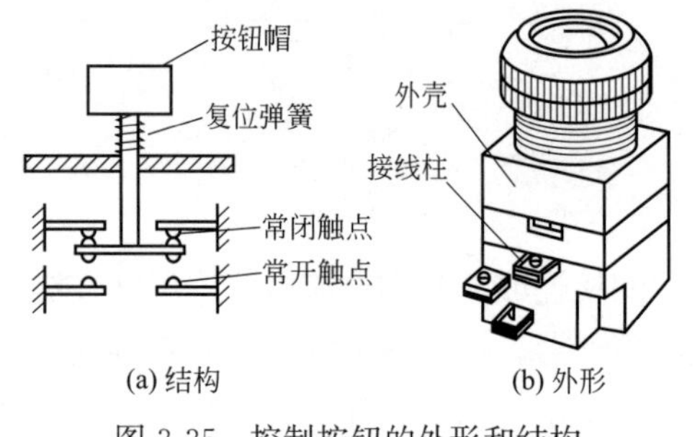

图 3-35　控制按钮的外形和结构

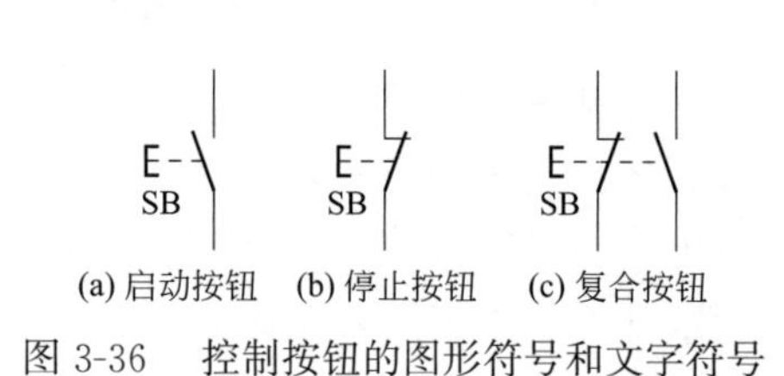

(a) 启动按钮　(b) 停止按钮　(c) 复合按钮

图 3-36　控制按钮的图形符号和文字符号

3.13.2 控制按钮技术数据

常用按钮的主要技术数据见表 3-22。

表 3-22　常用按钮的主要技术数据

型号	额定电压/V	额定电流/A	结构形式	触点对数		按钮数	按钮颜色
				常开	常闭		
LA2	交流 500 直流 440	5	元件	1	1	1	黑、绿、红
LA10-2K			开启式	2	2	2	黑红或绿红
LA10-3K			开启式	3	3	3	黑、绿、红
LA10-2H			保护式	2	2	2	黑红或绿红
LA10-3H			保护式	3	3	3	黑、绿、红
LA18-22J			元件(紧急式)	2	2	1	红
LA18-44J			元件(紧急式)	4	4	1	红
LA18-66J			元件(紧急式)	6	6	1	红
LA18-22Y			元件(钥匙式)	2	2	1	黑
LA18-44Y			元件(钥匙式)	4	4	1	黑
LA18-22X			元件(旋钮式)	2	2	1	黑
LA18-44X			元件(旋钮式)	4	4	1	黑
LA18-66X			元件(旋钮式)	6	6	1	黑
LA19-11J			元件(紧急式)	1	1	1	红
LA19-11D			元件(带指示灯)	1	1	1	红、绿、黄、蓝、白

不同结构形式的按钮，分别用不同的字母表示，例如：A—按钮；K—开启式；S—防水式；H—保护式；F—防腐式；J—紧急式；X—旋钮式；Y—钥匙式；M—蘑菇式；D—带指示灯式；DJ—紧急式带指示灯。

3.13.3 控制按钮的选择方法与实例

(1) 按钮的技术参数

按钮的主要技术参数有额定电压、额定电流、结构形式、触点数及按钮颜色等。常用的控制按钮的额定电压为交流电压380V，额定电流为5A。

(2) 按钮的选择方法

① 应根据使用场合和具体用途选择按钮的类型。例如，控制台柜面板上的按钮一般可用开启式；若需显示工作状态，则用带指示灯式；在重要场所，为防止无关人员误操作，一般用钥匙式；在有腐蚀的场所一般用防腐式。

② 应根据工作状态指示和工作情况的要求选择按钮和指示灯的颜色。如停止或分断用红色；启动或接通用绿色；应急或干预用黄色。

③ 应根据控制回路的需要选择按钮的数量。例如，需要作“正（向前）”、“反（向后）”及“停”三种控制处，可用三只按钮，并装在同一按钮盒内；只需作“启动”及“停止”控制时，则用两只按钮，并装在同一按钮盒内。

④ 对于通电时间较长的控制设备，不宜选用带指示灯的按钮。

(3) 按钮的颜色及其含义

按钮帽有不同的颜色以便识别各按钮的作用，避免误操作，按钮的颜色及其含义见表3-23。

表3-23 常用按钮的颜色及其含义

按钮颜色	含 义	说 明	应用示例
红	紧急	危险或紧急情况时操作	急停
黄	异常	异常情况时操作	干预制止异常情况
绿	正常	正常情况时启动操作	正常启动
蓝	强制性	要求强制动作情况下操作	复位功能
白	未赋予特定含义	除急停以外的一般功能的启动	启动/接通(优先)、停止/断开
灰			启动/接通、停止/断开
黑			启动/接通、停止/断开(优先)

(4) 按钮的选择实例

【例3-21】 在某三相异步电动机正反转控制电路中，欲采用三个控制按钮。已知该控制回路的电压为380V，控制回路的电流小于1A。需要三个按钮，每个按钮有一对常开触点和一对常闭触点。请选择控制按钮的型号。

解：根据已知条件和要求，由表3-22可知，可选用LA10-3K型控制按钮，该型号控制按钮为一个按钮组，该按钮组由三个按钮组成，其额定电压为380V，每个按钮是由一对常开触点和一对常闭触点构成的复合按钮。

3.14 行程开关

3.14.1 行程开关概述

(1) 行程开关的用途

在生产机械中，常需要控制某些运动部件的行程，或运动一定行程使其停止，或在一定行程内自动返回或自动循环。这种控制机械行程的方式叫“行程控制”或“限位控制”。

行程开关（又叫限位开关）是实现行程控制的小电流（5A 以下）主令电器，其作用与控制按钮相同，只是其触点的动作不是靠手按动，而是利用机械运动部件的碰撞使触点动作，即将机械信号转换为电信号，通过控制其他电器来控制运动部件的行程大小、运动方向或进行限位保护。

(2) 行程开关的分类

行程开关按用途不同可分为两类：

① 一般用途行程开关（即常用的行程开关）。它主要用于机床、自动生产线及其他生产机械的限位和程序控制；

② 起重设备用行程开关。它主要用于限制起重机及各种冶金辅助设备的行程。

(3) 行程开关的基本结构

行程开关的种类很多，常用行程开关的外形如图 3-37 所示。

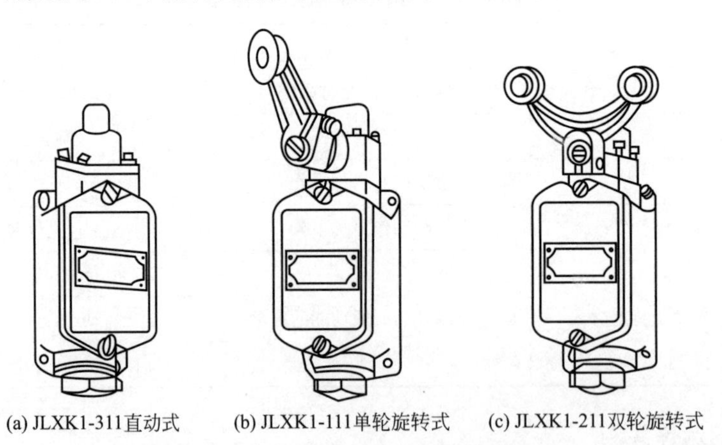

图 3-37　JLXK1 系列行程开关的外形

直动式（又称按钮式）行程开关的结构如图 3-38 所示；JLXK1 系列旋转式行程开关的结构如图 3-39 所示，它主要由滚轮、杠杆、转轴、凸轮、撞块、调节螺钉、微动开关和复位弹簧等部件组成。

(4) 行程开关的图形符号和文字符号

行程开关的图形符号和文字符号如图 3-40 所示。

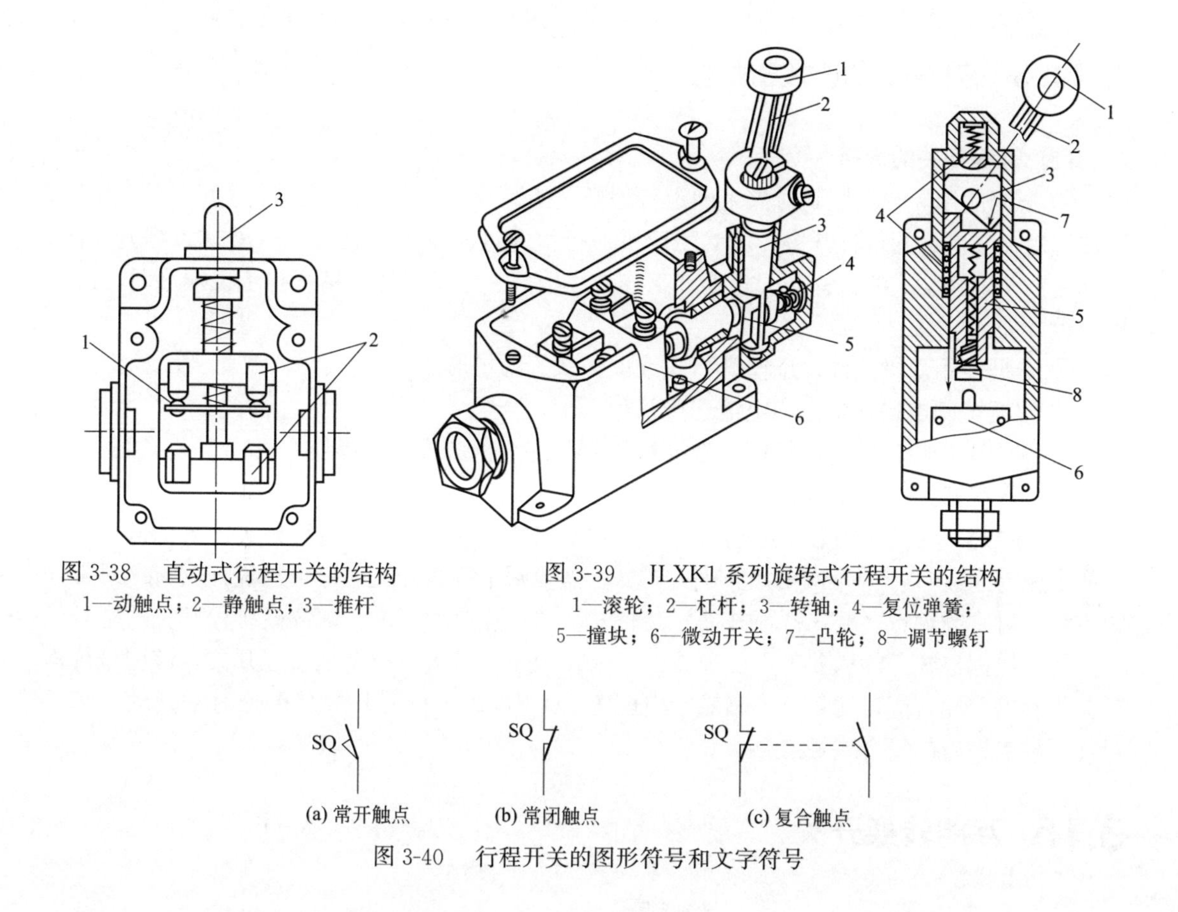

图 3-38　直动式行程开关的结构
1—动触点；2—静触点；3—推杆

图 3-39　JLXK1 系列旋转式行程开关的结构
1—滚轮；2—杠杆；3—转轴；4—复位弹簧；
5—撞块；6—微动开关；7—凸轮；8—调节螺钉

图 3-40　行程开关的图形符号和文字符号

3.14.2　行程开关技术数据

常用行程开关的主要技术数据见表 3-24。

表 3-24　常用行程开关的主要技术数据

型号	额定电压/V	额定电流/A	结构形式	触点对数	
				常开	常闭
LX19K	交流 380 直流 220	5	元件	1	1
LX19-111			内侧单轮，自动复位	1	1
LX19-121			外侧单轮，自动复位	1	1
LX19-131			内外侧单轮，自动复位	1	1
LX19-212			内侧双轮，不能自动复位	1	1
LX19-222			外侧双轮，不能自动复位	1	1
LX19-232			内外侧双轮，不能自动复位	1	1
JLXK1-111			单轮防护式	1	1
JLXK1-211			双轮防护式	1	1
JLXK1-311			直动防护式	1	1
JLXK1-411			直动滚轮防护式	1	1

3.14.3 行程开关的选择方法与实例

(1) 行程开关的选择

① 根据使用场合和控制对象来确定行程开关的种类。当生产机械运动速度不是太快时，通常选用一般用途的行程开关；而当生产机械行程通过的路径不宜装设直动式行程开关时，应选用凸轮轴转动式的行程开关；而在工作效率很高、对可靠性及精度要求也很高时，应选用接近开关。

② 根据使用环境条件，选择开启式或保护式等防护形式。

③ 根据控制电路的电压和电流选择系列。

④ 根据生产机械的运动特征，选择行程开关的结构形式（即操作方式）。

(2) 行程开关的选择实例

【例 3-22】 在某三相异步电动机行程控制电路中，欲采用两个行程开关。已知该控制回路的电压为 380V，控制回路的电流小于 1A。需要两个行程开关，每个行程开关有一对常开触点和一对常闭触点，要求行程开关为滚轮式，并且能自动复位。请选择行程开关的型号。

解：根据已知条件和要求，由表 3-24 可知，可选用 LX19-121 型行程开关，该型号行程开关为外侧单轮，能自动复位，其额定电压为 380V，每个行程开关是由一对常开触点和一对常闭触点构成的复合式触点。

3.15 万能转换开关

3.15.1 万能转换开关概述

(1) 万能转换开关的用途

万能转换开关是由多组相同结构的触点组件叠装而成的多回路控制电器，主要用于各种控制线路的转换，电气测量仪表的转换，以及配电设备（高压油断路器、低压断路器等）的远距离控制，也可用于控制小容量电动机的启动、制动、正反转换向及双速电动机的调速控制。由于它触点挡数多、换接的线路多、且用途广泛，所以常被称为“万能”转换开关。

(2) 万能转换开关的分类

① 按手柄形式分，有旋钮、普通手柄、带定位可取出钥匙的和带信号灯指示的等。

② 按定位形式分，有复位式和定位式。定位角分 30°、45°、60°、90°等数种，它由具体系列规定。

③ 按接触系统挡数分，如 LW5 分 1、2、3、4、5、6、7、8、9、10、11、12、13、14、15、16 共 16 种单列转换开关。

(3) 基本结构

万能转换开关的种类很多，常用万能转换开关的外形如图 3-41 所示。

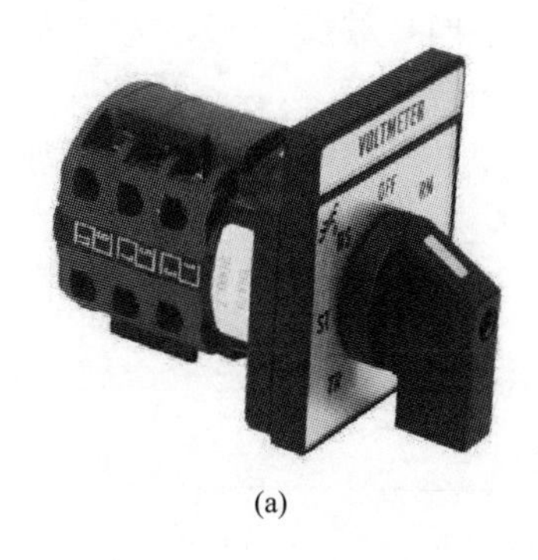

(a)

(b)

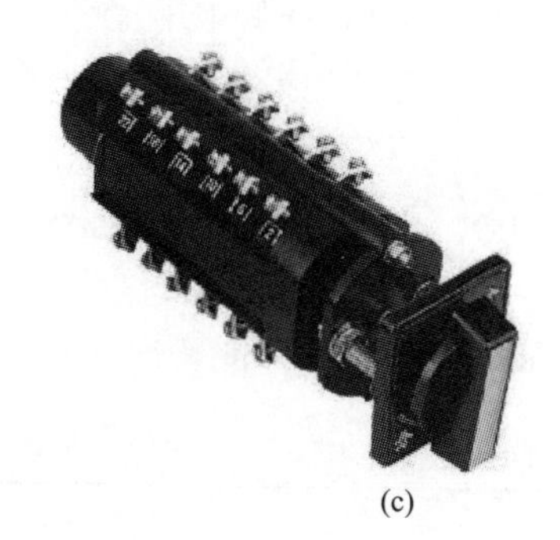
(c)

图 3-41　万能转换开关的外形

常用的万能转换开关由 LW5、LW6、LW8、LW12、LW16 系列等。万能转换开关由操作机构、面板、手柄及几层触点座等部件组成，用螺栓组成整体。其中，触点为双断点桥式结构，动触点设计成自动调整式以保证通断时的同步性。静触点装在触点座内。每个由胶木压制的触点座内可安装 2～3 对触点，而且每组触点上均装有隔弧装置。由于每层凸轮可做成不同的形状，因此当手柄转到不同位置时，可使各对触点按一定的规律接通和分断。万能转换开关一层结构示意图如图 3-42 所示。

图 3-42 为万能转换开关一层结构示意图，它主要由操作机构、定位装置和触点三部分组成。其中，触点为双断点桥式结构，动触点设计成自动调整式以保证通断时的同步性。静触点装在触点座内。每个由胶木压制的触点座内可安装 2～3 对触点，而且每组触点上均装有隔弧装置。

（4）万能转换开关的图形符号和文字符号

万能转换开关用文字符号“SA”表示。万能转换开关各挡位电路通断状态的表示方法有图形表示法和列表表示法，如图 3-43 所示。

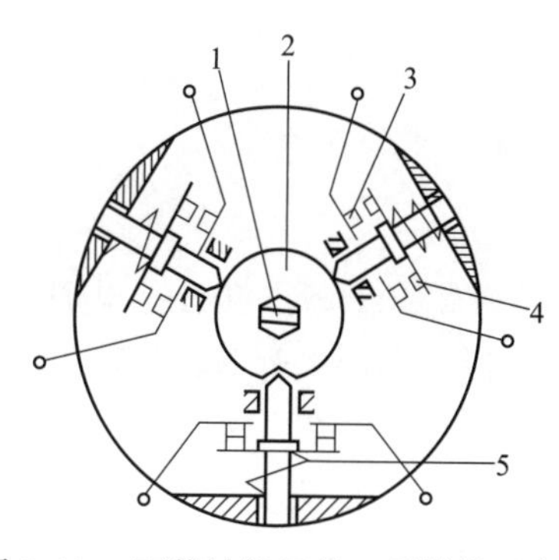

图 3-42　万能转换开关一层结构示意图

1—转轴；2—凸轮；3—静触点；4—动触点；5—触点压力弹簧

SA
左　0　右
1　2
3　4
5　6
7　8

(a) 图形及文字符号

触点	位置		
	左	0	右
1—2		×	
3—4			×
5—6	×		×
7—8	×		

(b) 触点接线表

图 3-43　万能转换开关图形符号和文字符号

图 3-43 显示了开关的挡位、触点数目及接通状态，表中用“×”表示触点接通，否则为断开，由接线表才可画出其图形符号。具体画法是：用虚线表示操作手柄的位置，用有无“•”表示触点的闭合和打开状态，比如，在触点图形符号下方的虚线位置上画“•”，则表示当操作手柄处于该位置时，该触点是处于闭合状态；若在虚线位置上未画“•”时，则表示该触点是处于打开状态。

例如，在图 3-43（a）中用“•”表示手柄的位置。当手柄处于 0 位置时，触点 1—2 闭合。在图3-43（b）中用“×”表示闭合，当操作手柄处于左边位置时，触点5—6、7—8处于闭合状态；当操作手柄处于右边位置时，触点3—4、5—6处于闭合状态。

3.15.2 万能转换开关技术数据

LW5D系列万能转换开关基本参数见表3-25。

表3-25 LW5D系列万能转换开关基本参数

<table>
<tr><th>开关用途</th><th colspan="2">使用类别</th><th>额度工作电压/V</th><th>额定工作电流/A</th><th>约定发热电流</th><th>额定绝缘电压</th><th>允许正常操作频率</th></tr>
<tr><td rowspan="9">主令控制用</td><td colspan="2" rowspan="3">AC-15</td><td>500</td><td>2.0</td><td rowspan="10">16A</td><td rowspan="10">500V</td><td rowspan="10">300次/h</td></tr>
<tr><td>380</td><td>2.6</td></tr>
<tr><td>220</td><td>4.6</td></tr>
<tr><td rowspan="6">DC-13</td><td rowspan="3">双断点</td><td>440</td><td>0.14</td></tr>
<tr><td>220</td><td>0.27</td></tr>
<tr><td>110</td><td>0.55</td></tr>
<tr><td rowspan="3">四断点</td><td>440</td><td>0.20</td></tr>
<tr><td>220</td><td>0.41</td></tr>
<tr><td>110</td><td>0.82</td></tr>
<tr><td>直接控制5.5kW及以下三相异步电动机</td><td colspan="2">AC-3</td><td>380</td><td>12</td></tr>
</table>

3.15.3 万能开关的选用

(1) 常用万能转换开关的种类及应用场合

① LW5系列万能转换开关　本系列转换开关适用于直流、交流50Hz、电压500V及以下的电路，作主电路或电气测量仪表的转换开关及配电设备的遥控开关；也可作为伺服电动机及容量5.5kW及以下三相交流电动机的启动、换向或变速开关。该系列转换开关按接触装置的挡数有1～16和18、21、24、27、30共21种，其中16挡及以下为单列转换开关；18挡及以上为三列转换开关。按防护形式有开启式和防护式两种。按手柄类型有旋钮、普通、机床和枪形四种。按手柄操作方式分为自复式和定位式两种。所谓自复式是指手搬动手柄于某一位置后，当手松开手柄时，手柄自动返回原位。而定位式是指用手扳动手柄至某一位置后，当手松开后手柄仍停留在该位置上。万能转换开关的操作位置是以角度来表示的，它们将在万能转换开关的“定位特征表”上表示出来。

② LW6系列万能转换开关　本系列转换开关适用于交流50Hz，电压380V及以下或直流220V及以下、电流5A及以下的交直流电路，作电气控制线路的转换、电气测量仪表的转换以及配电设备的遥控开关用。

③ LWl2-16 系列小型万能转换开关　本系列转换开关适用于交流 50（或 60）Hz、电压至 380V 和直流电压至 220V 的电路中作主令控制用开关或直接控制功率为 5.5kW 及以下的三相笼型感应电动机用。

（2）选择方法

① 按额定电压和工作电流等参数选择合适的系列。

② 按操作需要选择手柄形式和定位特征。

③ 选择面板形式及标志。

④ 按控制要求，确定触点数量和接线图编号。

⑤ 因转换开关本身不带任何保护，所以，必须与其他保护电器配合使用。

（3）使用与维护

① 转换开关一般应水平安装在屏板上，但也可倾斜或垂直安装。应尽量使手柄保持水平旋转位置。

② 转换开关的面板从屏板正面插入，并旋紧在面板双头螺栓上的螺母，使面板紧固在屏板上，安装转换开关要先拆下手柄，安装好后再装上手柄。

③ 转换开关应注意定期保养，清除接线端处的尘垢，检查接线有无松动现象等，以免发生飞弧短路事故。

④ 当转换开关有故障时，必须立即切断电路。检验有无妨碍可动部分正常转动的故障、检验弹簧有无变形或失效、触点工作状态和触点状况是否正常等。

⑤ 在更换或修理损坏的零件时，拆开的零件必须除去尘垢，并在转动部分的表面涂上一层凡士林，经过装配和调试后，方可投入使用。

第4章 电动机基本控制电路

4.1 三相异步电动机单向启动、停止控制电路

4.1.1 控制目的、控制方法及应用场合

三相异步电动机单向启动、停止控制电路如图 4-1 和图 4-2 所示。

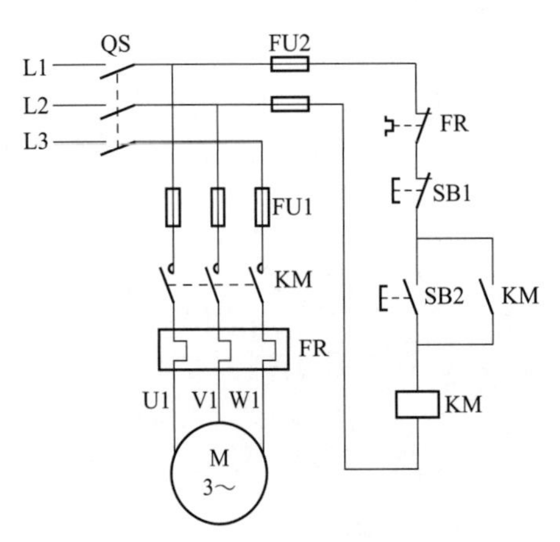

图 4-1 三相异步电动机单向启动、停止控制电路（1）

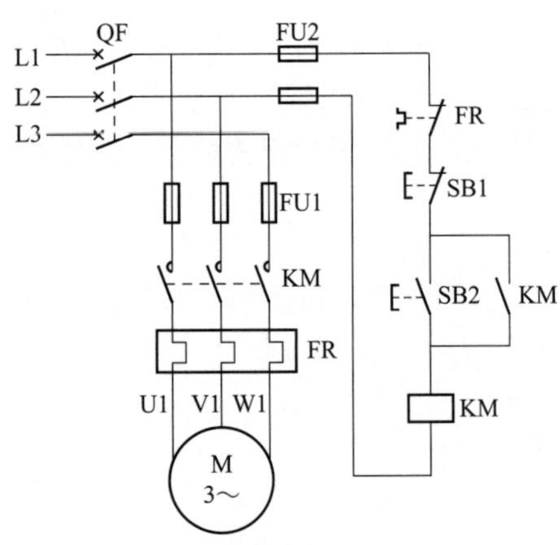

图 4-2 三相异步电动机单向启动、停止控制电路（2）

（1）控制目的

三相异步电动机单方向启动、停止电气控制电路应用广泛，也是最基本的控制电路。该电路能实现对电动机启动运行和停止的自动控制、远距离控制、频繁操作，并具有必要的保护，如短路保护、过载保护和失压保护等。

（2）控制方法

图 4-1 是采用继电器-接触器进行控制的三相异步电动机单向启动、停止控制电路。电路中使用的低压电器有刀开关 QS、熔断器 FU1 和 FU2、启动按钮 SB2、停止按钮 SB1、接触器 KM、热继电器 FR 等。通过对该电路的分析，可以理解自锁的概念，熟悉三相异步电动机单向启动控制电路的原理图和工作原理。

（3）应用场合

三相异步电动机单方向启动、停止电气控制电路应用在不需要点动、不需要正反向（可逆）运行，仅需要单方向运行的电气设备上，如水泵电动机等。

4.1.2　基本工作原理

由图4-1可知，启动电动机时，合上刀开关QS，按下启动按钮SB2，接触器KM线圈得电铁芯吸合，其主触点闭合，接通电动机的三相电源，电动机启动运转，与此同时，与按钮SB2并联的接触器的常开（动合）辅助触点KM也同时闭合，起自锁（自保持）作用，电源L1通过熔断器FU2→停止按钮SB1的常闭触点→接触器KM的常开辅助触点（已经闭合）→接触器KM的线圈→熔断器FU2→电源L2构成闭合回路，所以松开按钮SB2，接触器KM也可以继续保持通电，维持其吸合状态，电动机继续运转。这个辅助触点KM通常称为自锁触点。

欲使电动机停转时，按下停止按钮SB1，接触器KM的线圈失电而释放，主、辅触点均复位，即其主触点KM断开，切断了电动机的电源，电动机停止运行。

图4-1中，FR为热继电器，当电动机过载或因故障使电动机电流增大时，热继电器FR内的双金属片会温度升高，产生弯曲，使热继电器的常闭触点FR断开，接触器KM失电释放，电动机断电停止运行，从而实现过载保护。

4.1.3　低压电器的选择

下面介绍各电气元件的作用，并根据给定的电动机容量选用各种电器。

（1）刀开关QS或断路器QF的额定电流的选择

① 刀开关QS的作用是接通和断开电源，其额定电流可按电动机额定电流的3倍选择。

② 断路器（空气开关）QF的作用是接通和断开电源，并有短路保护的作用，其额定电流可按等于或略大于电动机额定电流选择。

（2）熔断器FU1和FU2额定电流的选择

熔断器FU1和FU2起短路保护作用，熔断器FU1熔体的额定电流可在电动机额定电流的1.5～2.5倍范围内选取；熔断器FU2熔体的额定电流应大于控制回路的电流。各个熔断器的额定电流应大于或等于其熔体的额定电流。

（3）交流接触器KM的额定电流的选择

交流接触器的作用是接通和断开电动机的三相电源，并有失压保护的作用。接触器主触点的额定电流可在电动机额定电流的1.3～2倍范围内选取。

（4）热继电器FR的额定电流的选择

热继电器FR是电动机的过电流保护元件。热继电器中热元件的额定电流可在电动机额定电流的1～1.5倍范围内选取；热继电器的额定电流应不小于热元件的额定电流。

热继电器保护整定值I_{FR}=电动机额定电流I_N。

热继电器有自动复位和手动复位两种（出厂时定在自动复位方式）。如需改用手动复位，可用小改锥伸入调节孔，反时针旋三扣左右。

热继电器过载动作后，在自动复位方式下，5min内可复位；在手动复位方式下，2min

后按复位键可复位。

【例 4-1】 为一台 7.5kW 三相异步电动机单方向运行的设备选用各种电气元件。

① 7.5kW 三相异步电动机的额定电流为 15.4A。

② 刀开关 QS 或断路器 QF：可选用 HK2-60/3 型开启式刀开关（见图 4-1），或选用 DZ15-40/3901 型断路器（见图 4-2），脱扣器的额定电流为 20A。

③ 主回路熔断器 FU1：可选用 RClA-30/30 的瓷插式熔断器，或 RL1-60/30 螺旋式熔断器。

④ 交流接触器 KM：可选用 B25、CJ20-25、CJ10-20 中的任一种。

⑤ 热继电器 FR：可选用 JR36-20、热元件的额定电流用 22A 或 16A 的，整定在 15A 上。

⑥ 控制回路熔断器 FU2：可选用 RClA-5/2 或 RL1-15/2。

⑦ 按钮 SB1、SB2：可选用 LA19-11 型按钮，额定电压 500V、额定电流 5A。

4.2 电动机的电气联锁控制电路

4.2.1 控制目的、控制方法及应用场合

(1) 控制目的

一台生产机械有较多的运动部件，这些部件根据实际需要应有互相配合、互相制约、先后顺序等各种要求。这些要求若用电气控制来实现，就称为电气联锁（又称电气互锁）。

例如，电动机要实现正、反转控制，需要将其电源的相序中任意两相对调即可（我们称为换相），通常是 V 相不变，将 U 相与 W 相对调，为了保证两个接触器动作时能够可靠调换电动机的相序，接线时应使接触器的上端（电源侧）接线保持一致，在接触器的下端（负载侧）将任意两相的接线对调。由于将两相相序对调，故需确保两个接触器 KM1 和 KM2 的线圈不能同时得电，否则会发生严重的相间短路故障，因此必须采取联锁。

(2) 控制方法

为安全起见，常采用按钮联锁与接触器联锁的双重联锁正反转控制线路。使用了按钮联锁，即使同时按下正反转按钮，调相用的两接触器也不可能同时得电，避免了相间短路。另外，由于应用的接触器联锁，所以只要其中一个接触器得电，其常闭触点就不会闭合，这样电动机的供电系统就不可能相间短路，有效地保护了电动机，同时也避免在调相时相间短路造成事故，烧坏接触器。

另外，还可在两个接触器之间进行机械联锁。在机械、电气双重联锁的应用下，可以更加安全、可靠地保护电动机和电气设备。

(3) 应用场合

联锁，顾名思义就是联动和锁定。将两套锁定装置控制电路交叉连接，即：一个打开，另一个锁定；或者是只有在一个打开时，另一个才能打开，这都叫联锁。在自动化控制中，继电器联锁起到的作用是防止电气短路，防止运行中的设备超出设定范围和动作按设定顺序完成。

联锁控制就是电器设施中的一种联动控制方式，按照控制对象（应用场合）可分为互相制约、按先决条件制约、选择制约等多种类型。

4.2.2　互相制约的联锁控制电路

互相制约的联锁控制又称互锁控制。例如当拖动生产机械的两台电动机同时工作会造成事故时，要使用互锁控制；又如许多生产机械常常要求电动机能正反向工作，对于三相异步电动机，可借助正反向接触器改变定子绕组的相序来实现，而正反向工作时也需要互锁控制，否则，当误操作同时使正反向接触器线圈得电时，将会造成短路故障。

互锁控制线路构成的原则：将两个不能同时工作的接触器 KM1 和 KM2 各自的常闭触点（动断触点）相互交换地串接在彼此的线圈回路中，如图 4-3 所示。

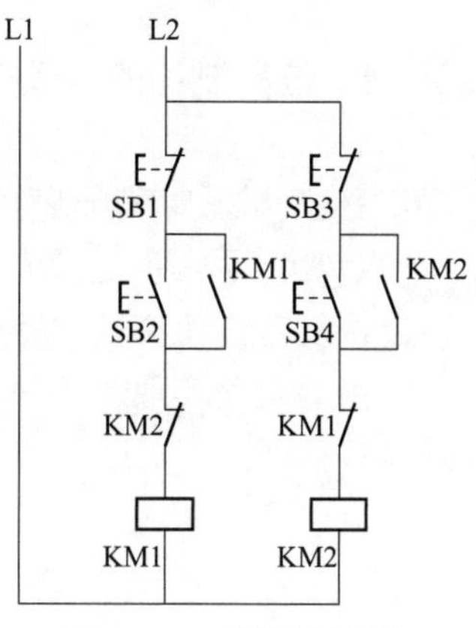

图 4-3　互锁控制电路

4.2.3　按先决条件制约的联锁控制电路

在生产机械中，要求必须满足一定先决条件才允许开动某一电动机或执行元件时（即要求各运动部件之间能够实现按顺序工作时），就应采用按先决条件制约的联锁控制线路（又称按顺序工作的联锁控制线路）。例如车床主轴转动时要求油泵先给齿轮箱供油润滑，即要求保证润滑泵电动机启动后主拖动电动机才允许启动。

这种按先决条件制约的联锁控制线路构成的原则如下：

① 要求接触器 KM1 动作后，才允许接触器 KM2 动作时，则需将接触器 KM1 的常开触点（动合触点）串联在接触器 KM2 的线圈电路中，如图 4-4（a）、（b）所示。

② 要求接触器 KM1 动作后，不允许接触器 KM2 动作时，则需将接触器 KM1 的常闭触点（动断触点）串联在接触器 KM2 的线圈电路中，如图 4-4（c）所示。

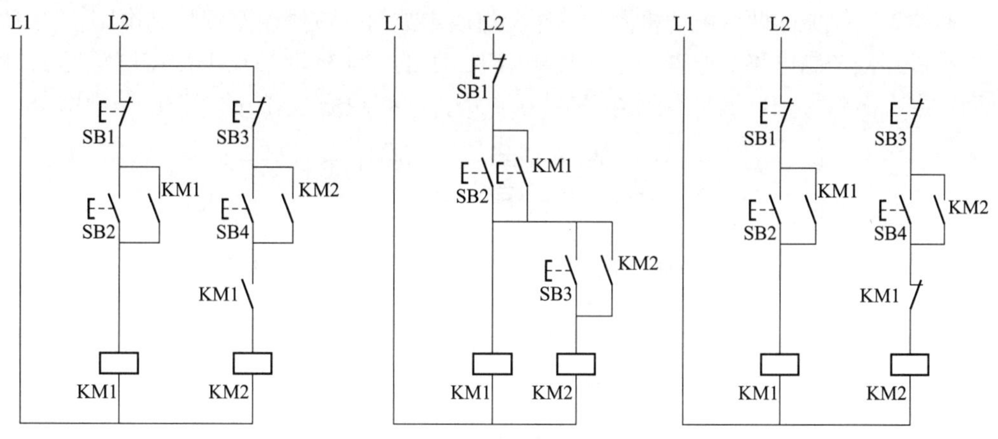

(a) KM1动作后，才允许KM2动作时　(b) KM1动作后，才允许KM2动作时　(c) KM1动作后，不允许KM2动作时

图 4-4　按先决条件制约的联锁控制电路

4.2.4 选择制约的联锁控制电路

某些生产机械要求既能够正常启动、停止，又能够实现调整时的点动工作时（即需要在工作状态和点动状态两者间进行选择时），须采用选择联锁控制线路。其常用的实现方式有以下两种：

① 用复合按钮实现选择联锁，如图 4-5（a）所示。

② 用继电器实现选择联锁，如图 4-5（b）所示。

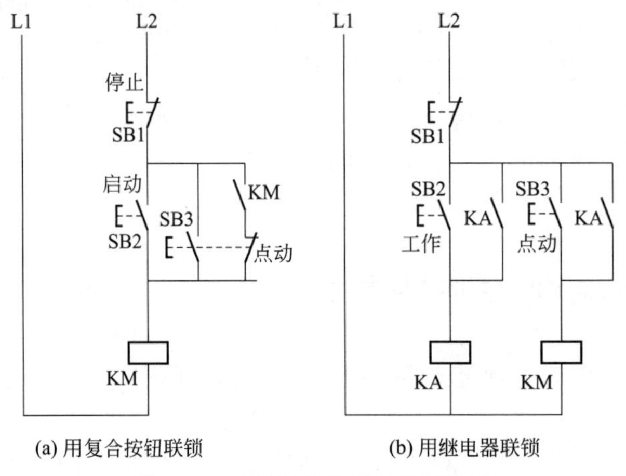

(a) 用复合按钮联锁　　(b) 用继电器联锁

图 4-5　选择制约的联锁控制电路

工程上通常还采用机械互锁，进一步保证正反转接触器不可能同时通电，提高可靠性。

4.2.5 两台电动机互锁控制电路实例

(1) 控制电路

当拖动生产机械的两台电动机同时工作会造成事故时，应采用互锁控制电路，图 4-6 是两台电动机互锁控制电路的原理图。将接触器 KM1 的常闭辅助触点串接在接触器 KM2 的线圈回路中，而将接触器 KM2 的常闭辅助触点串接在接触器 KM1 的线圈回路中即可。

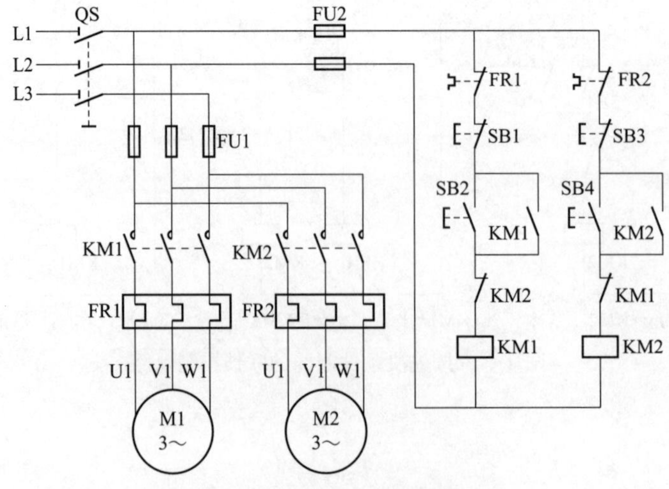

图 4-6　两台电动机互锁控制电路

（2）原理分析

① 控制电动机 M1

a. 启动电动机 M1　按下电动机 M1 的启动按钮 SB2→SB2 常开触点闭合→接触器 KM1 线圈得电而吸合→KM1 的主触点闭合→电动机 M1 得电启动运转；与此同时，KM1 常开辅助触点闭合，起自锁（自保持）作用。这样，当松开 SB2 时，接触器 KM1 的线圈通过其辅助触点 KM1 可以继续保持通电，维持其吸合状态，电动机 M1 继续运转。

电动机 M1 运行时，由于串联在接触器 KM2 回路中的 KM1 的常闭辅助触点已经断开（起互锁作用）。所以，如果此时按下电动机 M2 的启动按钮 SB4，接触器 KM2 的线圈不能得电，电动机 M2 不能启动运行。KM1 的常闭辅助触点起到了互锁作用。

b. 停止电动机 M1　按下停止按钮 SB1→SB1 常闭触点断开→接触器 KM1 线圈失电而释放→KM1 的主触点断开（复位）→电动机 M1 断电并停止。与此同时，KM1 常开辅助触点断开（复位），解除自锁；KM1 常闭辅助触点闭合（复位），解除互锁。

② 控制电动机 M2

a. 启动电动机 M2　按下电动机 M2 的启动按钮 SB4→SB4 常开触点闭合→接触器 KM2 线圈得电而吸合→KM2 的主触点闭合→电动机 M2 得电启动运转；与此同时，KM2 常开辅助触点闭合，起自锁（自保持）作用。这样，当松开 SB4 时，接触器 KM2 的线圈通过其辅助触点 KM2 可以继续保持通电，维持其吸合状态，电动机 M2 继续运转。

电动机 M2 运行时，由于串联在接触器 KM1 回路中的 KM2 的常闭辅助触点已经断开（起互锁作用）。所以，如果此时按下电动机 M1 的启动按钮 SB2，接触器 KM1 的线圈不能得电，电动机 M1 不能启动运行。KM2 的常闭辅助触点起到了互锁作用。

b. 停止电动机 M2　按下停止按钮 SB3→SB3 常闭触点断开→接触器 KM2 线圈失电而释放→KM2 主触点断开（复位）→电动机 M2 断电并停止。与此同时，KM2 常开辅助触点断开（复位），解除自锁；KM2 常闭辅助触点闭合（复位），解除互锁。

4.3 三相异步电动机正反转控制电路

三相异步电动机联锁控制的目的是防止电气短路。三相异步电动机联锁控制的方式有电气联锁和机械联锁两种，其特点如下。

① 电气联锁　电气联锁的接线简单，一般不需要添加硬件，可靠性较高。但是，当接触器发生触点粘连故障时，可能发生短路。

② 机械联锁　机械联锁属于硬联锁，故障率较高，但绝对不会有短路现象发生。

通常，在三相异步电动机正反转控制电路中，电气联锁用得比较多，机械联锁用得比较少。

4.3.1 用接触器联锁的三相异步电动机正反转控制电路

（1）控制电路

许多生产机械常常要求具有上下、左右、前后等相反方向的运动，这就要求电动机可以正反转控制（又称可逆控制）。对于三相异步电动机，可借助正反转接触器将接至电动机的三相电源进线中的任意两相对调，达到反转的目的。而正反转控制时需要一种联锁关系，否则，当误操作同时使正反转接触器线圈得电时，将会造成短路故障。

图 4-7 是用接触器辅助触点作联锁（又称互锁）保护的正反转控制电路的原理图。图中采用两个接触器，当正转接触器 KM1 的主触点闭合时，三相电源的相序按 L1、L2、L3 接入电动机。而当反转接触器 KM2 的主触点闭合时，三相电源的相序按 L3、L2、L1 接入电动机，电动机即反转。

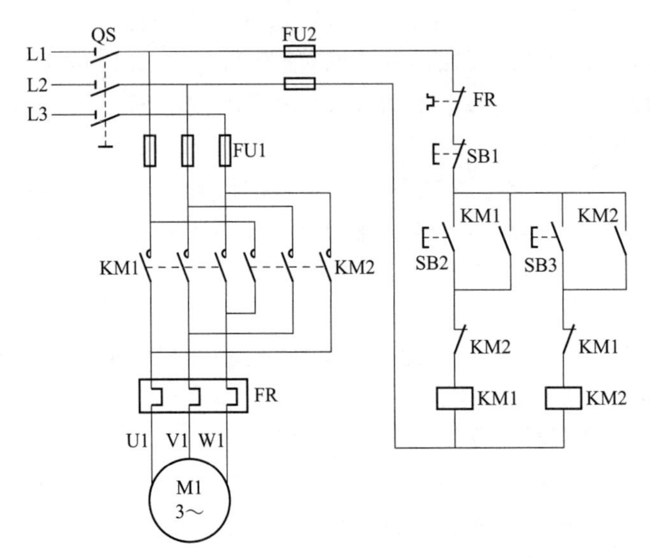

图 4-7　用接触器联锁的正反转控制电路

控制线路中接触器 KM1 和 KM2 不能同时通电，否则它们的主触点就会同时闭合，将造成 L1 和 L3 两相电源短路。为此在接触器 KM1 和 KM2 各自的线圈回路中互相串联对方的一副动断辅助触点 KM2 和 KM1，以保证接触器 KM1 和 KM2 的线圈不会同时通电。这两副动断辅助触点在电路中起联锁（或互锁）作用。

（2）原理分析

① 控制电动机 M 正转

a. 正向启动电动机 M　按下电动机 M 的正向启动按钮 SB2→SB2 常开触点闭合→接触器 KM1 线圈得电而吸合→KM1 的主触点闭合→电动机 M 得电正向启动运转；与此同时，KM1 常开辅助触点闭合，起自锁（自保持）作用。这样，当松开 SB2 时，接触器 KM1 的线圈通过其辅助触点 KM1 可以继续保持通电，维持其吸合状态，电动机 M 继续正向运转。

电动机 M 正向运行时，由于串联在接触器 KM2 回路中的 KM1 的常闭辅助触点已经断开（起互锁作用）。所以，如果此时按下电动机 M 的反向启动按钮 SB3，接触器 KM2 的线圈不能得电，电动机 M 不能反向启动运行。KM1 的常闭辅助触点起到了互锁作用。

b. 停止电动机 M　按下停止按钮 SB1→SB1 常闭触点断开→接触器 KM1 线圈失电而释放→KM1 的主触点断开（复位）→电动机 M 断电并停止。与此同时，KM1 常开辅助触点断开（复位），解除自锁；KM1 常闭辅助触点闭合（复位），解除互锁。

② 控制电动机 M 反转

a. 反向启动电动机 M　按下电动机 M 的反向启动按钮 SB3→SB3 常开触点闭合→接触器 KM2 线圈得电而吸合→KM2 的主触点闭合→电动机 M2 得电反向启动运转；与此同时，KM2 常开辅助触点闭合，起自锁（自保持）作用。这样，当松开 SB3 时，接触器 KM2 的线圈通过其常开辅助触点 KM2 可以继续保持通电，维持其吸合状态，电动机 M 继续反向运转。

电动机 M 反向运行时，由于串联在接触器 KM1 回路中的 KM2 的常闭辅助触点已经断开（起互锁作用）。所以，如果此时按下电动机 M 的正向启动按钮 SB2，接触器 KM1 的线圈不能得电，电动机 M 不能正向启动运行。KM2 的常闭辅助触点起到了互锁作用。

b. 停止电动机 M　按下停止按钮 SB1→SB1 常闭触点断开→接触器 KM2 线圈失电而释放→KM2 的主触点断开（复位）→电动机 M 断电并停止。与此同时，KM2 常开辅助触点断开（复位），解除自锁；KM2 常闭辅助触点闭合（复位），解除互锁。

(3) 电路特点

在图 4-7 所示的用接触器联锁的正反转控制电路中，当按下启动按钮 SB2 时，正转接触器的线圈 KM1 得电，正转接触器 KM1 吸合，使其常开辅助触点 KM1 闭合自锁，其主触点 KM1 的闭合使电动机正向运转，而其常闭辅助触点 KM1 的断开，则切断了反转接触器 KM2 的线圈的电路。这时如果按下反转启动按钮 SB3，线圈 KM2 也不能得电，反转接触器 KM2 就不能吸合，可以避免造成电源短路故障。欲使正向旋转的电动机改变其旋转方向，必须先按下停止按钮 SB1，待电动机停下后再按下反转按钮 SB3，电动机就会反向运转。

三相异步电动机接触器联锁的正反转控制的优点是工作安全可靠。这种控制电路的缺点是操作不方便，因为要改变电动机的转向时，必须先按停止按钮 SB1。例如，电动机从正转变为反转时，必须先按下停止按钮 SB1 后，才能按反转启动按钮，否则由于接触器的联锁作用，不能实现反转。为克服此线路的不足，可采用按钮联锁或按钮和接触器双重联锁的正反转控制线路。

4.3.2 用按钮联锁的三相异步电动机正反转控制电路

(1) 控制电路

图 4-8 是用按钮作联锁（又称互锁）保护的正反转控制电路。该电路的动作原理与用接触器联锁的正反转控制电路基本相似。图 4-8 中的按钮 SB2 和 SB3 均为复合按钮，当按下这种复合按钮时，该按钮的常闭触点首先断开，而其常开触点后闭合。

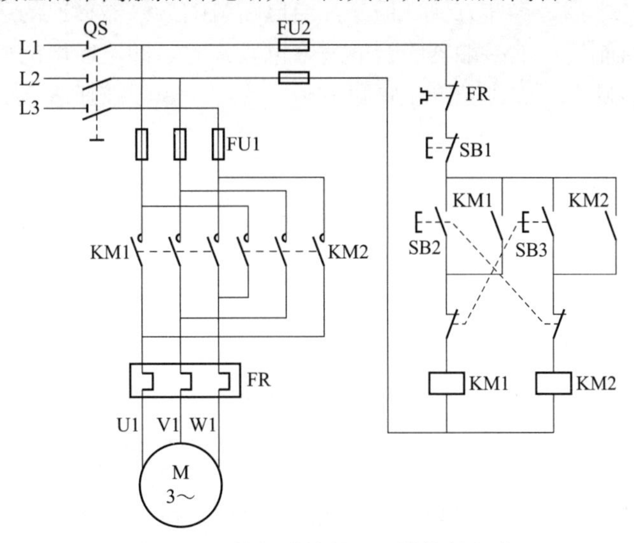

图 4-8　用按钮联锁的正反转控制电路

(2) 原理分析

① 控制电动机 M 正转

a. 正向启动电动机 M　按下电动机 M 的正向启动按钮 SB2→SB2 常开触点闭合→接触器 KM1 线圈得电而吸合→KM1 的主触点闭合→电动机 M 得电正向启动运转；与此同时，KM1 常开辅助触点闭合，起自锁（自保持）作用。这样，当松开 SB2 时，接触器 KM1 的线圈通过其辅助触点 KM1 可以继续保持通电，维持其吸合状态，电动机 M 继续正向运转。

b. 停止电动机 M　按下停止按钮 SB1→SB1 常闭触点断开→接触器 KM1 线圈失电而释放→KM1 的主触点断开（复位）→电动机 M 断电并停止。与此同时，KM1 常开辅助触点断开（复位），解除自锁。

② 使正在正向运行的电动机 M 反转

a. 反向启动电动机 M　按下电动机 M 的反向启动按钮 SB3→SB3 常闭触点先断开→切断正向接触器 KM1 的线圈回路→KM1 线圈失电而释放→KM1 的主触点断开（复位）→电动机 M 断电并停止。稍后，反向启动按钮 SB3 的常开触点闭合→接触器 KM2 的线圈得电而吸合→KM2 的主触点闭合→电动机 M2 得电反向启动运转；与此同时，KM2 的常开辅助触点闭合，起自锁（自保持）作用。这样，当松开 SB3 时，接触器 KM2 的线圈通过其常开辅助触点 KM2 可以继续保持通电，维持其吸合状态，电动机 M 继续反向运转。

b. 停止电动机 M　按下停止按钮 SB1→SB1 常闭触点断开→接触器 KM2 线圈失电而释放→KM2 主触点断开（复位）→电动机 M 断电并停止。与此同时，KM2 常开辅助触点断开（复位），解除自锁。

(3) 电路特点

在图 4-8 所示的用按钮联锁的正反转控制电路中，由于采用了复合按钮，当按下反转按钮 SB3 时，首先使串接在正转控制电路中的反转按钮 SB3 的常闭触点断开，正转接触器 KM1 的线圈断电，接触器 KM1 释放，其主触点断开，电动机断电；接着反转按钮 SB3 的常开触点闭合，使反转接触器 KM2 的线圈得电，接触器 KM2 吸合，其主触点闭合，电动机反向运转。同理，由反转运行转换成正转运行时，也无需按下停止按钮 SB1，而直接按下正转按钮 SB2 即可。

这种控制电路的优点是操作方便。但是，当已断电的接触器释放的速度太慢，而操作按钮的速度又太快，且刚通电的接触器吸合的速度也较快时，即已断电的接触器还未释放，而刚通电的接触器却也吸合时，则会产生短路故障。因此，单用按钮联锁的正反转控制电路还不太安全可靠。

4.3.3　用按钮和接触器复合联锁的三相异步电动机正反转控制电路

(1) 控制电路

用按钮、接触器复合联锁的正反转控制电路如图 4-9 所示。该电路的动作原理与上述正反转控制电路基本相似。这种控制电路的优点是操作方便，而且安全可靠。

(2) 原理分析

① 控制电动机 M 正转

a. 正向启动电动机 M　按下电动机 M 的正向启动按钮 SB2→SB2 常开触点闭合→接触器 KM1 线圈得电而吸合→KM1 的主触点闭合→电动机 M 得电正向启动运转；与此同时，

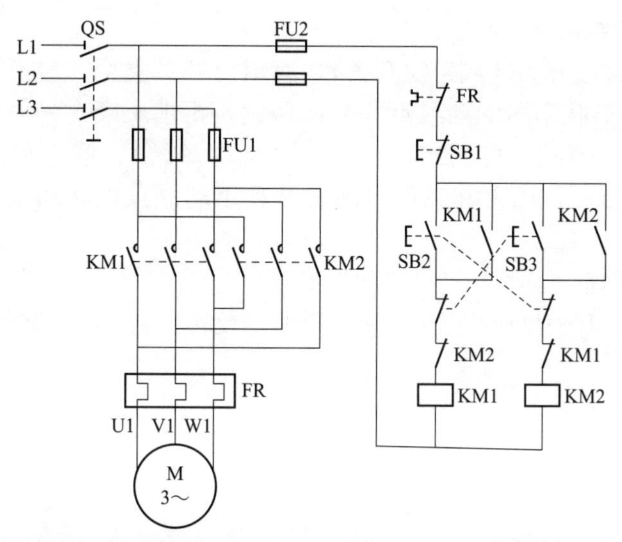

图 4-9　用按钮、接触器复合联锁的正反转控制电路

KM1 常开辅助触点闭合，起自锁（自保持）作用。这样，当松开 SB2 时，接触器 KM1 的线圈通过其辅助触点 KM1 可以继续保持通电，维持其吸合状态，电动机 M 继续正向运转。

电动机 M 正向运行时，由于串联在接触器 KM2 线圈回路中的 KM1 的常闭辅助触点已经断开（起互锁作用）。所以，KM1 的常闭辅助触点起到了互锁作用。

b. 停止电动机 M　按下停止按钮 SB1→SB1 常闭触点断开→接触器 KM1 线圈失电而释放→KM1 的主触点断开（复位）→电动机 M 断电并停止。与此同时，KM1 常开辅助触点断开（复位），解除自锁；KM1 常闭辅助触点闭合（复位），解除互锁。

② 使正在正向运行的电动机 M 反转

a. 反向启动电动机 M　按下电动机 M 的反向启动按钮 SB3→SB3 常闭触点先断开→切断正向接触器 KM1 的线圈回路→KM1 线圈失电而释放→KM1 的主触点断开（复位）→电动机 M 断电并停止，与此同时，KM1 常闭辅助触点闭合（复位），解除互锁。稍后，反向启动按钮 SB3 的常开触点闭合→接触器 KM2 的线圈得电而吸合→KM2 的主触点闭合→电动机 M2 得电反向启动运转；与此同时，KM2 的常开辅助触点闭合，起自锁（自保持）作用。这样，当松开 SB3 时，接触器 KM2 的线圈通过其辅助触点 KM2 可以继续保持通电，维持其吸合状态，电动机 M 继续反向运转。

电动机 M 反向运行时，由于串联在接触器 KM1 线圈回路中的 KM2 的常闭辅助触点已经断开（起互锁作用）。所以，KM2 的常闭辅助触点起到了互锁作用。

b. 停止电动机 M　按下停止按钮 SB1→SB1 常闭触点断开→接触器 KM2 线圈失电而释放→KM2 的主触点断开（复位）→电动机 M 断电并停止。与此同时，KM2 常开辅助触点断开（复位），解除自锁；KM2 常闭辅助触点闭合（复位），解除互锁。

4.3.4　用转换开关控制的三相异步电动机正反转控制电路

除了采用按钮、继电器控制三相异步电动机正反转运行外，还可采用转换开关或主令控制器等实现三相异步电动机的正反转控制。

(1) 转换开关的结构与特点

转换开关又称倒顺开关（或可逆开关），属组合开关类型。转换开关的结构如图 4-10 所示，它有六个形状不同的动触点并分成两组，再加上三对静触点、手柄及其他部件组成。转换开关分为三个控制挡位：正转（又称顺转）、停止和反转（又称倒转）。是靠手动完成正反转操作的。其工作原理就是利用动触点的转动来使六个静触点分三组接通或分断。

(2) 基本工作原理

图 4-11 是用转换开关控制的三相异步电动机正反转控制电路，该控制电路的工作过程如下。

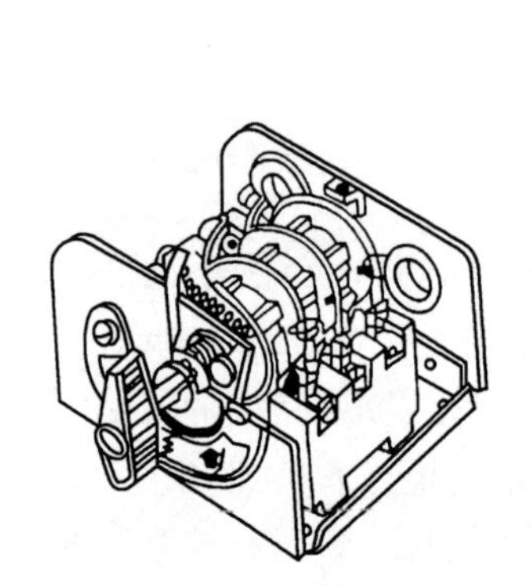

图 4-10 转换开关

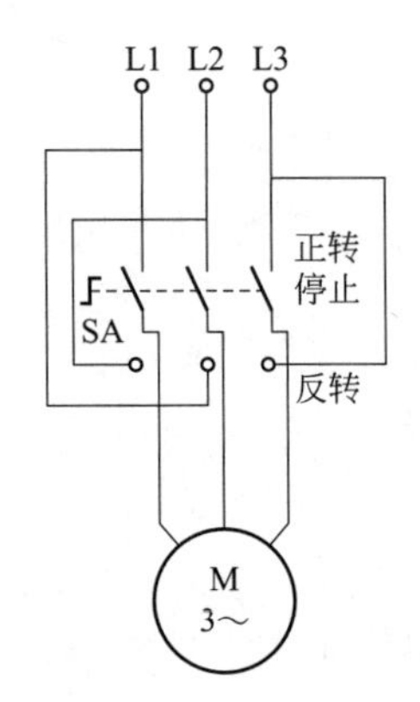

图 4-11 用转换开关控制的正反转控制电路

当手柄处于“正转”挡位时，手柄带动转轴使第一组的三对动触点分别与三对静触点接通，使三相电源以 L1—L2—L3 的相序接入三相异步电动机的定子绕组，使电动机正方向旋转。

当手柄处于“停止”挡位时，两组动触点与三对静触点分断，三相异步电动机因未接入三相电源而不能转动，即停转。

当手柄处于“反转”挡位时，手柄带动转轴使第二组的三对动触点分别与三对静触点接通，使三相电源以 L2—L1—L3 的相序接入三相异步电动机的定子绕组，使电动机反方向旋转。

(3) 操作注意事项

在进行上述操作时，不论是从正转转换为反转，还是从反转转换为正转，都必须先把手柄扳到“停止”位置，待电动机停下后，再把手柄扳至所需位置，以免因电源突然反接，产生很大的冲击电流，致使电动机的定子绕组的绝缘受到损坏。

这种控制电路的优点是所用电器少、简单；缺点是在频繁换向时，操作人员劳累、不方便，且没有欠压和失压保护。因此，在被控电动机的容量小于 5.5kW 的场合，有时才采用这种控制方式。

4.4 电动机点动与连续运行控制电路

4.4.1 控制目的、控制方法及应用场合

（1）控制目的

在一些有特殊工艺要求、精细加工或调整工作时，要求机床点动运行，但在机床加工过程中，大部分时间要求机床要连续运行。即要求电动机既能点动工作，又能连续运行，这时就要用到电动机的点动与连续运行控制电路。

（2）控制方法

三相异步电动机要实现连续运行，必须在电动机启动后，保持接触器线圈有电。我们可以把一对接触器的辅助触点，并联在启动按钮旁。当电机启动并松开启动按钮后，由接触器的辅助触点维持向接触器线圈供电，以保持接触器工作，使电动机连续运转，直到按下停止按钮，接触器线圈失电，电动机才停止运行。

如果把并联在启动按钮旁的接触器辅助触点通路切断，只能通过启动按钮向接触器线圈的供电，电动机的运转只能由启动按钮来控制，这就是电动机的“点动”状态。

某些生产机械常常要求既能够连续运行，又能够实现点动控制运行，以满足一些特殊工艺的要求。点动与连续运行的主要区别在于是否接入自锁触点，点动控制加入自锁后就可以连续运行。点动与连续运行的控制方法有以下几种：

① 采用点动按钮的点动控制电路；

② 采用点动按钮联锁的点动与连续运行控制电路；

③ 采用中间继电器联锁的点动与连续运行控制电路。

（3）应用场合

点动控制多用于机床刀架、横梁、立柱等快速移动和机床对刀等场合。

点动控制：如果用手按下按钮后，电动机得电运行，当手松开后，电动机失电，停止运行。

连续运行控制（又称长动控制）：用手按下按钮后，电动机得电运行，当手松开后，由于接触器利用常开辅助触点自锁，电动机照样得电运行。只有按下停止按钮后，电动机才会失电停止运行。

4.4.2 三相异步电动机点动控制电路

（1）电路的组成

三相异步电动机点动控制电路如图 4-12 所示，该控制电路由主电路和控制电路两部分组成。

① 主电路　主电路由电源开关 QS、熔断器 FU1、接触器 KM 的主触点、热继电器的热元件 FR 和电动机 M 组成。主电路中电源开关 QS 起隔离电源的作用；熔断器 FU1 对主电路进行短路保护，主电路的接通和分断是由接触器 KM 的三对主触点完成的。由于点动控制时，电动机运行的时间短，所以可不设置过载保护。

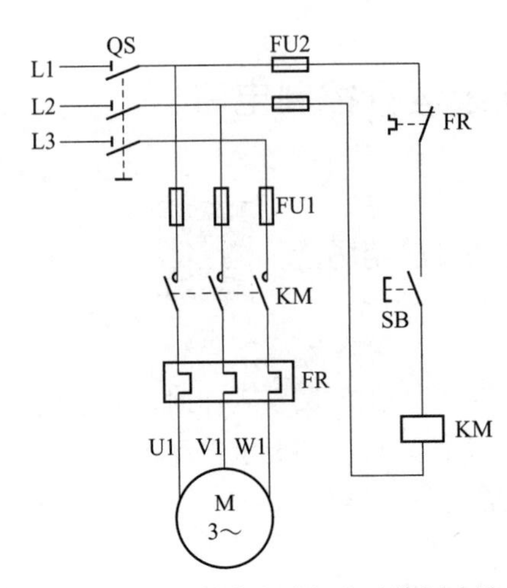

图 4-12　三相异步电动机点动控制电路

② 控制电路　控制电路由熔断器 FU2、热继电器的常闭触点 FR、常开按钮 SB 和接触器的电磁线圈 KM 组成。控制电路中熔断器 FU2 做短路保护；常开按钮 SB 为点动按钮，其控制接触器 KM 电磁线圈的通断。

(2) 电路的工作原理分析

① 启动　合上电源开关 QS，引入三相电源，按下点动按钮 SB，接触器 KM 的线圈得电，使衔铁吸合，同时带动接触器的三对主触点 KM 闭合，接通电动机 M 的三相电源，电动机启动运转。

② 停止　当需要电动机停转时，松开按钮 SB，其常开触点恢复断开，交流接触器 KM 的线圈失电，衔铁恢复断开，同时通过连动支架带动接触器的三对主触点 KM 恢复断开，电动机 M 失电停转。

4.4.3　采用旋钮开关控制的电动机点动与连续运行控制电路

(1) 电路的组成

采用旋钮开关（又称选择开关）控制的三相异步电动机点动与连续运行控制电路如图 4-13 所示，该控制电路由主电路和控制电路两部分组成。

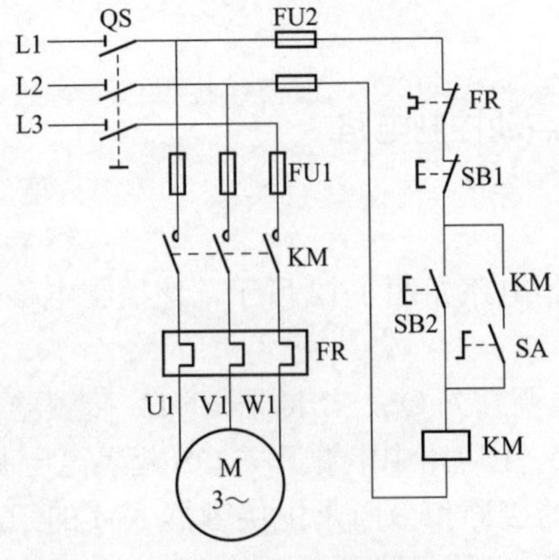

图 4-13　采用旋钮开关控制的电动机点动与连续运行控制电路

① 主电路　主电路由电源开关QS、熔断器FU1、接触器KM的主触点、热继电器的热元件FR和电动机M组成。主电路中电源开关QS起隔离电源的作用；熔断器FU1对主电路进行短路保护；热继电器FR对电动机进行过载保护；主电路的接通和分断是由接触器KM的三对主触点完成的。

② 控制电路　控制电路由熔断器FU2、停止按钮SB1、启动按钮SB2、选择开关SA、热继电器的常闭触点FR、接触器的辅助常开触点KM和接触器的电磁线圈KM组成。控制电路中熔断器FU2做短路保护；旋钮开关SA用于选择点动或连续运行（又称长动）；常闭按钮SB1为停止按钮，常开按钮SB2为启动（或点动）按钮；接触器KM的常开辅助触点起“自锁”作用。

(2) 电路的工作原理分析

三相异步电动机要实现连续运行，必须在电动机启动后，保持接触器线圈KM有电。我们可以把一对接触器的常开辅助触点KM，并联在启动按钮SB2旁。当电动机M启动，并松开启动按钮SB2后，由接触器的常开辅助触点KM（已经闭合）维持向接触器线圈供电，以保持接触器KM工作，使电动机连续运转，直到按下停止按钮SB1，接触器线圈KM失电释放，电动机M才停止运行。

如果把并联在启动按钮SB旁的接触器的常开辅助触点KM的通路切断，只能通过启动按钮SB2向接触器线圈KM供电，则电动机的运转只能由启动按钮SB2来控制，这就是电动机的“点动”状态。图4-13中的旋钮开关SA就是为用作“点动-连续运行”的选择而设置的。

4.4.4 采用点动按钮控制的电动机点动与连续运行控制电路

(1) 电路的组成

采用点动按钮控制的三相异步电动机点动与连续运行控制电路如图4-14所示，该控制电路由主电路和控制电路两部分组成。

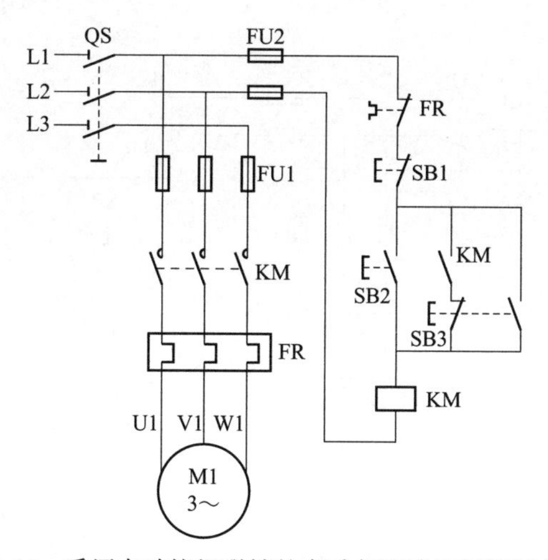

图4-14　采用点动按钮联锁的点动与连续运行控制电路

① 主电路　主电路由电源开关QS、熔断器FU1、接触器KM的主触点、热继电器的热元件FR和电动机M组成。主电路中电源开关QS起隔离电源的作用；熔断器FU1对主

电路进行短路保护；热继电器 FR 对电动机进行过载保护；主电路的接通和分断是由接触器 KM 的三对主触点完成的。

② 控制电路　控制电路由熔断器 FU2、停止按钮 SB1、启动按钮（又称长动按钮）SB2、点动按钮 SB3、热继电器的常闭触点 FR、接触器的辅助常开触点 KM 和接触器的电磁线圈 KM 组成。控制电路中熔断器 FU2 做短路保护；接触器 KM 的常开辅助触点起“自锁”作用。

(2) 电路的工作原理分析

需要点动控制时，按下点动复合按钮 SB3，其常闭触点先断开 KM 的自锁电路，随后 SB3 常开触点闭合，接通启动控制电路，接触器 KM 线圈得电吸合，KM 主触点闭合，电动机 M 启动运转。松开 SB3 时，其已闭合的常开触点先复位断开，使接触器 KM 失电释放，接触器 KM 主触点断开，电动机停转。

若需要电动机连续运转，按下长动按钮 SB2，由于按钮 SB3 的常闭触点处于闭合状态，将 KM 自锁触点接入电路，所以接触器 KM 得电吸合并自锁，电动机 M 连续运行。停机时按下停止按钮 SB1 即可。

值得注意的是，在图 4-14 所示电路中，若接触器 KM 的释放时间大于按钮 SB3 的恢复时间，则点动结束，按钮 SB3 的常闭触点复位时，接触器 KM 的常开触点尚未断开，将会使接触器 KM 的自锁电路继续通电，电路就将无法正常实现点动控制。因此，采用中间继电器联锁的电动机点动与连续运行的控制电路将更加可靠。

4.4.5 采用中间继电器联锁的电动机点动与连续运行控制电路

(1) 电路的组成

采用中间继电器联锁的三相异步电动机点动与连续运行控制电路如图 4-15 所示，该控制电路由主电路和控制电路两部分组成。

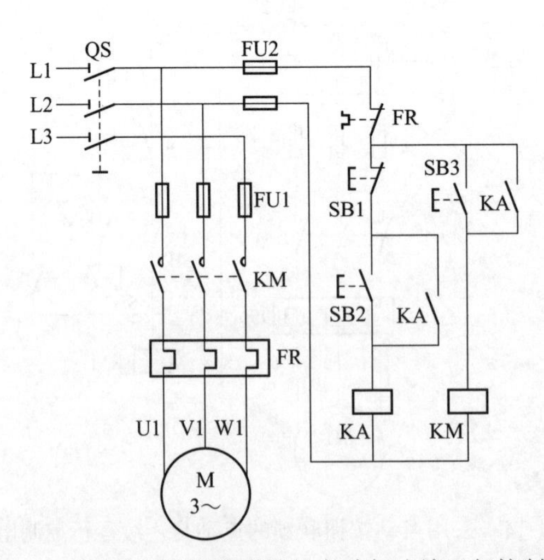

图 4-15　采用中间继电器联锁的点动与连续运行控制电路

① 主电路　主电路由电源开关 QS、熔断器 FU1、接触器 KM 的主触点、热继电器的

热元件 FR 和电动机 M 组成。主电路中电源开关 QS 起隔离电源的作用；熔断器 FU1 对主电路进行短路保护；热继电器 FR 对电动机进行过载保护；主电路的接通和分断是由接触器 KM 的三对主触点完成的。

② 控制电路　控制电路由熔断器 FU2、停止按钮 SB1、启动按钮（又称长动按钮）SB2、点动按钮 SB3、热继电器的常闭触点 FR、中间继电器的两对常开触点 KA、接触器的电磁线圈 KM 和中间继电器的电磁线圈 KA 组成。控制电路中熔断器 FU2 作短路保护；中间继电器的一对常开触点 KA 起“自锁”作用；中间继电器的另一对常开触点串联在接触器 KM 的线圈回路中，连续运行（长动）时接通接触器线圈 KM 的电源。

（2）电路的工作原理分析

当正常工作时，按下启动按钮 SB2，中间继电器 KA 得电吸合并自锁，其另一对常开触点 KA 闭合，使接触器 KM 的线圈得电吸合并自锁（自保），接触器的三对主触点 KM 闭合，接通三相异步电动机的电源，电动机启动运转。欲使电动机停止时，按下停止按钮 SB1，中间继电器 KA 线圈失电释放，其常开触点 KA 断开（复位），解除自锁。与此同时，其串联在接触器 KM 线圈回路中的另一对常开触点 KA 断开（复位），接触器 KM 线圈失电释放，其主触点 KM 断开，切断了三相异步电动机 M 的电源，电动机停止。

当点动工作时，按下点动按钮 SB3，接触器 KM 得电吸合，接触器的三对主触点 KM 闭合，接通三相异步电动机的电源，电动机启动运转。由于接触器 KM 不能自锁（自保），所以，松开点动按钮 SB3，接触器 KM 立即失电释放，其主触点 KM 断开，切断了三相异步电动机 M 的电源，则电动机将立即停止。从而能可靠地实现了点动控制。

4.5 电动机的多地点操作控制电路

4.5.1 控制目的、控制方法及应用场合

（1）控制目的

所谓多地控制，是指能够在不同的地点对同一台电动机的动作进行控制。在实际生活和生产现场中，通常需要在两地或两地以上的地点进行控制操作。因为用一组按钮（每组按钮由一个启动按钮和一个停止按钮构成）可以在一处进行控制，所以，要在多地点进行控制，就应该有多组按钮。电动机多地点操作控制电路的控制目的就是在多地点控制同一台电动机。

（2）控制方法

电动机多地点操作控制电路的控制方法（即多组按钮的接线原则）是：在接触器 KM 的线圈回路中，将所有停止按钮（SB1、SB3、SB5……）的常闭触点串联在一起，而将所有启动按钮（SB2、SB4、SB6……）的常开触点并联在一起。其中 SB2、SB1 为一组安装在甲地的启动按钮和停止按钮；SB4、SB3 为一组安装在乙地的启动按钮和停止按钮；SB6、SB5 为一组安装在丙地的启动按钮和停止按钮。这样就可以分别在甲、乙、丙三地启动（或停止）同一台电动机，达到操作方便之目的。图 4-16 是实现两地操作的控制电路。根据上述原则，可以推广于更多地点的控制。

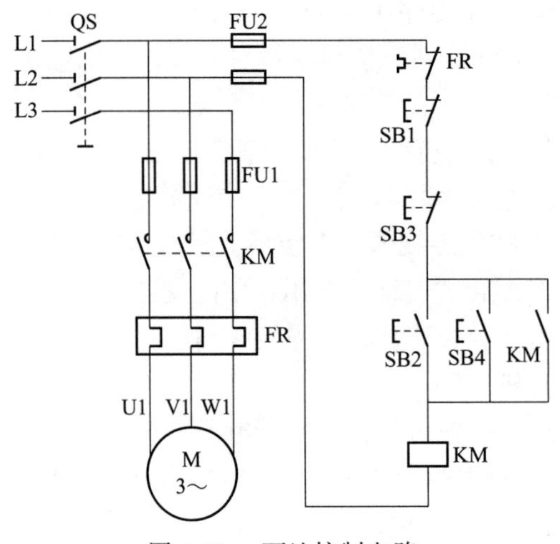

图 4-16　两地控制电路

(3) 应用场合

在一些大型机床设备中，为了操作方便，经常采用多地控制方式。通常把启动按钮并联在一起，实现多地启动控制；而把停止按钮串联在一起，实现多地停止控制。电动机多地点操作控制电路可用于所有需要多地点进行操作的电气设备。

4.5.2　基本工作原理

(1) 电路的组成

由图 4-16 可知，该控制电路由主电路和控制电路两部分组成。

① 主电路　主电路由电源开关 QS、熔断器 FU1、接触器 KM 的主触点、热继电器的热元件 FR 和电动机 M 组成。主电路中电源开关 QS 起隔离电源的作用；熔断器 FU1 对主电路进行短路保护；热继电器 FR 对电动机进行过载保护；主电路的接通和分断是由接触器 KM 的三对主触点完成的。

② 控制电路　控制电路由熔断器 FU2、停止按钮（SB1、SB3）、启动按钮（SB2、SB4）、热继电器的常闭触点 FR、接触器的常开辅助触点 KM 和接触器的电磁线圈 KM 组成。控制电路中熔断器 FU2 作短路保护、接触器的常开辅助触点用作接触器 KM 的自锁（自保持）。

(2) 电路的工作原理分析

在图 4-16 中，接触器线圈 KM 的得电条件为启动按钮 SB2、SB4 的常开触点任一个闭合，KM 辅助常开触点构成自锁，这里的常开触点并联构成逻辑或的关系，任一条件满足，就能接通接触器线圈 KM 的电路；接触器线圈 KM 失电条件为按钮 SB1、SB3 的常闭触点任一个断开，这里常闭触点串联构成逻辑与的关系，其中任一条件满足，即可切断接触器线圈 KM 的电路。这样就可以分别在甲、乙两地启动或停止同一台电动机，达到操作方便之目的。

4.6 多台电动机的顺序控制电路

4.6.1 控制目的、控制方法及应用场合

(1) 顺序控制的目的

所谓顺序控制就是针对顺序控制系统，按照生产工艺预先规定的顺序，在各个输入信号的作用下，根据内部状态和时间的顺序，在生产过程中各个执行机构自动地有秩序地进行操作。如果一个控制系统可以分解成几个独立的控制动作，且这些动作必须严格按照一定的先后次序执行，才能保证生产过程的正常运行，那么系统的这种控制称为顺序控制。

要求几台电动机的启动或停止必须按一定的先后顺序来完成的控制方式，叫做顺序控制。

(2) 控制方法

图 4-17 所示是两台电动机的顺序控制电路。

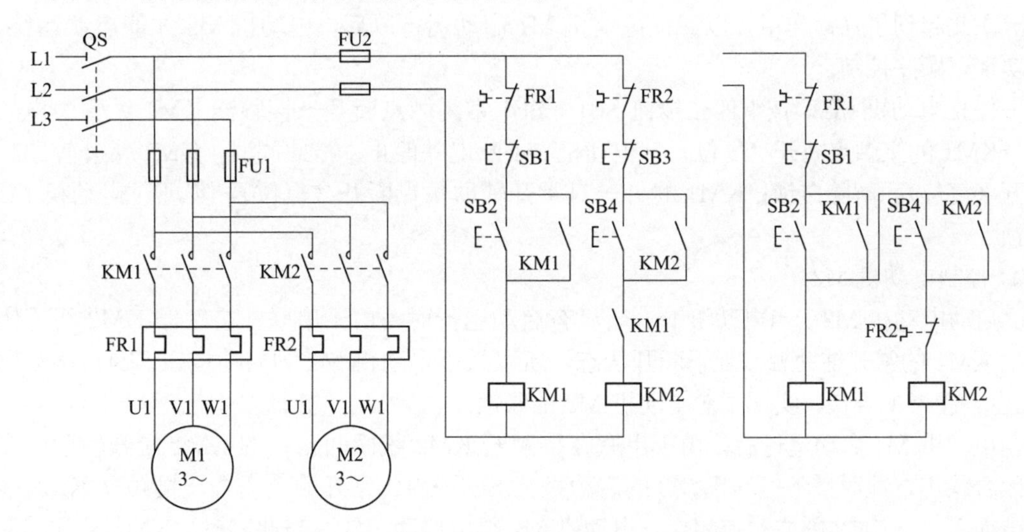

(a) 将KM1的动合触点串联在KM2线圈回路中　　(b) 将KM2的控制电路接在KM1的动合触点之后

图 4-17　两台电动机的顺序控制电路

图 4-17（a）中所示控制电路的特点是，将接触器 KM1 的一副常开辅助触点串联在接触器 KM2 线圈的控制线路中。这就保证了只有当接触器 KM1 接通，电动机 M1 启动后，电动机 M2 才能启动，而且，如果由于某种原因（如过载或失压等）使接触器 KM1 失电释放，而导致电动机 M1 停止时，电动机 M2 也立即停止，即可以保证电动机 M2 和 M1 同时停止。另外，该控制电路还可以实现单独停止电动机 M2。

(3) 应用场合

在装有多台电动机的生产机械上，各电动机所起的作用不同，有时需要按一定的顺序启动才能保证操作过程的合理和工作的安全可靠。例如，机械加工车床要求油泵先给齿轮箱供油润滑，即要求油泵电动机必须先启动，待主轴润滑正常后，主轴电动机才允许启动。这种顺序关系反映在控制电路上，称为顺序控制。

4.6.2 基本工作原理

(1) 原理分析

下面以图 4-17（a）为例，分析两台电动机顺序控制电路的工作原理。

① 控制电动机 M1

a. 启动电动机　按下电动机 M1 的启动按钮 SB2→SB2 常开触点闭合→接触器 KM1 线圈得电而吸合→KM1 的主触点闭合→电动机 M1 得电启动运转；与此同时，KM1 常开辅助触点闭合，起自锁（自保持）作用。这样，当松开 SB2 时，接触器 KM1 的线圈通过其辅助触点 KM1 可以继续保持通电，维持其吸合状态，电动机 M1 继续运转。

电动机 M1 启动运行后，由于串联在接触器 KM2 线圈回路中的 KM1 的常开辅助触点已经闭合。所以，如果此时按下电动机 M2 的启动按钮 SB4，接触器 KM2 的线圈可以得电吸合，电动机 M2 可以启动运行。但是，如果电动机 M1 没有启动运行时，由于串联在接触器 KM2 线圈回路中的 KM1 的常开辅助触点处于断开位置。所以，如果按下电动机 M2 的启动按钮 SB4，接触器 KM2 的线圈不能得电，电动机 M2 不能启动运行。即 KM1 的常开辅助触点在此起到了互锁作用，以保证电动机 M1 启动运行以后，电动机 M2 才能启动运行，从而实现了顺序控制。

b. 停止电动机 M1　按下停止按钮 SB1→SB1 常闭触点断开→接触器 KM1 线圈失电而释放→KM1 的主触点断开（复位）→电动机 M1 断电并停止。与此同时，KM1 常开辅助触点断开（复位），解除自锁；KM1 的另一对常开辅助触点断开（复位），实现对电动机 M2 的联锁。

② 控制电动机 M2

a. 启动电动机 M2　当电动机 M1 还没有启动运行时，由于串联在接触器 KM2 线圈回路中的 KM1 的常开辅助触点处于断开状态，所以按下电动机 M2 的启动按钮 SB4，接触器 KM2 也不能得电吸合，实现了对电动机 M2 的联锁。

当电动机 M1 启动运行后，由于串联在接触器 KM2 线圈回路中的 KM1 常开辅助触点处于闭合状态，此时按下电动机 M2 的启动按钮 SB4→SB4 常开触点闭合→接触器 KM2 线圈得电而吸合→KM2 的主触点闭合→电动机 M2 得电启动运转；与此同时，KM2 常开辅助触点闭合，起自锁（自保持）作用。这样，当松开 SB4 时，接触器 KM2 的线圈通过其辅助触点 KM2 可以继续保持通电，维持其吸合状态，电动机 M2 继续运转。

电动机 M1 和电动机 M2 运行时，如果电动机 M1 发生过载时，热继电器 FR1 的常闭触点将断开，切断了接触器 KM1 线圈回路的电流，接触器 KM1 失电释放，电动机 M1 断电并停止运行，与此同时由于串联在接触器 KM2 线圈回路中的 KM1 的常开辅助触点断开（复位），切断了接触器 KM2 线圈回路的电流，接触器 KM2 失电释放，电动机 M2 也断电并停止运行。

b. 停止电动机 M2　按下停止按钮 SB3→SB3 常闭触点断开→接触器 KM2 线圈失电而释放→KM2 主触点断开（复位）→电动机 M2 断电并停止。与此同时，KM2 常开辅助触点断开（复位），解除自锁。

(2) 电路特点

图 4-17（b）中所示控制电路的特点是，电动机 M2 的控制线路是接在接触器 KM1 的

常开辅助触点之后，其顺序控制作用与图 4-17（a）相同，而且还可以节省一副常开辅助触点 KM1。

4.7 行程控制电路

4.7.1 控制目的、控制方法及应用场合

(1) 控制目的

行程控制就是用运动部件上的挡铁碰撞行程开关而使其触点动作，以接通或断开电路，来控制机械行程。

行程控制是按运动部件移动的距离发出指令的一种控制方式，在生产中得到广泛的应用，例如运动部件（如机床工作台）的左、右，上、下运动，包括行程控制、自动换向、往复循环、终端限位保护等。

(2) 控制方法

行程控制用行程开关实现。行程开关（也称限位开关）是一种根据生产机械的行程信号进行动作的器件，其结构和工作原理与按钮类似，同样有动合（常开）触点和动断（常闭）触点。行程开关和按钮一样，要连接在控制电路中。

行程开关安装在固定的基座上，当与装在被它控制的生产机械运动部件上的撞块相撞时，撞块压下行程开关的滚轮，便发出触点通或断信号。当撞块离开后，有的行程开关自动复位（如单轮旋转式），而有的行程开关不能自动复位（如双轮旋转式），后者需依靠另一方向的二次相撞来复位。

(3) 应用场合

行程开关可以完成行程控制或限位保护。例如，在行程的两个终端处各安装一个行程开关，并将这两个行程开关的常闭触点串接在控制电路中，就可以达到行程控制或限位保护。行程控制或限位保护在摇臂钻床、万能铣床、桥式起重机及各种其他生产机械中经常被采用。

4.7.2 基本工作原理和低压电器的选择

图 4-18（a）所示为小车限位控制电路的原理图，它是行程控制的一个典型实例。

(1) 工作原理分析

行程控制电路如图 4-18（a）所示，基本上是一个电动机正反转控制电路，电动机正反转带动运动部件前进、后退，运动部件上的撞块（又称挡铁）1、2 和行程开关 SQ1、SQ2 的安装位置如图 4-18（b）所示。

该电路的工作原理如下：先合上电源开关 QS，然后按下向前按钮 SB2，接触器 KM1 因线圈得电而吸合并自锁，电动机 M 正转，小车向前运行；当小车运行到终端位置时，小车上的挡铁碰撞行程开关 SQ1，使 SQ1 的常闭触点断开，接触器 KM1 因线圈失电而释放，电动机断电，小车停止前进。此时即使再按下向前按钮 SB2，接触器 KM1 的线圈也不会得电，保证了小车不会超过行程开关 SQ1 所在位置。

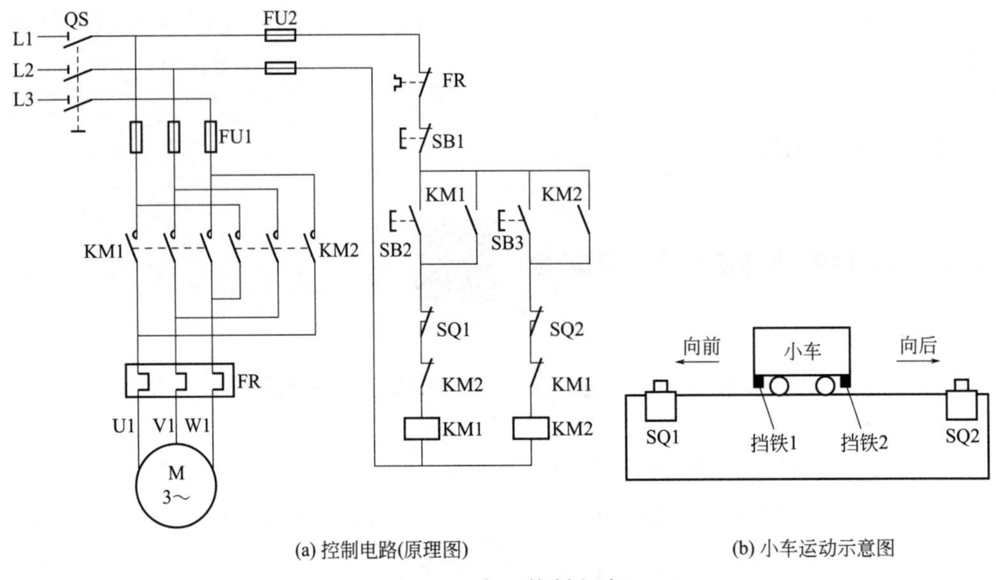

(a) 控制电路(原理图)　　(b) 小车运动示意图

图 4-18　行程控制电路

当按下向后按钮 SB3 时，接触器 KM2 因线圈得电而吸合并自锁，电动机 M 反转，小车向后运行，行程开关 SQ1 复位，其常闭触点闭合。当小车运行到另一终端位置时，行程开关 SQ2 的常闭触点断开，接触器 KM2 因线圈失电而释放，电动机 M 断电，小车停止运行。

（2）低压电器的选择

【例 4-2】 设一个小车限位控制电路中的三相异步电动机的型号为 Y100L2-4，请为该三相异步电动机拖动选用各种电气元件。

① 由 Y 系列三相异步电动机技术数据可知，Y100L2-4 型三相异步电动机的额定功率为 3kW、额定电压为 380V、额定电流为 6.8A、额定转速为 1430r/min。

② 主回路熔断器 FU1：可选用或 RL1-60/20 螺旋式熔断器。

③ 交流接触器 KM1 和 KM2：可选用 CJ20 型交流接触器，额定电流 20A、线圈电压 380V。

④ 热继电器 FR：可选用 JR36-20、热元件的额定电流用 7.2A 或 11A 的，整定在 6.8A 上。

⑤ 控制回路熔断器 FU2：可选用 RL1-15/2。

⑥ 按钮 SB1、SB2：可选用 LA19-11 型按钮，额定电压 500V、额定电流 5A。

⑦ 行程开关 SQ1、SQ2：可选用 LX5-11 型行程开关。

4.8 自动往复循环控制电路

4.8.1 控制目的及控制电路的组成

（1）控制目的

有些生产机械，要求工作台在一定距离内能自动往复，不断循环，以使工件能连续加工。其对电动机的基本要求仍然是启动、停止和反向控制，所不同的是当工作台运动到一定位置时，能自动地改变电动机工作状态。

（2）控制电路的组成

常用的自动往复循环控制电路如图 4-19 所示，本电路具有启动后能自动往返运动的特点，适用于需要作自动往返运动的生产机械。

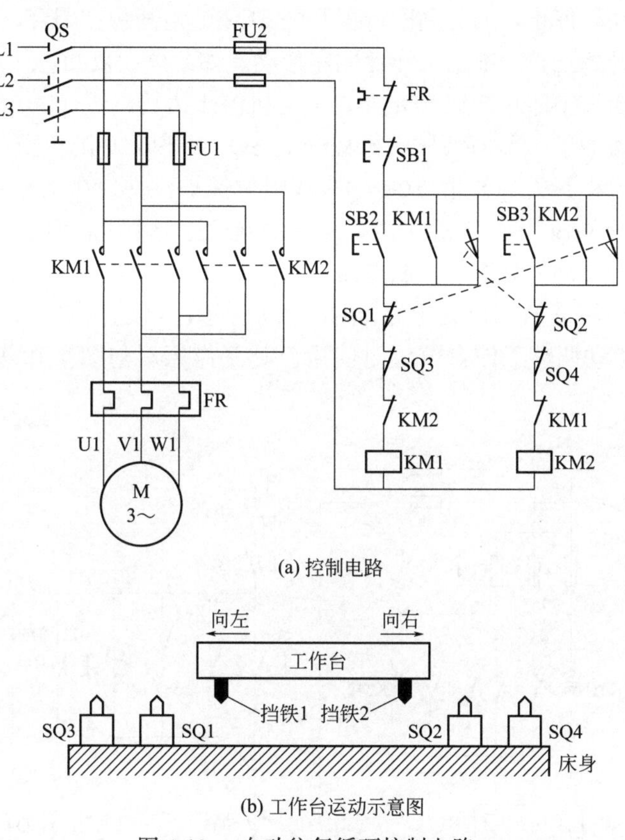

(a) 控制电路

(b) 工作台运动示意图

图 4-19　自动往复循环控制电路

图 4-19 中，SB1 为停止按钮，SB2 为电动机正转启动按钮，SB3 为电动机为反转启动按钮。SQ1 和 SQ2 是复合式行程开关，各具有一个常闭触点和一个常开触点，其中，SQ1 为电动机正转变反转的行程开关，SQ2 为电动机反转变正转的行程开关，若电动机正转拖动运动部件向左移动，则行程开关 SQ1 安装在左边位置，SQ2 安装在右边位置，压合行程开关的机械挡铁安装在运动部件上。行程开关 SQ3 和 SQ4 为终端限位保护开关，行程开关 SQ3 和 SQ4 各具有一个常闭触点，当挡铁撞击行程开关 SQ1 或 SQ2 时，而万一行程开关 SQ1 或 SQ2 由于故障，没有动作时，运动部件将按原来的方向继续运动，使挡铁撞击 SQ3 或 SQ4. 切断控制电路，并使电动机停止，从而起到终端限位保护的作用。

4.8.2　工作原理分析

（1）自动往复循环控制电路原理分析

先合上电源开关 QS，然后按下启动按钮 SB2，接触器 KM1 因线圈得电而吸合并自锁，电动机正转启动，通过机械传动装置拖动工作台向左移动，当工作台移动到一定位置时，挡铁 1 碰撞行程开关 SQ1，使其常闭触点断开，接触器 KM1 因线圈断电而释放，电动机停止，与此同时行程开关 SQ1 的常开触点闭合，接触器 KM2 因线圈得电而吸合并自锁，电动机反转，拖动工作台向右移动。同时，行程开关 SQ1 复位，为下次正转做准备。当工作台向右移动到一定位置时，挡铁 2 碰撞行程开关 SQ2，使其常闭触点断开，接触器 KM2 因线圈断电而释放，电动机停止，与此同时行程开关 SQ2 的常开触点闭合，使接触器 KM1 线圈又得电，电动机又开始正转，拖动工作台向左移动。如此周而复始，使工作台在预定的行程内自动往复移动。当按下停止按钮 SB1 时，电动机停止运转。

工作台的行程可通过移动挡铁（或行程开关 SQ1 和 SQ2）的位置来调节，以适应加工零件的不同要求。行程开关 SQ3 和 SQ4 用来作限位保护，安装在工作台往复运动的极限位置上，以防止行程开关 SQ1 和 SQ2 失灵，工作台继续运动不停止而造成事故。

（2）带有点动的自动往复循环控制电路

带有点动的自动往复循环控制电路如图 4-20 所示，它是在图 4-19 中加入了点动按钮 SB4 和 SB5，以供点动调整工作台位置时使用。其工作原理与图 4-19 基本相同，读者可自行分析。

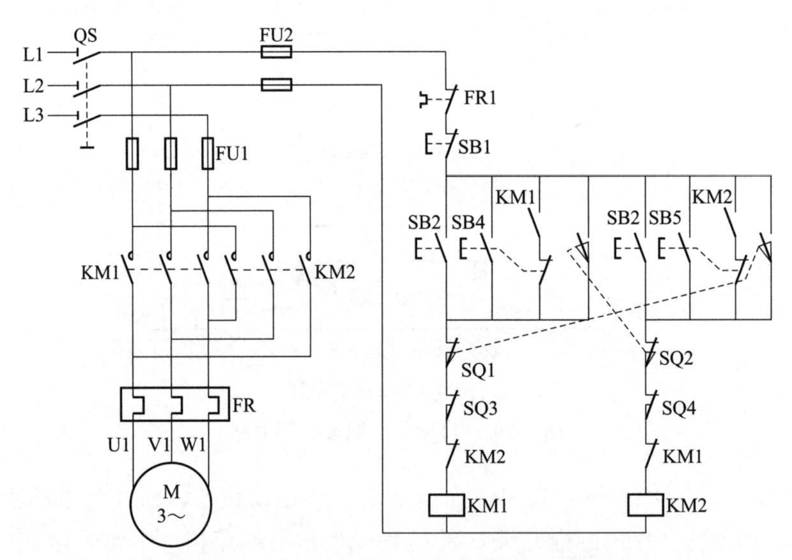

图 4-20　带有点动的自动往复循环控制电路

4.9 无进给切削的自动循环控制电路

4.9.1 控制目的及控制电路的组成

（1）控制目的

为了提高加工精度，有的生产机械对自动往复循环还提出了一些特殊要求。以钻孔加工过程自动化为例，钻削加工时刀架的自动循环如图 4-21 所示。其具体要求是：刀架能自动地由位置 1 移动到位置 2 进行钻削加工；刀架到达位置 2 时不再进给，但钻头继续旋转，进行无进给切削以提高工件加工精度，短暂时间后刀架再自动退回位置 1。

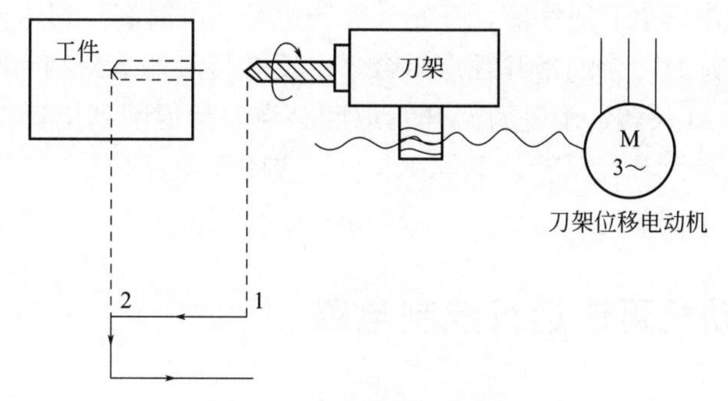

图 4-21　刀架的自动循环

（2）控制电路的组成

无进给切削的自动循环控制电路如图 4-22 所示。这里采用行程开关 SQ1 和 SQ2 分别作为测量刀架运动到位置 1 和 2 的测量元件，由它们给出的控制信号通过接触器控制刀架位移电动机。其中 SQ2 是复合式行程开关。KT 为通电延时型时间继电器，用于控制无进给切削时间。SB2 为刀架进给按钮、SB3 为刀架退回按钮、SB1 为停止按钮。KM1 为正转（刀架进给）接触器、KM2 为反转（刀架退回）接触器。熔断器 FU 用作电动机 M 的短路保护。热继电器 FR 用作电动机 M 的过载保护。

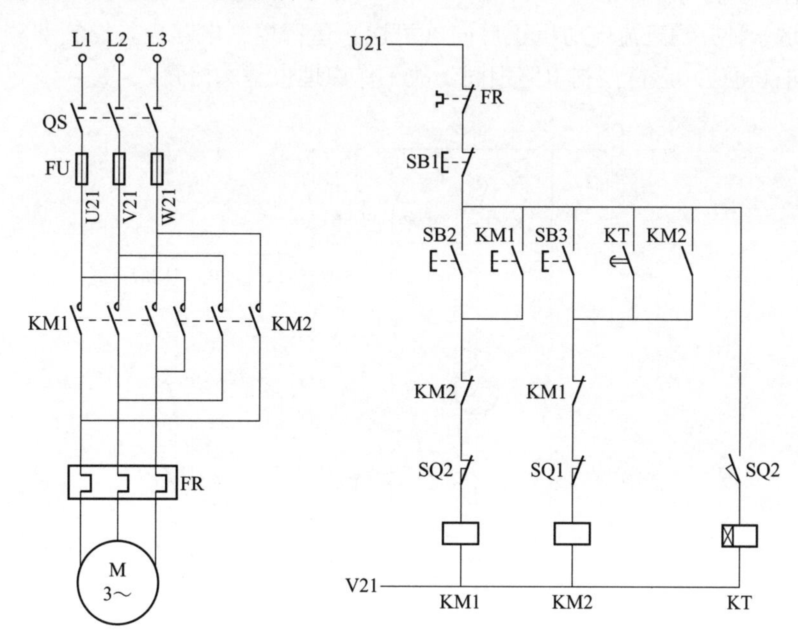

图 4-22　无进给切削的自动循环控制电路

4.9.2　工作原理分析

按下进给按钮 SB2，正向接触器 KM1 因线圈得电而吸合并自锁，刀架位移电动机 M 正转，刀架进给，当刀架到达位置 2 时，挡铁碰撞行程开关 SQ2，其常闭触点断开，正转接触器 KM1 因线圈断电而释放，刀架位移电动机停止工作，刀架不再进给，但钻头继续旋转

(其拖动电动机在图 4-22 中未绘出) 进行无进给切削。与此同时，行程开关 SQ2 的常开触点闭合，接通时间继电器 KT 的线圈，开始计算无进给切削时间。到达预定无进给切削时间后，时间继电器 KT 延时闭合的常开触点闭合，使反转接触器 KM2 因线圈得电而吸合并自锁，刀架位移电动机 M 反转，于是刀架开始返回。当刀架退回到位置 1 时，挡铁碰撞行程开关 SQ1，其常闭触点断开，反转接触器 KM2 因线圈断电而释放，刀架位移电动机停止，刀架自动停止运动。

4.10 直流电动机可逆运行控制电路

4.10.1 并励直流电动机可逆运行控制电路

(1) 控制方法及控制电路的组成

因为并励和他励直流电动机励磁绕组的匝数多，电感量大，若要使励磁电流改变方向，一方面，在将励磁绕组从电源上断开时，绕组中会产生较大的自感电动势，很容易把励磁绕组的绝缘击穿；另一方面，在改变励磁电流方向时，由于中间有一段时间励磁电流为零，容易出现“飞车”现象。所以一般情况下，并励和他励直流电动机多采用改变电枢绕组中电流的方向来改变电动机的旋转方向。

图 4-23 是一种并励直流电动机正反向（可逆）运行控制电路，其控制部分与交流异步电动机正反向（可逆）运行控制电路相同，故工作原理也基本相同。

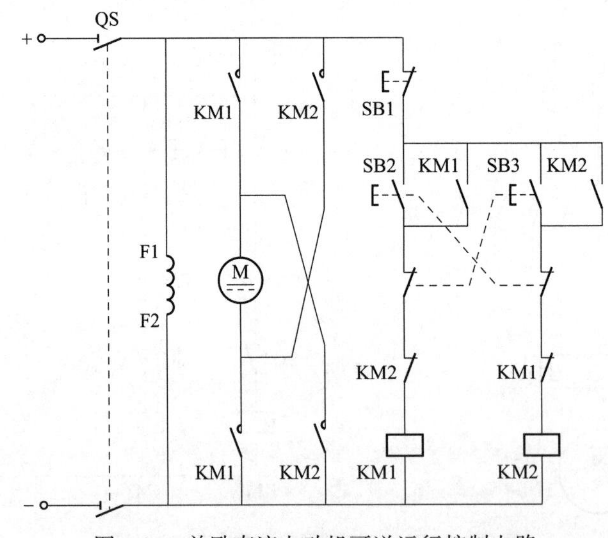

图 4-23　并励直流电动机可逆运行控制电路

(2) 工作原理分析

① 正向启动　正转启动时，合上电源开关 QS→直流电动机 M 的励磁绕组得到励磁电流。按下正向启动按钮 SB2→正转直流接触器 KM1 线圈得电吸合并自锁→KM1 的主触点闭合→接通直流电动机的电枢回路→电动机正向启动并运行，其控制电路中的电流路径如图 4-24 中的虚线箭头所示，电动机 M 中的电枢电流和励磁电流的方向如图 4-24 中的实线箭头所示。另外，由于在接触器 KM1 通电时，其串联在接触器 KM2 线圈电路中的常闭触点 KM1

已经断开，切断了反转控制接触器 KM2 线圈回路，使 KM2 不能得电，起到了互锁作用，确保电动机正转能正常进行。

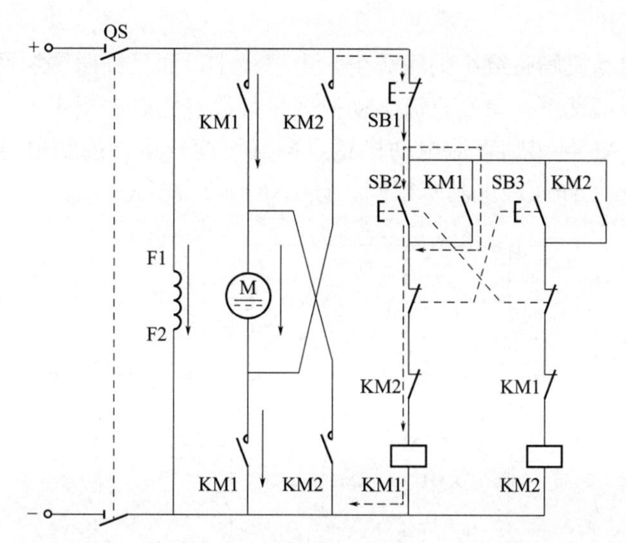

图 4-24　并励直流电动机可逆运行控制电路（正向启动时）

② 反向启动　若要使正在正转的电动机反转时，应先按下停止按钮 SB1，使正转接触器断电复位，注意此时电动机的励磁绕组中的电流方向不变（与正转运行时相同）。然后，再按下反转启动按钮 SB3→反转接触器 KM2 线圈得电吸合并自锁→KM2 的主触点闭合→反向接通直流电动机的电枢回路→直流电动机反向启动并运行，其控制电路中的电流路径如图 4-25 中的虚线箭头所示，电动机 M 中的电枢电流和励磁电流的方向如图 4-25 中的实线箭头所示。另外，串联在接触器 KM1 线圈电路中的 KM2 的常闭触点已经断开，使接触器 KM1 不能得电，起到了互锁作用。

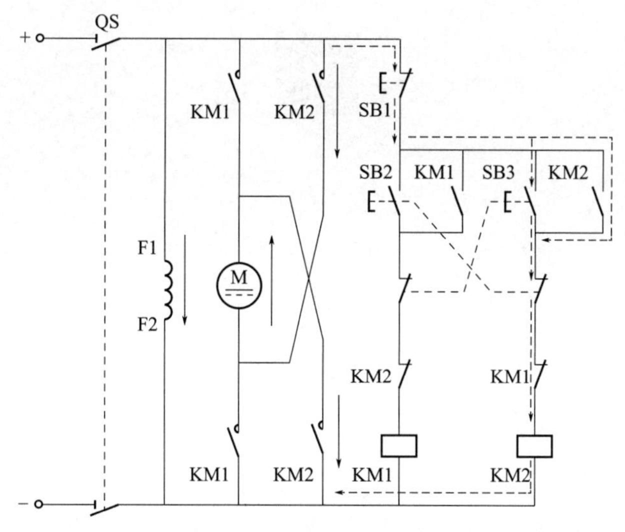

图 4-25　并励直流电动机可逆运行控制电路（反向启动时）

③ 停止　若要电动机停转，只需按下停止按钮 SB1，则接触器 KM1（或 KM2）线圈失电释放，其主触点断开（复位），切断直流电动机的电枢电源，电动机停转。

4.10.2 串励直流电动机可逆运行控制电路

因为串励直流电动机励磁绕组的匝数少，电感量小，而且励磁绕组两端的电压较低，反接较容易。所以一般情况下，串励直流电动机多采用改变励磁绕组中电流的方向来改变电动机的旋转方向。图 4-26 是串励直流电动机正反向（可逆）运行控制电路图，其控制部分与图 4-23 完全相同，故动作原理也基本相同，读者可自行分析。

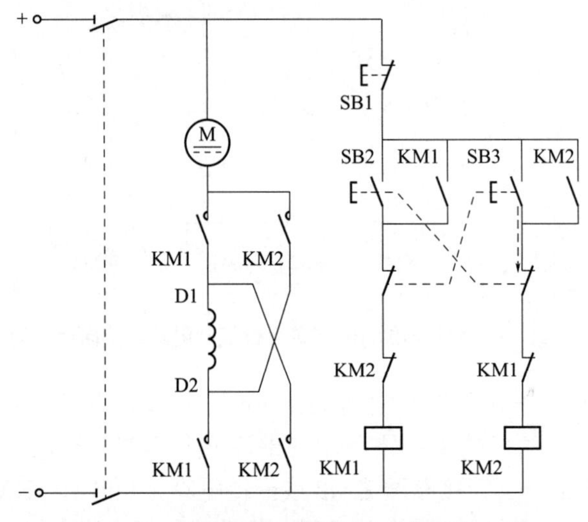

图 4-26　串励直流电动机可逆运行控制电路

第5章 常用电动机启动控制电路

5.1 电动机启动控制电路概述

5.1.1 电动机采取启动控制的目的

(1) 电动机启动电流大的危害

电动机不采取任何措施而直接投入电网启动时，其启动电流非常大。三相异步电动机直接启动时，其启动电流一般是该电动机额定电流的4～7倍；直流电动机直接启动时，其启动电流一般是该电动机额定电流的10～20倍。

电动机启动电流大主要会对供电变压器输出电压带来较大的影响。这从戴维南定理可以理解：当负载电流较大时，电源内阻抗的压降较大，而输出电压将下降。这个电压下降会使电动机启动转矩下降很多，当电动机所拖动的负载较重时，可能启动不起来。同时还会影响同一台供电变压器供电的其他电气设备，如照明电灯会变暗，数控设备可能失常，重载的其他异步电动机会停转等。这都是不允许的。当然，这还要看三相异步电动机的容量与供电变压器容量相比较所决定，若电动机的额定功率很小而供电变压器容量较大时，则启动电流对电网电压的影响不大。若相反就不允许了。

(2) 电动机的启动性能

一般衡量电动机启动性能好坏，主要有三点：

① 启动转矩足够大，以加速启动过程，缩短启动时间；

② 启动电流尽量小，即在启动转矩满足要求的前提下，尽量减小启动电流，以减小对电网的冲击；

③ 启动所需要的设备简单、成本低、操作方便、运行可靠。

普通的笼型三相异步电动机和直流电动机不采取任何措施而直接投入电网启动时，其启动电流很大，往往不能满足电网对电动机的要求。因此，应根据电动机的具体情况，采取不同的启动方法和启动控制电路。在任何一种启动方法中，最根本的原则是确保足够大的电磁转矩下，尽量减小启动电流。

5.1.2 电动机常用的启动方法及应用场合

(1) 电动机常用的启动方法

对于笼型三相异步电动机，除可以采用直接启动外，还可以采用减压（降压）启动，常用的减压启动（又称降压启动）方法有定子绕组中串电阻（或电抗器）启动、星-三角（Y-△）启动、自耦变压器减压启动、软启动器启动、变频启动等。对于绕线转子三相异步电动机则可以采用在转子回路中串电阻启动。

对于直流电动机常用的启动方法以下三种：①直接启动；②电枢回路串电阻启动；③降低电枢电源电压启动。

(2) 三相异步电动机常用启动方法的应用场合

① 全压直接启动　在电网容量和负载两方面都允许全压直接启动的情况下，可以考虑采用全压直接启动。直接启动的优点是操纵控制方便，维护简单，而且比较经济。主要用于小功率电动机的启动，从节约电能的角度考虑，大于 11kW 的电动机一般不宜用此方法。

② 定子绕组中串电阻（或电抗器）启动　定子绕组串联电阻（或电抗器）减压启动是在三相异步电动机的定子绕组电路中串入电阻（或电抗器），启动时，利用串入的电阻（或电抗器）起降压限流作用，待电动机转速升到一定值时，将电阻（或电抗器）切除，使电动机在额定电压下稳定运行。由于定子绕组电路中串入的电阻要消耗电能，所以大、中型电动机常采用串电抗器的减压启动方法，它们的控制电路是一样的。由于电动机的电磁转矩与定子绕组相电压的二次方成正比，减压启动时，电动机的启动转矩将大大降低，因此，减压启动方法仅适用于空载或轻载时的启动。

③ 自耦变压器减压启动　利用自耦变压器的多抽头减压，既能适应不同负载启动的需要，又能得到更大的启动转矩，是一种经常被用来启动较大容量电动机的减压启动方式。它的最大优点是启动转矩较大，当其绕组抽头在 80%处时，启动转矩可达直接启动时的 64%，并且可以通过抽头调节启动转矩，至今仍被广泛应用。

④ 星-三角（Y-△）启动　对于正常运行的定子绕组为三角形接法的笼型三相异步电动机来说，如果在启动时将其定子绕组接成星形，待启动完毕后再接成三角形，就可以降低启动电流，减轻它对电网的冲击。Y-△启动适用于空载或者轻载启动的场合。并且同其他减压启动器相比较，其结构最简单，价格也最便宜。除此之外，星-三角启动方式还有一个优点，即当负载较轻时，可以让电动机在星形接法下运行。此时，额定转矩与负载可以匹配，这样能使电动机的效率有所提高，并节约电力消耗。

⑤ 软启动器启动　软启动器启动是利用了可控硅的移相调压原理来实现电动机的调压启动，主要用于功率较大的电动机的启动控制，这种启动方式的启动效果好，但成本较高。因使用了可控硅元件，可控硅工作时谐波干扰较大，对电网有一定的影响。因此可控硅元件的故障率较高，因为涉及电力电子技术，因此对维护技术人员的要求也较高。

⑥ 变频启动　变频器是现代电动机控制领域技术含量最高，控制功能最全、控制效果最好的电动机控制装置，它通过改变电网的频率来调节电动机的转速和转矩。因为涉及电力电子技术，微机技术，因此成本高，对维护技术人员的要求也高，因此主要用在需要调速并且对速度控制要求高的领域。

5.2 笼型三相异步电动机定子绕组串电阻（或电抗器）减压启动控制电路

由于在电动机定子绕组电路中串电阻启动与在定子绕组电路中串电抗器启动的控制电路是一样的。现仅以串电阻启动控制电路为例说明其工作原理。

定子绕组串电阻（或电抗器）减压启动控制电路有手动接触器控制及时间继电器自动控制等几种形式。

5.2.1 手动接触器控制的串电阻减压启动控制电路分析

手动接触器控制的串电阻减压启动控制电路如图 5-1 所示。由控制电路可以看出，接触器 KM1 和 KM2 是按顺序工作的。

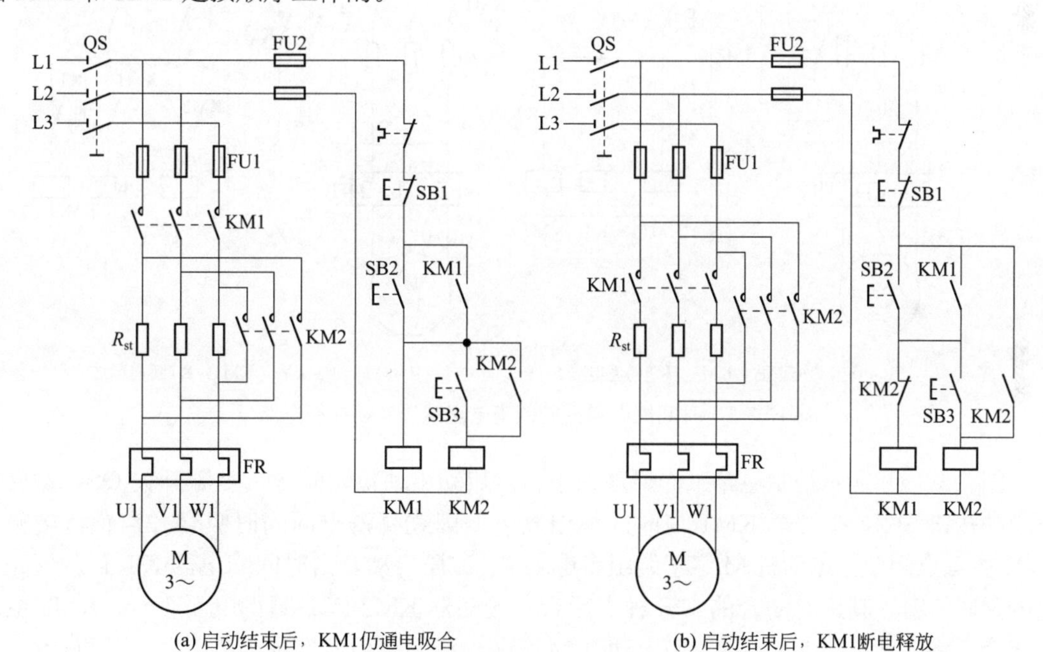

(a) 启动结束后，KM1仍通电吸合　　(b) 启动结束后，KM1断电释放

图 5-1　手动接触器控制的串电阻减压启动控制电路

图 5-1（a）所示控制电路的工作原理如下：欲启动电动机，先合上电源开关 QS，然后按下启动按钮 SB2，接触器 KM1 因线圈得电而吸合并自锁，接触器 KM1 主触点闭合，电动机 M 定子绕组串电阻 R_{st} 减压启动。当电动机的转速接近额定值时，按下按钮 SB3，接触器 KM2 因线圈得电而吸合并自锁，接触器 KM2 主触点闭合，将启动电阻 R_{st} 短接，使电动机 M 全压运行。图 5-1（b）所示控制电路的工作原理与图 5-1（a）的不同之处是：接触器 KM2 吸合时，其一副常闭辅助触点断开，使接触器 KM1 因线圈失电而释放。

该控制电路的缺点是，从启动到全压运行需人工操作，所以启动时要按两次按钮，很不方便，故一般采用时间继电器控制的自动控制电路。

5.2.2 时间继电器控制的串电阻减压启动控制电路分析

时间继电器控制的串电阻减压启动控制电路的原理图如图 5-2 所示。它用时间继电器代替图 5-1 中的按钮 SB3，启动时只需按一次启动按钮，从启动到全压运行由时间继电器自动完成。

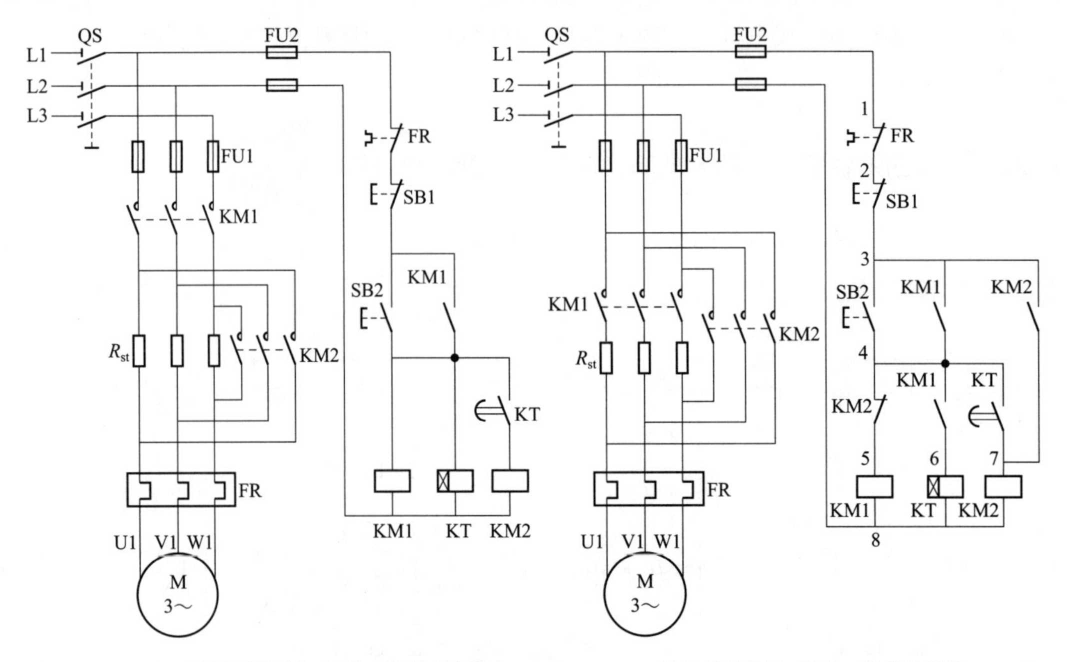

(a) 启动结束后，KM1、KT仍通电吸合

(b) 启动结束后，KM1、KT断电释放

图 5-2　时间继电器控制的串电阻减压启动控制电路

图 5-2（a）所示控制电路工作原理如下：欲启动电动机，先合上电源开关 QS，然后按下启动按钮 SB2，接触器 KM1 与时间继电器 KT 因线圈得电而同时吸合并自锁，接触器 KM1 主触点闭合，电动机 M 定子绕组串电阻 R_{st} 减压启动。当时间继电器 KT 到达预先给定的延时值时，其延时闭合的常开触点闭合，接触器 KM2 因线圈得电而吸合，KM2 主触点闭合，将启动电阻 R_{st} 短接，使电动机 M 全压运行。采用该控制电路，在电动机运行时，接触器 KM1、KM2 和时间继电器 KT 线圈内都通有电流。为了避免这一缺点，可改进为图 5-2（b）所示的控制电路。

图 5-2（b）所示控制电路工作原理如下：欲启动电动机，先合上电源开关 QS，然后按下启动按钮 SB2，接触器 KM1 与时间继电器 KT 因线圈得电而同时吸合并自锁，接触器 KM1 主触点闭合，电动机 M 定子绕组串电阻 R_{st} 降压启动。当时间继电器 KT 到达预先给定的延时值时，其延时闭合的常开触点闭合，接触器 KM2 因线圈得电而吸合并自锁，KM2 主触点闭合，将启动电阻 R_{st} 短接，使电动机 M 全压运行。与此同时，接触器 KM2 的常闭辅助触点断开，使接触器 KM1 因线圈失电而释放，与此同时，串联在时间继电器 KT 线圈回路中的接触器的常开辅助触点 KM1 断开（复位），使时间继电器 KT 因线圈失电而释放。所以电动机全压运行时，只有接触器 KM2 线圈内通有电流。

5.2.3 定子绕组串入的启动电阻或启动电抗的简易计算

定子绕组串电阻或电抗器减压启动的原理图如图 5-3（a）及（b）所示。启动时接触器 KM1 闭合，KM2 断开，电动机定子绕组通过电阻 R_{st} 或电抗 X_{st} 接入电网减压启动。启动后，接触器 KM2 闭合，切除 R_{st} 或 X_{st}，电动机全压正常运行。选用合适的启动电阻 R_{st} 或启动电抗 X_{st}，可有效地限制启动电流。

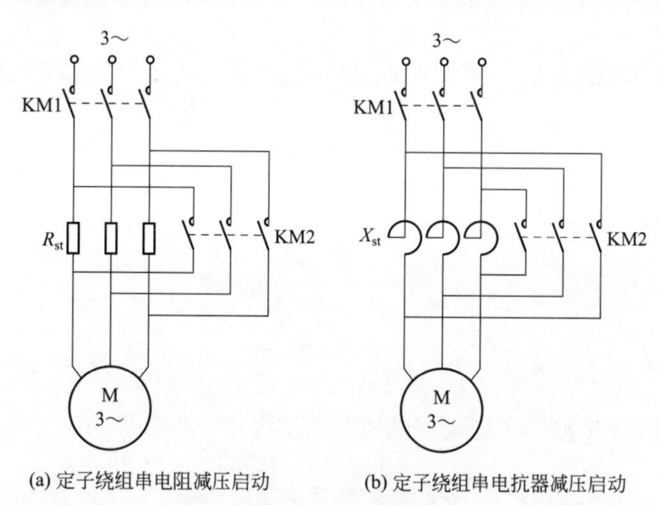

(a) 定子绕组串电阻减压启动　　(b) 定子绕组串电抗器减压启动

图 5-3　定子绕组串电阻或电抗器减压启动的原理图

图 5-4（a）和图 5-4（b）分别示出了直接启动和定子绕组串电抗器启动的每相等值电路图。

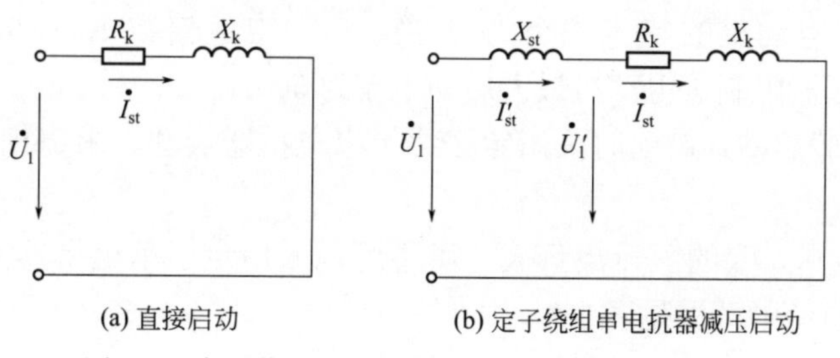

(a) 直接启动　　(b) 定子绕组串电抗器减压启动

图 5-4　定子绕组串电抗器减压启动的等值电路图

从图 5-4（a）中可知，加在定子绕组上的电压为电源电压 U_1。从图 5-4（b）中可知，加定子绕组上电压为 U'_1。而电抗器 X_{st} 分去了一部分电压。由于定子绕组的电压降低了，也就减小了电动机的启动电流。

设电动机的短路阻抗为 Z_k（由于三相异步电动机的短路电抗 X_k 近似等于 Z_k，因此，串电抗器 X_{st} 启动时，可以近似把 Z_k 看成电抗性质，把 $Z_k=R_k+jX_k$ 的模直接与 X_{st} 相加，而不考虑阻抗角，其误差并不大)，全压启动时的启动电流为 I_{st}，启动转矩为 T_{st}。当电动机定子绕组串电阻或电抗器后，电动机的启动电流为 I'_{st}，启动转矩为 T'_{st}，全压启动时的启动电流 I_{st} 与减压启动电流 I'_{st}之比为 a，则上述各物理量之间的关系为

$$\left.\begin{aligned}\frac{U_1'}{U_1}&=\frac{Z_k}{Z_k+X_{st}}=\frac{1}{a}\\ \frac{I_{st}'}{I_{st}}&=\frac{U_1'}{U_1}=\frac{1}{a}=\frac{Z_k}{Z_k+X_{st}}\\ \frac{T_{st}'}{T_{st}}&=\left(\frac{U_1'}{U_1}\right)^2=\frac{1}{a^2}=\left(\frac{Z_k}{Z_k+X_{st}}\right)^2\end{aligned}\right\}\tag{5-1}$$

从式(5-1)可见定子串电抗器启动，使启动电流降低为直接启动时的$\frac{1}{a}$倍，而启动转矩则降低为直接启动时的$\frac{1}{a^2}$倍。因此，该启动方式只能适用于空载启动或轻载启动的电动机。

工程实际中，往往先给定线路允许的电动机启动电流I'_{st}的大小，再计算启动电抗X_{st}的大小，计算公式推导如下：

$$\frac{I'_{st}}{I_{st}}=\frac{1}{a}=\frac{Z_k}{Z_k+X_{st}}$$

$$aZ_k=Z_k+X_{st}$$

则

$$X_{st}=(a-1)Z_k\tag{5-2}$$

当电动机的绕组为Y接时，电动机的短路阻抗为

$$Z_k=\frac{U_N}{\sqrt{3}I_{st}}=\frac{U_N}{\sqrt{3}K_I I_N}\tag{5-3}$$

定子回路串电阻启动也属于减压启动，也可以降低启动电流。但外串电阻器有较大的有功功率损耗，不利于节能，因此不适用于大、中型异步电动机。

【例 5-1】 一台笼型三相异步电动机：额定功率$P_N=75\text{kW}$，额定电压$U_N=380\text{V}$，额定电流$I_N=136\text{A}$，电动机的定子绕组为Y接，启动电流倍数$K_I=6.5$，启动转矩倍数$K_T=1.1$，供电变压器限制该电动机最大启动电流为500A。

① 若电动机空载启动，启动时采用定子绕组串电抗器启动，求每相串入的电抗最少应是多大？

② 若拖动$T_L=0.3T_N$的恒转矩负载，可不可以采用定子串电抗器方法启动？若可以，计算每相串入的电抗值的范围是多少？

解：

① 空载启动每相串入电抗值计算

直接启动的启动电流I_{st}

$$I_{st}=K_I I_N=6.5\times136=884(\text{A})$$

直接启动电流I_{st}与串电抗（最小值）时的启动电流I'_{st}的比值a

$$a=\frac{I_{st}}{I'_{st}}=\frac{884}{500}=1.768$$

因为电动机的定子绕组为Y接，所以电动机的短路阻抗Z_k为

$$Z_k=\frac{U_N}{\sqrt{3}I_{st}}=\frac{380}{\sqrt{3}\times884}=0.248(\Omega)$$

每相串入电抗X_{st}最小值根据式（5-2）计算为

$$X_{st}=(a-1)Z_k=(1.768-1)\times 0.248=0.190(\Omega)$$

② 拖动 $T_L=0.3T_N$ 恒转矩负载启动的计算

串电抗启动时最小启动转矩 T'_{st1} 为（为了留有余量，设 $T'_{st1}=1.1T_L$）

$$T'_{st1}=1.1T_L=1.1\times 0.3T_N=0.33T_N$$

串电抗器启动转矩 T'_{st1} 和直接启动转矩 T_{st} 之比值

$$\frac{T'_{st1}}{T_{st}}=\frac{0.33T_N}{K_T T_N}=\frac{0.33}{1.1}=0.3=\frac{1}{a_1^2}$$

串电抗器启动电流 I'_{st1} 与直接启动电流 I_{st} 比值

$$\frac{I'_{st1}}{I_{st}}=\frac{1}{a_1}=\sqrt{\frac{1}{a_1^2}}=\sqrt{0.3}=0.548$$

启动电流 I'_{st1}

$$I'_{st1}=\frac{1}{a_1}I_{st}=0.548\times 884=484.4(\text{A})<500(\text{A})$$

可以串电抗启动。因为 $\frac{1}{a_1}=0.548$，所以 $a_1=1.825$，故每相串入的电抗最大值 X_{st1} 为

$$X_{st1}=(a_1-1)Z_k=(1.825-1)\times 0.248=0.205(\Omega)$$

每相串入电抗的最小值为 $X_{st}=0.190\Omega$ 时，$T'_{st}=\frac{1}{a_1^2}T_{st}=\frac{1}{a_1^2}K_T T_N=0.3\times 1.1T_N=0.352T_N>T'_{st1}$，因此电抗值的范围即为 $0.190\sim 0.205\Omega$。

5.3 笼型三相异步电动机自耦变压器（启动补偿器）减压启动控制电路

自耦变压器减压启动又称启动补偿器减压启动，是利用自耦变压器来降低启动时加在电动机定子绕组上的电压，达到限制三相异步电动机启动电流的目的。启动结束后将自耦变压器切除，使电动机全压运行。自耦变压器减压启动常采用一种叫做自耦减压启动器（又称启动补偿器）的控制设备来实现。自耦变压器减压启动控制电路可分手动控制与自动控制两种。

5.3.1 手动控制的自耦变压器减压启动控制电路分析

图 5-5 所示为 QJ3 型自耦减压启动器控制电路，自耦变压器的抽头可以根据电动机启动时负载的大小来选择。

启动时，先把操作手柄转到“启动”位置，这时自耦变压器的三相绕组连接成 Y 接法，三个首端与三相电源相连接，三个抽头与电动机相连接，电动机在降压下启动。当电动机的转速上升到较高转速时，将操作手柄转到“运行”位置，电动机与三相电源直接连接，电动机在全压下运行，自耦变压器失去作用。若欲停止，只要按下按钮 SB，则失压脱扣器 K 的线圈断电，机械机构使操作手柄回到“停止”位置，电动机即停止。

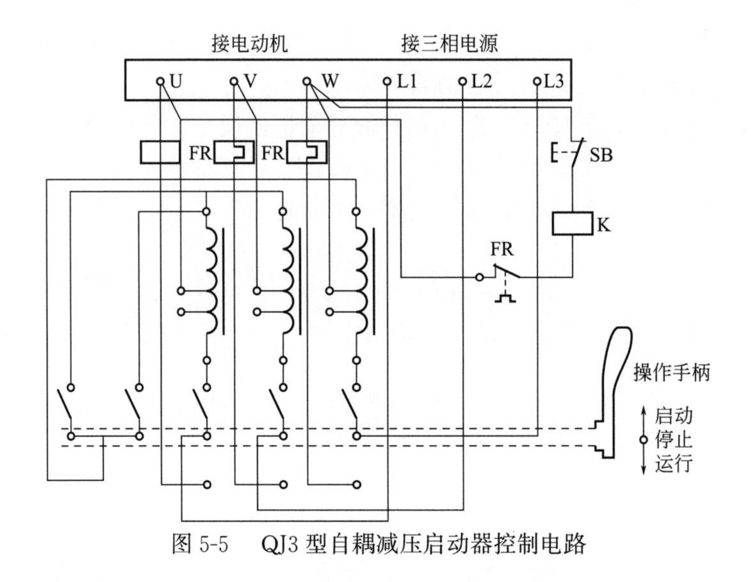

图 5-5　QJ3 型自耦减压启动器控制电路

5.3.2 时间继电器控制的自耦变压器减压启动控制电路分析

图 5-6 所示为时间继电器控制的自耦变压器减压启动控制电路。启动时，先合上电源开关 QS，然后按下启动按钮 SB2，接触器 KM1、KM2 与时间继电器 KT 因线圈得电而同时吸合并自锁，接触器 KM1、KM2 的主触点闭合，电动机定子绕组经自耦变压器接至电源减压启动。当时间继电器 KT 到达延时值时，其常闭触点断开，使接触器 KM1 因线圈断电而释放，KM1 主触点和常开辅助触点断开（复位）；与此同时，时间继电器 KT 延时闭合的动合触点闭合，使接触器 KM3 因线圈得电而吸合并自锁，KM3 主触点闭合，电动机进入全压正常运行，而此时接触器 KM3 的常闭辅助触点也同时断开，使接触器 KM2 与时间继电器 KT 因线圈断电而释放，KM2 主触点断开，将自耦变压器从电网上切除。

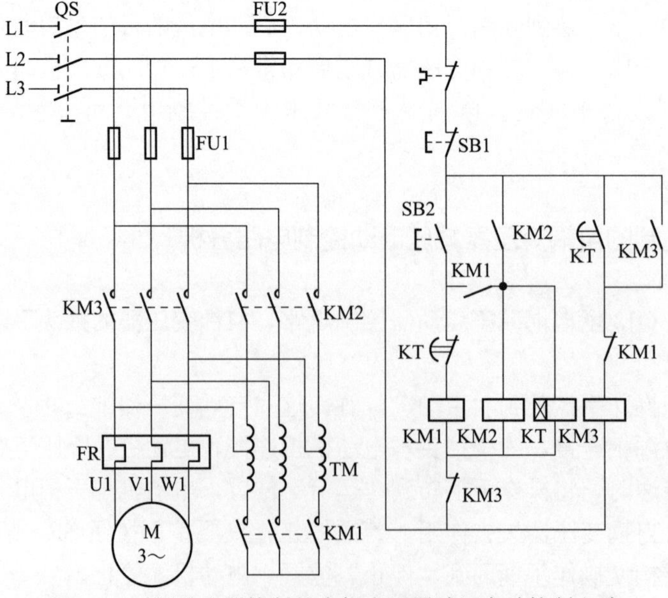

图 5-6　时间继电器控制的自耦变压器减压启动控制电路

自耦变压器减压启动与定子绕组串电阻减压启动相比较，在同样的启动转矩时，对电网的电流冲击小，功率损耗小。缺点是自耦变压器比电阻器结构复杂、价格较高。因此，自耦变压器减压启动主要用于启动较大容量的电动机，以减小启动电流对电网的影响。

5.3.3 自耦变压器减压启动的简易计算

自耦变压器降压启动又称为启动补偿器降压启动。这种启动方法只利用一台自耦变压器来降低加于三相异步电动机定子绕组上的端电压，其原理图如图5-7所示。

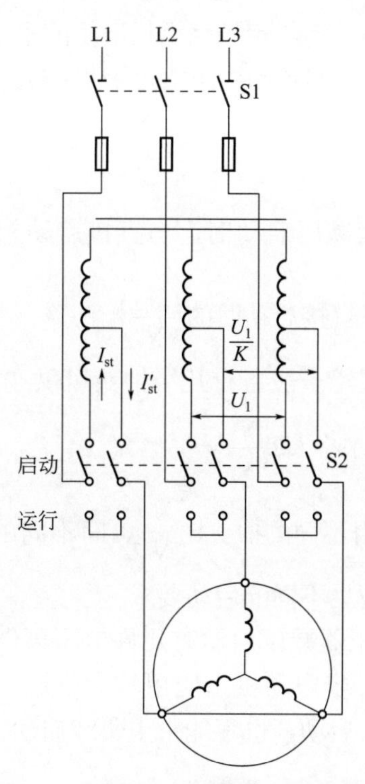

图5-7 自耦变压器减压启动原理图

采用自耦变压器减压启动时，应将自耦变压器的高压侧接电源，低压侧接电动机。设自耦变压器的二次电压 U_2 与一次侧电压 U_1 之比为 a，则

$$a=\frac{U_2}{U_1}=\frac{N_2}{N_1}=\frac{1}{K} \tag{5-4}$$

式中 N_1——自耦变压器一次绕组的匝数；

N_2——自耦变压器二次绕组的匝数；

K——自耦变压器的变比。

因为当三相异步电动机定子绕组的接法一定时，电动机的启动电流与在电动机定子绕组上所施加的电压成正比。所以，采用自耦变压器降压启动时电动机的启动电流 I''_{st}与直接启动时电动机的启动电流 I_{st} 之间的关系为

$$\frac{I''_{st}}{I_{st}}=\frac{U_2}{U_1}=\frac{N_2}{N_1}=\frac{1}{K} \tag{5-5}$$

由于自耦变压器一、二次侧的容量相等，即 $U_1I_1=U_2I_2$ 因此自耦变压器的一次电流 I_1 与自耦变压器的二次电流 I_2 之间的关系为

$$\frac{I_1}{I_2}=\frac{U_2}{U_1}=\frac{N_2}{N_1}=\frac{1}{K} \tag{5-6}$$

因为采用自耦变压器减压启动时，电网提供的启动电流 $I'_{st}=I_1$，而自耦变压器二次电流 $I_2=I''_{st}$，所以，采用自耦变压器减压启动时电网提供的启动电流 I'_{st}与直接启动时电网提供的启动电流 I_{st} 的比值为

$$\frac{I'_{st}}{I_{st}}=\frac{I'_{st}}{I_{st}}\times\frac{I_2}{I_2}=\frac{I'_{st}}{I_2}\times\frac{I_2}{I_{st}}=\frac{I_1}{I_2}\times\frac{I''_{st}}{I_{st}}=\frac{1}{K^2} \tag{5-7}$$

由于三相异步电动机的启动转矩与定子绕组相电压的平方成正比。若直接启动时电动机的启动转矩为 T_{st}，采用自耦变压器减压启动时的启动转矩为 T'_{st}，则

$$\frac{T'_{st}}{T_{st}}=(\frac{U_2}{U_1})^2=(\frac{N_2}{N_1})^2=\frac{1}{K^2} \tag{5-8}$$

由此可见，采用自耦变压器减压启动时，与直接启动相比较，电压降低为原来的$\frac{N_2}{N_1}$，启动电流与启动转矩降低为原来直接启动时的$\left(\frac{N_2}{N_1}\right)^2$。

实际上，启动用的自耦变压器一般备有几个抽头可供选择。例如，QJ_2 型有三种抽头，其电压等级分别是电源电压的 55%（即$\frac{N_2}{N_1}=55\%$）、64%、73%，QJ_3 型也有三种抽头，分别为 40%、60%、80%等。选用不同的抽头比$\frac{N_2}{N_1}$，即不同的 a（$=\frac{1}{K}$）值，就可以得到不同的启动电流和启动转矩，以满足不同的启动要求。

与 Y-△启动相比，自耦变压器减压启动有几种电压可供选择，比较灵活，在启动次数少，容量较大的笼型三相异步异步电动机上应用较为广泛。但是自耦变压器体积大，价格高，维修麻烦，而且不允许频繁启动，也不能带重负载启动。

5.4 笼型三相异步电动机星-三角（Y-△）减压启动控制电路

笼型三相异步电动机 Y-△启动只能用于正常运行时定子绕组为三角形（△）连接（其定子绕组相电压等于电动机的额定电压）的三相异步电动机，而且三相定子绕组应有 6 个接线端子引出。启动时将定子绕组接成星形（Y）（其定子绕组相电压降为电动机额定电压的 $1/\sqrt{3}$倍），待电动机的转速升到一定程度时，再改接成三角形（△），使电动机正常运行。Y-△启动控制电路有按钮切换控制和时间继电器自动切换控制两种。

5.4.1 按钮切换的 Y-△减压启动控制电路分析

按钮切换的 Y-△减压启动控制电路如图 5-8 所示。启动时，先合上电源开关 QS，然后按下启动按钮 SB2，接触器 KM、KM1 因线圈得电而同时吸合并自锁，接触器 KM1 的主触点闭合，将电动机的定子绕组接成 Y 形，而与此同时，接触器 KM 的主触点闭合，

将电动机接至电源，电动机以Y接法启动。当电动机的转速升高到一定值时，按下按钮SB3，使接触器KM1因线圈失电而释放，KM1主触点断开，使电动机Y接法启动结束；与此同时，接触器KM1的常闭辅助触点恢复闭合，使接触器KM2因线圈得电而吸合并自锁，KM2主触点闭合，将电动机的定子绕组接成三角形（△），使电动机以△接法投入正常运行，而与此同时，接触器KM2的常闭辅助触点也断开，起到了与接触器KM1的互锁（联锁）作用。

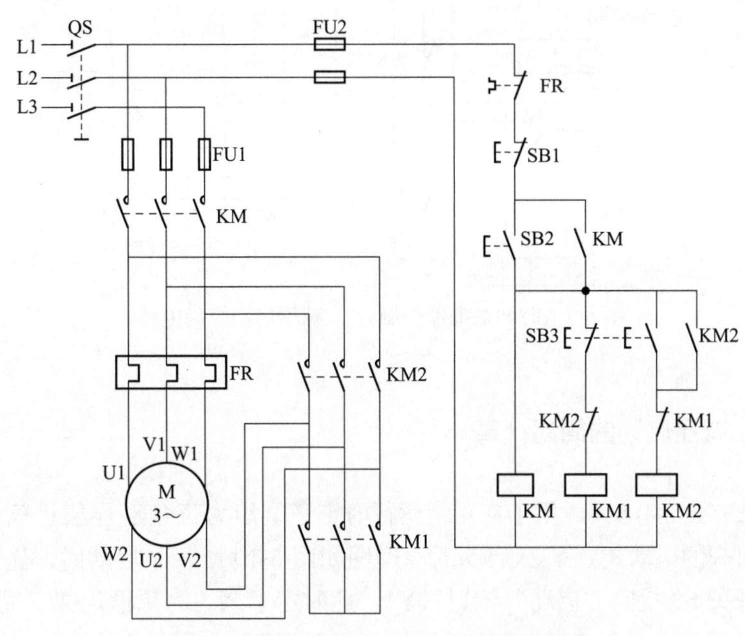

图5-8 按钮切换Y-△减压启动控制电路

5.4.2 时间继电器自动切换的Y-△减压启动控制电路分析

图5-9为时间继电器自动切换的Y-△减压启动控制电路。启动时，先合上电源开关QS，然后按下启动按钮SB2，接触器KM、KM1与时间继电器KT因线圈得电而同时吸合并自锁，接触器KM1的主触点闭合，将电动机的定子绕组接成Y形，而与此同时，接触器KM的主触点闭合，将电动机接至电源，电动机以Y接法启动。当时间继电器KT到达延时值时，其延时断开的常闭触点KT断开，使接触器KM1因线圈失电而释放，KM1主触点断开，使电动机Y接法启动结束；而与此同时，时间继电器KT延时闭合的常开触点闭合，使接触器KM2因线圈得电而吸合并自锁，KM2主触点闭合，将电动机的定子绕组接成△形，使电动机△接法投入正常运行。

Y-△启动的优点在于Y形启动时，启动电流只是原来△形接法时的1/3，启动电流较小，而且结构简单、价格便宜。缺点是Y形启动时启动转矩也相应下降为原来△形接法时的1/3，启动转矩较小，因而Y-△启动只适用于空载或轻载启动的场合。

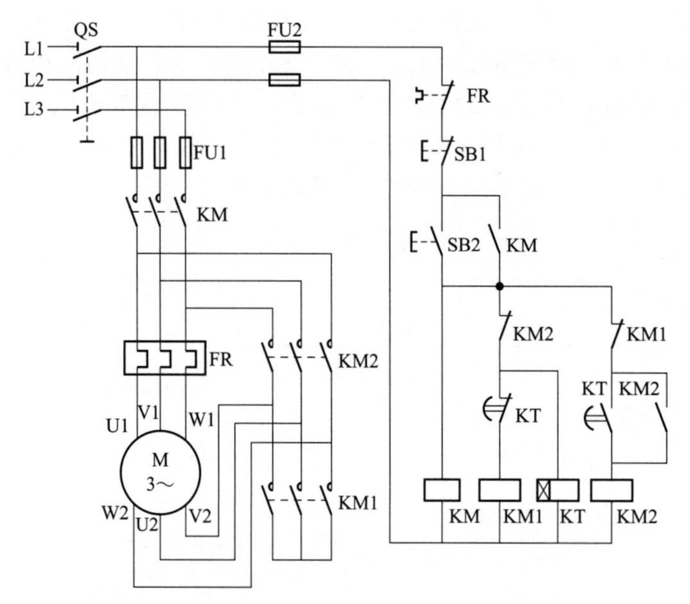

图 5-9　时间继电器控制 Y-△减压启动控制电路

5.4.3 Y-△减压启动的简易计算

星-三角（Y-△）启动只适用于在正常运行时定子绕组为三角形连接且三相绕组首尾六个端子全部引出来的电动机。Y-△启动的原理图如图 5-10 所示。启动时，先合上电源开关 S1，再把转换开关 S2 投向“启动”位置（Y），此时定子绕组为星形连接（简称 Y 接），加在定子每相绕组上的电压为电动机的额定电压 U_{1N} 的 $1/\sqrt{3}$ 倍，当电动机的转速升到接近额定转速时，再把转换开关 S2 投向“运行”位置（△），此时定子绕组换为三角形连接（简称△接），电动机定子每相绕组加额定电压 U_{1N} 运行，故这种启动方法称为 Y-△换接减压启动，简称 Y-△启动。由于切换时电动机的转速已接近正常运行时的转速，所以冲击电流就不大了。

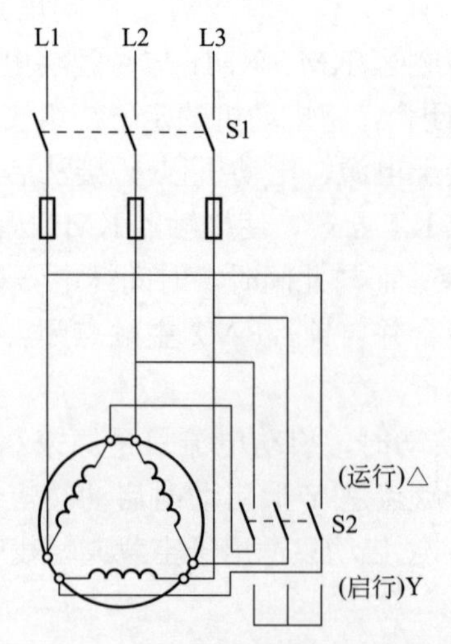

图 5-10　三相异步电动机 Y-△启动原理图

对于正常运行时定子绕组为△接的三相异步电动机，当采用直接启动时，定子绕组为△接，如图 5-11（a）所示，此时电动机定子绕组的电压 $U_{1\phi}=U_{1N}$，设电动机启动时，每相阻抗为 Z_k，则采用直接启动时，电动机定子绕组的相电流 $I_{st\triangle}$ 为

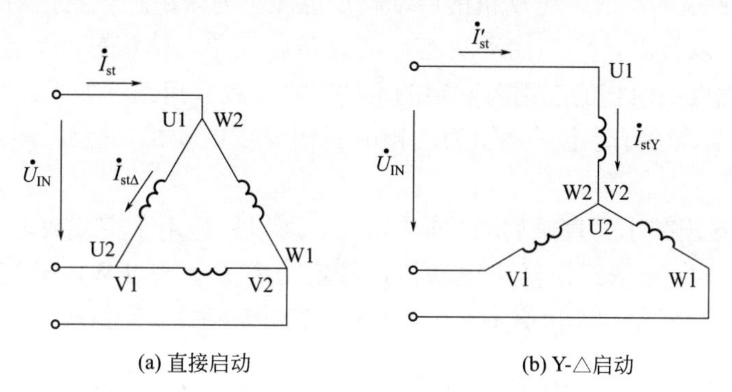

图 5-11 三相异步电动机 Y-△启动的启动电流

$$I_{st\triangle}=\frac{U_{1\phi}}{Z_{st}}=\frac{U_{1N}}{Z_k} \tag{5-9}$$

由于此时电动机定子绕组为△接，所以电动机定子绕组的线电流（即直接启动时电网提供的启动电流）I_{st} 应为

$$I_{st}=\sqrt{3}\,I_{st\triangle}=\sqrt{3}\,\frac{U_{1N}}{Z_k} \tag{5-10}$$

对于正常运行时定子绕组为△接的三相异步电动机，若采用 Y-△启动，启动时定子绕组为 Y 接，如图 5-11（b）所示，此时电动机定子绕组的相电压 $U'_{1\phi}=\frac{1}{\sqrt{3}}U_{1N}$，同样，设电动机启动时每相阻抗为 Z_k，则采用 Y-△启动法进行启动时，电动机定子绕组的相电流 I_{stY} 为

$$I_{stY}=\frac{U'_{1\phi}}{Z_k}=\frac{U_{1N}}{\sqrt{3}\,Z_k} \tag{5-11}$$

由于此时电动机定子绕组为 Y 接，所以电动机定子绕组的线电流（即采用 Y-△启动法进行启动时电网提供的启动电流）I'_{st}应为

$$I'_{st}=I_{stY}=\frac{U_{1N}}{\sqrt{3}\,Z_k}$$

上述两种启动方法由电网提供的启动电流的比值为

$$\frac{I'_{st}}{I_{st}}=\frac{\dfrac{U_{1N}}{\sqrt{3}\,Z_k}}{\sqrt{3}\,\dfrac{U_{1N}}{Z_k}}=\frac{1}{3} \tag{5-12}$$

由此可见，对于同一台三相异步电动机，采用 Y-△启动时，由电网提供的启动电流仅为采用直接启动时的 1/3。

由于三相异步电动机的启动转矩与定子绕组相电压的平方成正比。若采用△接直接启动时的启动转矩为 T_{st}，采用 Y-△启动时电动机的启动转矩为 T'_{st} 则

$$\frac{T'_{st}}{T_{st}}=\left(\frac{U'_{1\phi}}{U_{1\phi}}\right)^2=\left(\frac{\frac{1}{\sqrt{3}}U_{1N}}{U_{1N}}\right)^2=\frac{1}{3} \tag{5-13}$$

由此可见，采用Y-△启动时，电动机的启动转矩也减小为采用△接直接启动时的1/3。

由以上分析可以看出，Y-△启动具有启动设备较简单，体积较小，重量较轻，价格便宜，维修方便等优点。但它的应用有一定的条件限制。其应用条件如下：

① 只适用于正常运行时定子绕组为△接的三相异步电动机，且定子绕组必须引出六个出线端；

② 由于启动转矩减小为直接启动转矩的1/3，所以只适用于空载或轻载启动。

【例5-2】 有一台笼型三相异步电动机，额定功率$P_N=30$kW，额定电压$U_N=380$V，额定电流$I_N=57$A，额定功率因数$\cos\varphi_N=0.87$，额定转速$n_N=1470$r/min。启动电流倍数$\frac{I_{st}}{I_N}=K_I=7$，启动转矩倍数$\frac{T_{st}}{T_N}=K_T=1.2$，定子绕组为△接。其供电变压器要求启动电流≤165A，负载启动转矩$T_L=73.5$N·m。试选择一种合适的启动方法，写出必要的计算数据。

解：电动机的额定转矩T_N为

$$T_N=9550\frac{P_N}{n_N}=9550\frac{30}{1470}=194.9(\text{N}\cdot\text{m})$$

正常启动时要求启动转矩不小于T_{st1}，而

$$T_{st1}=1.2T_L=1.2\times73.5=88.2(\text{N}\cdot\text{m})$$

(1) 校核是否能直接启动

$$I_{st}=K_I I_N=7\times57=399(\text{A})>165(\text{A})$$

$$T_{st}=K_T T_N=1.2\times194.9=233.9(\text{N}\cdot\text{m})>88.2(\text{N}\cdot\text{m})$$

因为$I_{st}>165$A，线路不能承受这样大的冲击电流，所以不能采用直接启动。

(2) 校核是否能采用Y-△启动

Y-△启动时的启动电流I'_{st}为

$$I'_{st}=\frac{1}{3}I_{st}=\frac{1}{3}\times399=133(\text{A})<165(\text{A})$$

Y-△启动时的启动转矩T'_{st}为

$$T'_{st}=\frac{1}{3}T_{st}=\frac{1}{3}\times233.9=78(\text{N}\cdot\text{m})<88.2(\text{N}\cdot\text{m})$$

因为$T'_{st}<T_{st1}$，故不能采用Y-△启动。

(3) 校核能否采用自耦变压器减压启动

设选用QJ_2型自耦变压器，抽头有55%、64%、73%三种。抽头为55%时，启动电流与启动转矩分别为

$$I'_{st}=\left(\frac{N_2}{N_1}\right)^2I_{st}=0.55^2\times399=120.7(\text{A})<165(\text{A})$$

$$T'_{st}=\left(\frac{N_2}{N_1}\right)^2T_{st}=0.55^2\times233.9=70.8(\text{N}\cdot\text{m})<88.2(\text{N}\cdot\text{m})$$

因为$T'_{st}<T_{st1}$，故不能采用55%的抽头。

抽头为64%时，启动电流与启动转矩分别为

$$I'_{st}=\left(\frac{N_2}{N_1}\right)^2 I_{st}=0.64^2\times399=163.4(A)<165(A)$$

$$T'_{st}=\left(\frac{N_2}{N_1}\right)^2 T_{st}=0.64^2\times233.9=95.8(N\cdot m)>88.2(N\cdot m)$$

可以采用 64%的抽头。

抽头为 73%时，启动电流与启动转矩分别为

$$I'_{st}=\left(\frac{N_2}{N_1}\right)^2 I_{st}=0.73^2\times399=212.6(A)>165(A)$$

$$T'_{st}=\left(\frac{N_2}{N_1}\right)^2 T_{st}=0.73^2\times233.9=124.6(N\cdot m)>88.2(N\cdot m)$$

因为 $I'_{st}>165A$，所以不能采用 73%的抽头。

前面所介绍的几种三相异步电动机减压启动方法，主要目的都是减小启动电流，但是电动机的启动转矩也都跟着减小，因此，只适合空载或轻载启动。对于重载启动，即不仅要求启动电流小，而且要求启动转矩大的场合，就应考虑采用启动性能较好的绕线转子三相异步电动机。

5.5 绕线转子三相异步电动机转子回路串电阻启动控制电路

对于笼型三相异步电动机，无论采用哪一种减压启动方法来减小启动电流时，电动机的启动转矩都随之减小。所以对于不仅要求启动电流小，而且要求启动转矩大的场合，就不得不采用启动性能较好的绕线转子三相异步电动机。

绕线转子三相异步电动机的特点是可以在转子回路中串入启动电阻，串接在三相转子绕组中的启动电阻，一般都接成 Y 形。在开始启动时，将启动电阻全部接入，以减小启动电流，保持较高的启动转矩。随着启动过程的进行，应将启动电阻逐段短接（即切除）；启动完毕时，启动电阻全部被切除，电动机在额定转速下运行。实现这种切换的方法有采用时间继电器控制和采用电流继电器控制两种。

5.5.1 采用时间继电器控制的转子回路串电阻启动控制电路分析

图 5-12 是用时间继电器控制的绕线转子三相异步电动机转子回路串电阻启动的控制电路。为了减小电动机的启动电流，在电动机的转子回路中，串联有三级启动电阻 R_{st1}、R_{st2} 和 R_{st3}。

启动时，先合上电源开关 QS，然后按下启动按钮 SB2，使接触器 KM 因线圈得电而吸合并自锁，接触器 KM 的主触点闭合，使电动机 M 在串入全部启动电阻下启动；与此同时，接触器 KM 的常开辅助触点闭合，使时间继电器 KT1 因线圈得电而吸合。经一定时间后，时间继电器 KT1 延时闭合的常开触点闭合，使接触器 KM1 因线圈得电而吸合，KM1 的主触点闭合，将电阻 R_{st1} 切除（即短接）；与此同时，接触器 KM1 的常开辅助触点闭合，使时间继电器 KT2 因线圈得电而吸合。又经一定时间后，时间继电器 KT2 延时闭合的常开触点闭合，使接触器 KM2 因线圈得电而吸合，KM2 的主触点闭合，这样又将电阻 R_{st2} 切除；与此同时，接触器 KM2 的常开辅助触点闭合，使时间继电器 KT3 因线圈得电而吸合。再

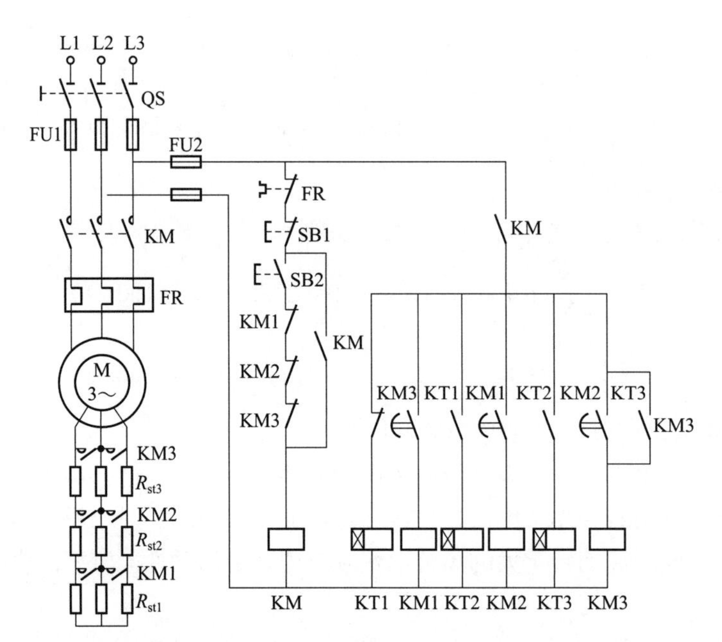

图 5-12　时间继电器控制的绕线转子三相异步电动机转子回路串电阻启动的控制电路

经一定时间后，时间继电器 KT3 延时闭合的常开触点闭合，使接触器 KM3 因线圈得电而吸合并自锁，KM3 的主触点闭合，将转子回路串入的启动电阻全部切除，电动机投入正常运行。与此同时，接触器 KM3 的常闭辅助触点断开，使时间继电器 KT1 因线圈断电而释放，并依次使 KM1、KT2、KM2、KT3 释放，只有接触器 KM 和 KM3 仍保持吸合。

5.5.2 采用电流继电器控制的转子回路串电阻启动控制电路分析

图 5-13 是用电流继电器控制的绕线转子三相异步电动机转子回路串电阻启动控制电路。

在图 5-13 所示的电动机转子回路中，也串联有三级启动电阻 R_{st1}、R_{st2} 和 R_{st3}。该控制电路是根据电动机在启动过程中转子回路里电流的大小来逐级切除启动电阻的。

图 5-13 中，KA1、KA2 和 KA3 是电流继电器，它们的线圈串联在电动机的转子回路中，电流继电器的选择原则是：它们的吸合电流可以相等，但释放电流不等，且使 KA1 的释放电流大于 KA2 的释放电流，而 KA2 的释放电流大于 KA3 的释放电流。图中 KM 是中间继电器。

启动时，先合上隔离开关 QS，然后按下启动按钮 SB2，使接触器 KM0 因线圈得电而吸合并自锁，KM0 的主触点闭合，电动机在接入全部启动电阻的情况下启动；与此同时，接触器 KM0 的常开辅助触点闭合，使中间继电器 KM 因线圈得电而吸合。另外，由于刚启动时，电动机转子电流很大，电流继电器 KA1、KA2 和 KA3 都吸合，它们的常闭触点断开，于是接触器 KM1、KM2 和 KM3 都不动作，全部启动电阻都接入电动机的转子电路。随着电动机的转速升高，电动机转子回路的电流逐渐减小，当电流小于电流继电器 KA1 的释放电流时，KA1 立即释放，其常闭触点 KA1 闭合（复位），使接触器 KM1 因线圈得电而吸合，KM1 的主触点闭合，把第一段启动电阻 R_{st1} 切除（即短接）。当第一段启动电阻 R_{st1} 被切除时，转子电流重新增大，随着转速上升，转子电流又逐渐减小，当电流小于电流继电器

KA2 的释放电流时，KA2 立即释放，其常闭触点 KA2 闭合（复位），使接触器 KM2 因线圈得电而吸合，KM2 主触点闭合，又把第二段启动电阻 R_{st2} 切除。如此继续下去，直到全部启动电阻被切除，电动机启动完毕，进入正常运行状态。

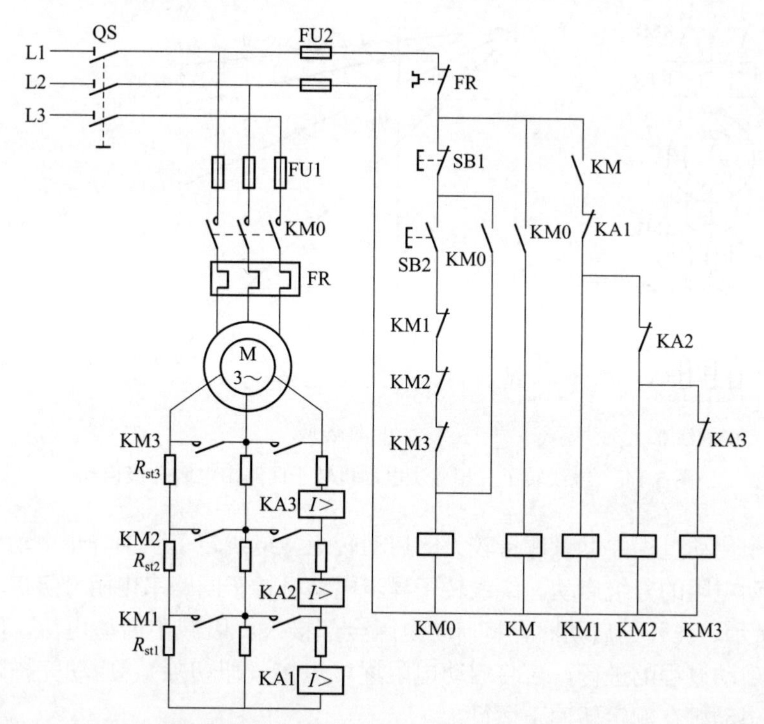

图 5-13 电流继电器控制的绕线转子三相异步电动机转子回路串电阻启动控制电路

控制电路中，中间继电器 KM 的作用是保证刚开始启动时，接入全部启动电阻。由于电动机开始启动时，启动电流由零增大到最大值需一定时间。这样就有可能出现，在启动瞬间，电流继电器 KA1、KA2 和 KA3 还未动作，接触器 KM1、KM2 和 KM3 的吸合而把启动电阻 R_{st1}、R_{st2} 和 R_{st3} 短接（切除），相当于电动机直接启动。控制电路中采用了中间继电器 KM 以后，不管电流继电器 KA1 等有无动作，开始启动时可由 KM 的常开触点来切断接触器 KM1 等线圈的通电回路，这就保证了启动时将启动电阻全部接入转子回路。

5.5.3 转子回路串电阻分级启动的简易计算

绕线转子三相异步电动机的转子上有对称的三相绕组，正常运行时，转子三相绕组通过集电环短接。启动时，可以在转子回路中串入启动电阻 R_{st}。在三相异步电动机的转子回路中串入适当的电阻，不仅可以使启动电流减小，而且可以使启动转矩增大。如果外串电阻 R_{st} 的大小合适，则启动转矩 T_{st} 可以达到电动机的最大转矩 T_{max}，即可以做到 $T_{st}=T_{max}$。启动结束后，可以切除外串电阻，电动机的效率不受影响。

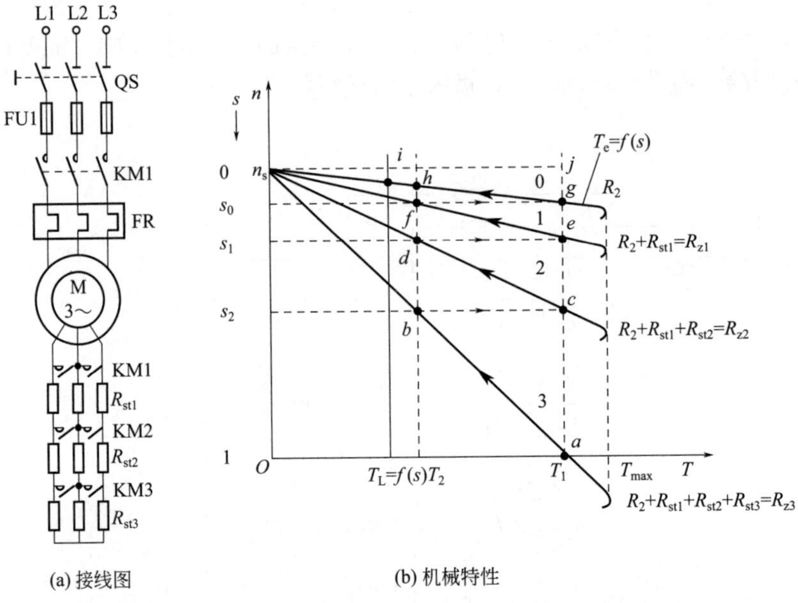

图 5-14 绕线转子三相异步电动机转子回路串电阻分级启动

为了使整个启动过程中尽量保持较大的启动转矩，绕线转子三相异步电动机可以采用逐级切除转子启动电阻的分级启动。绕线转子异步电动机转子回路串电阻分级启动的接线图如图 5-14（a）所示，在开始启动时，将启动电阻全部接入，以减小启动电流，保持较高的启动转矩，随着启动过程的进行，应将启动电阻逐段短接（即切除），启动完毕时，启动电阻全部被切除，电动机在额定转速下运行。

图 5-14（b）所示为绕线转子三相异步电动机转子串电阻分级启动时的机械特性，图中，R_2 为每相转子绕组的电阻；R_{st1}、R_{st2}、R_{st3} 分别为各级启动时每相转子绕组中串入的启动电阻；R_{z1}、R_{z2}、R_{z3} 分别为各级启动时转子回路每相的总电阻；T_1 为最大启动转矩；T_2 为最小启动转矩(或称切换转矩)；T_{max} 为电动机的最大转矩；曲线 0 为转子不串电阻时电动机的机械特性；曲线 1、2、3 为转子串入不同电阻时电动机的机械特性。其启动过程如下：

① 启动时，接触器触点 KM1、KM2、KM3 断开，绕线转子三相异步电动机定子绕组接额定电压，在转子绕组每相中，串入三个启动电阻（R_{st1}、R_{st2}、R_{st3}），电动机开始启动。启动点为机械特性曲线 3 上的 a 点，启动转矩 T_1 大于负载转矩 T_L，电动机的转速开始上升。

② 随着转速升高，电动机的电磁转矩 T_e 沿着曲线 3 逐渐减小，到 b 点时，$T_e=T_2$ ($>T_L$)，为了加大电磁转矩，缩短启动时间，接触器触点 KM3 闭合，切除启动电阻 R_{st3}。忽略异步电动机的电磁惯性，只计拖动系统的机械惯性，则电动机的运行点从 b 点变到机械特性曲线 2 上的 c 点，该点电动机的电磁转矩 $T_e=T_1$。

③ 转速继续上升，到 d 点，电磁转矩 $T_e=T_2$ 时，接触器触点 KM2 闭合，切除启动电阻 R_{st2}。电动机的运行点从 d 点变到机械特性曲线 1 上的 e 点，该点电动机的电磁转矩 $T_e=T_1$。

④ 转速继续上升，到 f 点，电磁转矩 $T_e=T_2$ 时，接触器触点 KM1 闭合，切除启动电阻 R_{st1}。电动机的运行点从 f 点变到固有机械特性曲线 0 上的 g 点，该点电动机的电磁转矩 $T_e=T_1$。

⑤ 转速继续上升，到 h 点，最后稳定运行在 j 点。

在上述启动过程中，转子回路外串电阻分三级切除，故称为三级启动

下面介绍各级启动电阻的计算。

设 α 为启动转矩比，则

$$\alpha=\frac{T_1}{T_2}=\sqrt[m]{\frac{T_N}{s_N T_1}}=\sqrt[m+1]{\frac{T_N}{s_N T_2}}$$

式中　T_N——电动机的额定转矩；

s_N——电动机的额定转差率；

m——启动级数；

T_1——最大启动转矩；

T_2——最小启动转矩（或称为切换转矩）。

各级启动时转子回路每相的总电阻为

$$\begin{aligned}R_{Z1}&=\alpha R_2\\R_{Z2}&=\alpha R_{Z1}=\alpha^2 R_2\\R_{Z3}&=\alpha R_{Z2}=\alpha^3 R_2\\&\vdots\\R_{Zm}&=\alpha R_{Z(m-1)}=\alpha^m R_2\end{aligned}$$

各级启动时，每相转子绕组中串入的启动电阻为

$$\begin{aligned}R_{st1}&=R_{Z1}-R_2\\R_{st2}&=R_{Z2}-R_{Z1}\\R_{st3}&=R_{Z3}-R_{Z2}\\&\vdots\\R_{stm}&=R_{Zm}-R_{Z(m-1)}\end{aligned}$$

例如，已知启动级数 m，当给定 T_1 时，计算启动电阻的步骤如下：

① 计算启动转矩比 $\alpha=\sqrt[m]{\frac{T_N}{s_N T_1}}$。

② 校核是否 $T_2\geqslant(1.1\sim1.2)T_L$，不合适则需修改 T_1，甚至修改启动级数 m；并重新计算 α，再校核 T_2，直至 T_2 大小合适为止。

③ 根据每相转子绕组的电阻 R_2 和重新计算出的启动转矩比 α，计算各级启动电阻。

如果已知启动级数 m，当给定 T_2 时，计算步骤与上述步骤相似，先计算启动转矩比 $\alpha=\sqrt[m+1]{\frac{T_N}{s_N T_2}}$，再校核是否满足（1.5～2）$T_L\leqslant T_1\leqslant0.85T_{max}$，若不合适，需修改 T_2，甚至修改启动级数 m，并重新计算 α，直至 T_1 大小合适为止，然后再根据重新计算出的启动转矩比 α 和转子电阻 R_2，计算各级启动电阻。

若已知的是 T_1 和 T_2，则应先计算启动转矩比 $\alpha=\frac{T_1}{T_2}$，再计算启动级数 $m=\frac{\lg\left(\frac{T_N}{s_N T_1}\right)}{\lg\alpha}$，一般情况下，计算出的 m 往往不是整数，应取接近的整数，然后再根据取定的 m，重新计

算 α，再校核 T_2（或 T_1），直至合适为止。最后再根据重新计算出的启动转矩比 α 和转子电阻 R_2，计算各级启动电阻。

上述计算方法是以机械特性曲线线性化为前提，有一定误差。

【例 5-3】 某生产机械用绕线转子三相异步电动机拖动，其有关技术数据为：电动机的极数 $2p=4$，额定电压 $U_N=380V$，额定频率 $f_N=50Hz$，额定功率 $P_N=30kW$，额定转速 $n_N=1460r/min$，转子开路电压 $E_{2N}=225V$，转子额定电流 $I_{2N}=76A$，电动机的过载能力 $\lambda_m=\dfrac{T_{max}}{T_N}=2.6$。启动时负载转矩 $T_L=0.75T_N$。采用转子串电阻三级启动，求各级启动电阻。

解：电动机的同步转速 n_s 为

$$n_s=\frac{60f_N}{p}=\frac{60\times50}{2}=1500(r/min)$$

额定转差率 s_N 为

$$s_N=\frac{n_s-n_N}{n_s}=\frac{1500-1460}{1500}=0.027$$

转子每相电阻 R_2 为

$$R_2\approx\frac{s_N E_{2N}}{\sqrt{3}I_{2N}}=\frac{0.027\times255}{\sqrt{3}\times76}=0.052(\Omega)$$

最大转矩 T_{max} 为

$$T_{max}=\lambda_m T_N=2.6T_N$$

启动时负载转矩 T_L 为

$$T_L=0.75T_N$$

因为 $2T_L=2\times0.75T_N=1.5T_N$；$0.85T_{max}=0.85\times2.6T_N=2.21T_N$，

所以取 $T_1=2.2T_N$

启动转矩比 α 为

$$\alpha=\sqrt[m]{\frac{T_N}{s_N T_1}}=\sqrt[3]{\frac{T_N}{0.027\times2.2T_N}}=2.56$$

以下校核切换转矩 T_2

$$T_2=\frac{T_1}{\alpha}=\frac{2.2T_N}{2.56}=0.859T_N$$

因为 $1.1T_L=1.1\times0.75T_N=0.825T_N$，所以 $T_2>1.1T_L$ 合适。

各级启动时转子回路每相的总电阻为

$R_{Z1}=\alpha R_2=2.56\times0.052=0.133$（Ω）

$R_{Z2}=\alpha^2R_2=2.56^2\times0.052=0.341$（Ω）

$R_{Z3}=\alpha^3R_2=2.56^3\times0.052=0.872$（Ω）

各级启动时，每相转子绕组中串入的启动电阻为

$R_{st1}=R_{Z1}-R_2=0.133-0.052=0.081$（Ω）

$R_{st2}=R_{Z2}-R_{Z1}=0.341-0.133=0.208$（Ω）

$R_{st3}=R_{Z3}-R_{Z2}=0.872-0.341=0.531$（Ω）

启动电阻通常用金属电阻丝（小容量电动机用）或铸铁电阻片（大容量电动机用）制

成。一般说，启动电阻是按短时运行设计的，如果长期流过较大电流，就会过热而损坏，所以启动完毕时，应把它全部切除。

绕线转子三相异步电动机转子绕组串电阻分级启动的主要优点是可以得到最大的启动转矩。但是要求启动过程中启动转矩尽量大，则启动级数就要多，特别是容量大的电动机，这就将需要较多的设备，使得设备投资大，维修不太方便。而且启动过程中能量损耗大，不经济。

5.6 三相异步电动机软启动器常用控制电路与应用实例

5.6.1 电动机软启动器的常用控制电路

（1）软启动最简单应用电路

由软启动器组成的控制电动机启动的装置，除去主要电气设备——软启动器外，为了实现与电网、电动机之间的电气连接可靠工作，仍需施加起保护协调与控制作用的低压电器，如刀开关、熔断器（快速熔断器）、刀熔开关、断路器、热继电器等，实现功能不同，线路配置也不同。

最简单的软启动应用电路由一台软启动器和一只低压断路器QF组成，无旁路接触器，如图5-15所示。

（2）带旁路接触器的电路

带旁路接触器的电路如图5-16～图5-21所示。旁路接触器（KM或KM2）用以在软启动器启动结束后旁路晶闸管通电回路使用。旁路接触器的通断一般由软启动器继电器输出口自动控制，由于在这种工作方式下旁路接触器通断时触点承受的电流冲击较小，所以旁路接触器电气寿命很长，其容量按电动机额定电流选择，无需考虑放大容量。

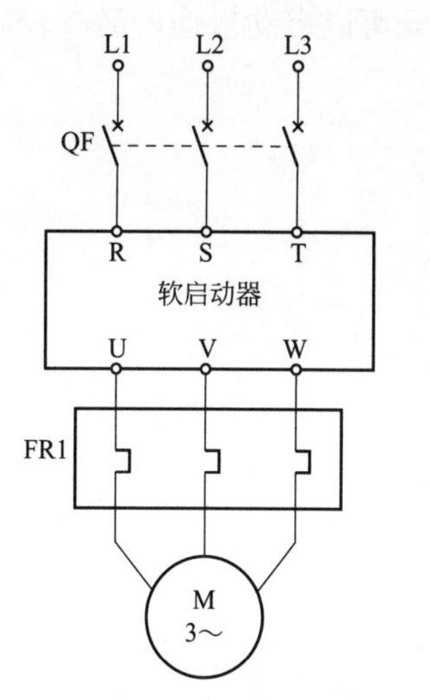

图5-15 最简单的软启动应用电路

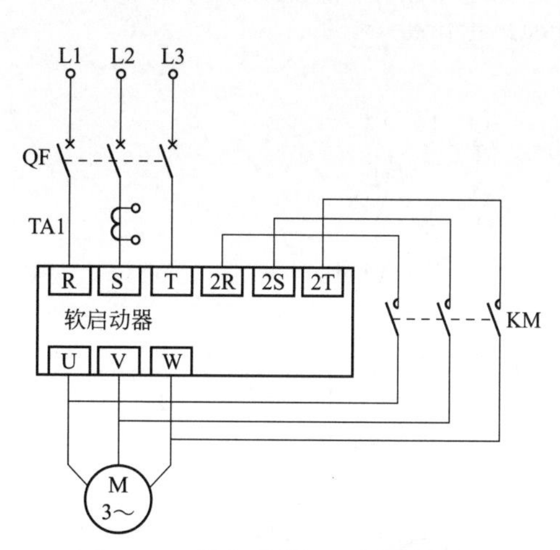

图5-16 带旁路接触器的电路（1）

在图 5-17 中装设熔断器式隔离开关（或刀开关）的目的主要是为了方便检修，在检修时，隔离开关提供一个明显的电气断点，对检修安全有利。装设熔断器的目的主要是当发生短路或过电流故障时，对晶闸管提供保护，同时又可兼作线路保护用。

在图 5-18 中，加入了主接触器 KM1，否则当软启动器停止时，电动机侧仍带电。这是由于晶闸管漏电流特性，使晶闸管不能从电气上完全分断电路，只有在软启动器的上侧接一个接触器 KM1，当 KM1 断开后电动机才能不带电。

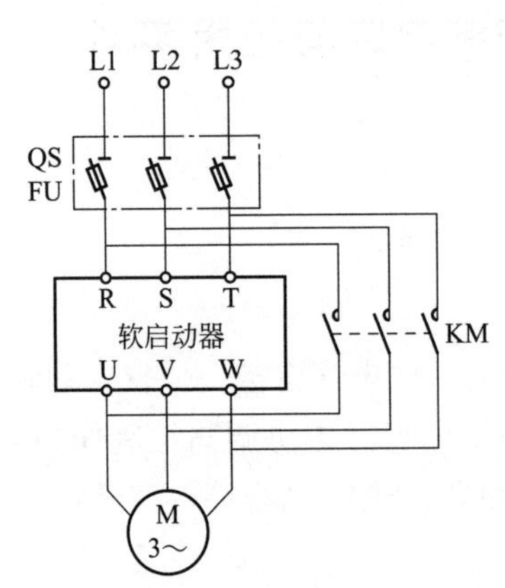

图 5-17　带旁路接触器的电路方案（2）

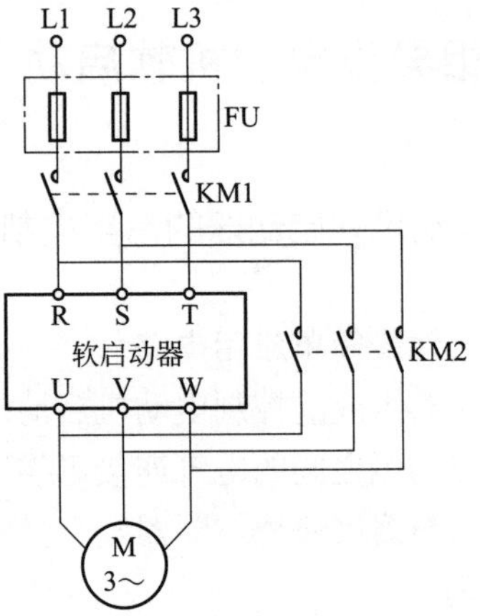

图 5-18　带旁路接触器的电路方案（3）

图 5-19 是一种常用的软启动器用户采用的电路方案，图 5-19 中主接触器 KM1 的作用与图 5-18 中主接触器 KM1 的作用相同，其中断路器 QF 既可以采用塑壳式断路器，也可以采用万能式断路器。

由于断路器的分断能力一般比同容量的熔断器低（尤其是小容量断路器的分断能力，更不如熔断器），保护特性并不理想。所以在远距离操作及对选择性保护要求较高的场合，通常采取断路器与熔断器串联使用，如图 5-20 所示。这样既可以自动操作，又有较高的分断能力，使保护更可靠。

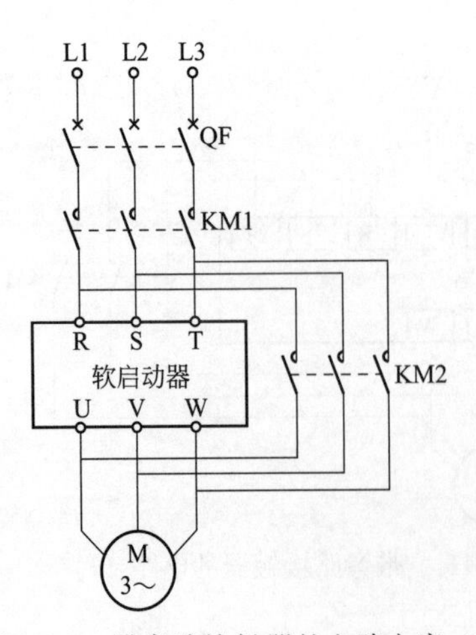

图 5-19　带旁路接触器的电路方案（4）

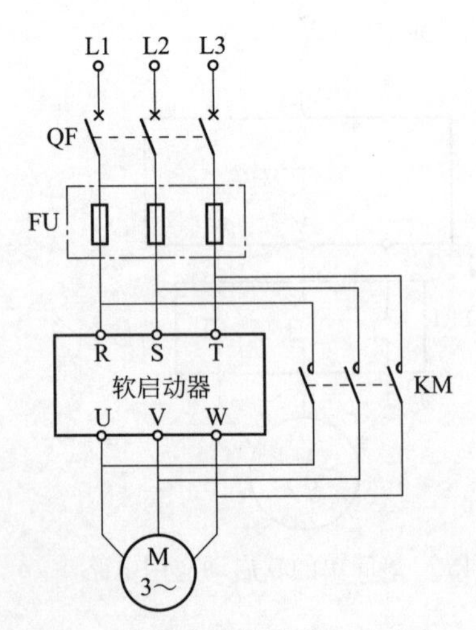

图 5-20　带旁路接触器的电路方案（5）

在对谐波有特殊要求的场合，一般可在软启动器进线侧主回路中串接交流电抗器或滤波器，如图 5-21 所示。同时交流电抗器还可以起到限制短路电流的作用。此外，还可以抑制 $\mathrm{d}i/\mathrm{d}t$。

（3）正反转控制电路

图 5-22 是一个带旁路接触器的正反转电路方案，其中 KM1 为主接触器，KM3 为旁路接触器，KM2 为反方向运转接触器。KM1、KM2 应当具备电气、机械双重互锁，利用两者的切换可以操纵正向与反向运行。软启动完成后的旁路运行由软启动内部的继电器逻辑输出信号控制。

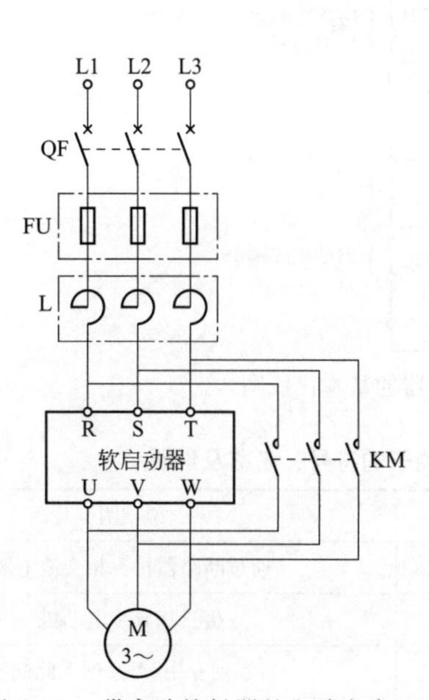

图 5-21　带旁路接触器的电路方案（6）

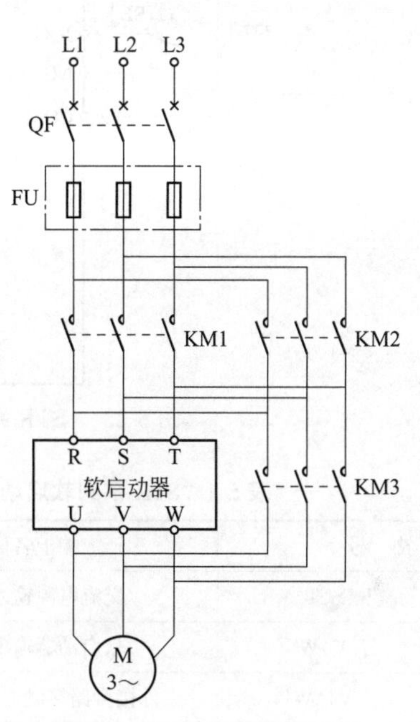

图 5-22　正反转控制电路

5.6.2　STR 系列电动机软启动器应用实例

（1）STR 系列电动机软启动器概述

STR 系列数字式电动机软启动器是采用电力电子技术、微处理器技术及现代控制理论设计生产的，具有先进水平的新型电动机启动设备。该产品能有效地限制异步电动机启动时的启动电流，可广泛应用于风机、水泵、输送类及压缩机等负载，是传统的星-三角（Y-△）转换、自耦变压器降压等减压启动设备的理想换代产品，也是具有先进水平的新型节能产品。

STR 系列软启动器经过多年推广应用及不断改进，无论在性能及可靠性上均显示出卓越的优越性。目前适合各种场合使用的电动机软启动器的功率范围为 7.5～600kW，品种有：①STRA 系列软启动装置；②STRB 系列软启动器；③STRC 汉字显示电动机软启动器；④STRG 系列通用型软启动控制柜；⑤STRF 风力发电专用电动机软启动器。

（2）STR 系列电动机软启动器的基本接线

STR 系列电动机软启动器的基本接线如图 5-23 所示，其接线图中的各外接端子的符号、名称及说明见表 5-1。

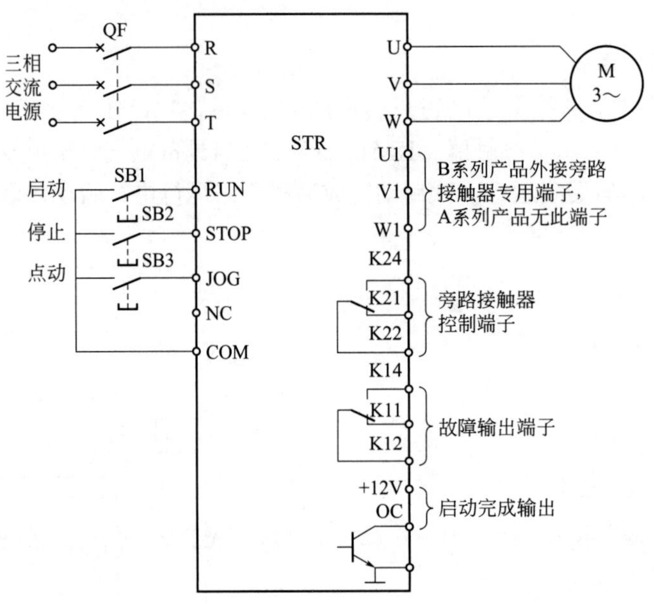

图 5-23　STR 系列软启动器的基本接线图

表 5-1　STR 系列软启动器各外接端子的符号、名称及说明

<table>
<tr><th colspan="3">符　号</th><th colspan="2">端子名称</th><th>说　明</th></tr>
<tr><td rowspan="3">主电路</td><td colspan="2">R、S、T</td><td colspan="2">交流电源输入端子</td><td>通过断路器接三相交流电源</td></tr>
<tr><td colspan="2">U、V、W</td><td colspan="2">软启动器输出端子</td><td>接三相异步电动机</td></tr>
<tr><td colspan="2">U1、V1、W1</td><td colspan="2">外接旁路接触器专用端子</td><td>B 系列专用，A 系列无此端子</td></tr>
<tr><td rowspan="14">控制电路</td><td rowspan="5">数字输入</td><td>RUN</td><td colspan="2">外控启动端子</td><td>RUN 和 COM 短接即可外接启动</td></tr>
<tr><td>STOP</td><td colspan="2">外控停止端子</td><td>STOP 和 COM 短接即可外接停止</td></tr>
<tr><td>JOG</td><td colspan="2">外控点动端子</td><td>JOG 和 COM 短接即可实现点动</td></tr>
<tr><td>NC</td><td colspan="2">空端子</td><td>扩展功能用</td></tr>
<tr><td>COM</td><td colspan="2">外部数字信号公共端子</td><td>内部电源参考点</td></tr>
<tr><td rowspan="3">数字输出</td><td>+12V</td><td colspan="2">内部电源端子</td><td>内部输出电源，12V，50mA，DC</td></tr>
<tr><td>OC</td><td colspan="2">启动完成端子</td><td>启动完成后 OC 门导通(DC30V/100mA)</td></tr>
<tr><td>COM</td><td colspan="2">外部数字信号公共端子</td><td>内部电源参考点</td></tr>
<tr><td rowspan="6">继电器输出</td><td>K14</td><td>常开</td><td rowspan="3">故障输出端子</td><td rowspan="3">故障时 K14-K12 闭合
K11-K12 断开
触点容量 AC：10A/250V
DC：10A/30V</td></tr>
<tr><td>K11</td><td>常闭</td></tr>
<tr><td>K12</td><td>公共</td></tr>
<tr><td>K24</td><td>常开</td><td rowspan="3">外接旁路接触器控制端子</td><td rowspan="3">启动完成后K24-K22 闭合
K21-K22 断开
触点容量 AC：10A/250V 或 5A/380V</td></tr>
<tr><td>K21</td><td>常闭</td></tr>
<tr><td>K22</td><td>公共</td></tr>
</table>

（3）一台 STR 系列软启动器控制两台电动机的控制电路

有时为了节省资金，可以用一台电动机软启动器对多台电动机进行软启动、软停车控制，但要注意的是使用软启动器在同一时刻只能对一台电动机进行软启动或软停车，多台电动机不能同时启动或停车。一台 STR 系列软启动器控制两台电动机的控制电路如图 5-24，图中右下侧为控制回路（也称二次电路）。

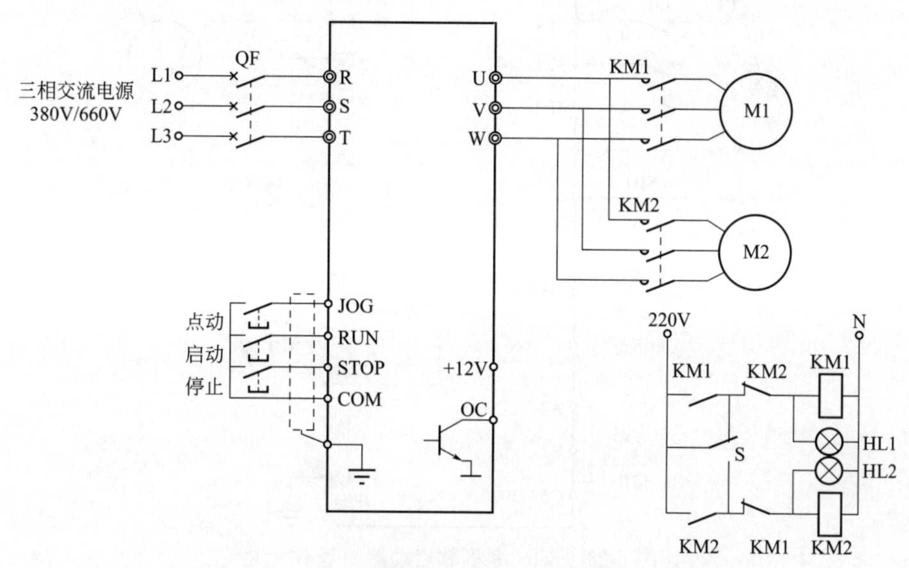

图 5-24　一台 STR 系列软启动器控制两台电动机

注：通过转换开关 S 可选择 M1 和 M2。

5.6.3 CR1 系列电动机软启动器应用实例

（1）CR1 系列电动机软启动器概述

CR1 系列电动机软启动器主要适用于作笼型三相异步电动机的启动、运行和停止的控制和保护。因为电动机直接启动时，启动电流可高达电动机额定电流的 4～7 倍，对电网冲击较大，而且会影响机械设备的寿命，甚至造成严重故障，带来重大的经济损失。CR1 系列电动机软启动器的使用就能避免这些问题的产生，其性能达到了国际上同类产品的先进水平。

CR1 系列电动机软启动器采用 8 位单片微型计算机控制技术，通过对电压和电流的检测，控制输出电压，降低启动电流。

CR1 系列电动机软启动器具有以下功能：

① 该装置具有软启动功能，能降低电动机的启动电流和启动转矩，减小启动时产生的力矩冲击；

② 该装置具有软停车功能，能逐渐降低电动机终端电压，避免设备由于突然停车所造成的损坏；

③ 该装置具有保护功能，能够对过载、三相不平衡、断相、启动峰值过流、限流启动超时、散热器过热等故障进行保护。

CR1 系列电动机软启动器的额定电流为 30～900A；额定工作电压为 400V（50Hz）；可

设定软启动时间、软停车时间、基值电压、脱扣级别、限流倍数。

（2）CR1 系列电动机软启动器的基本接线

CR1 系列电动机软启动器的基本接线如图 5-25 所示。CR1 系列电动机软启动器主电路端子功能和控制电路端子功能分别见表 5-2 和表 5-3。

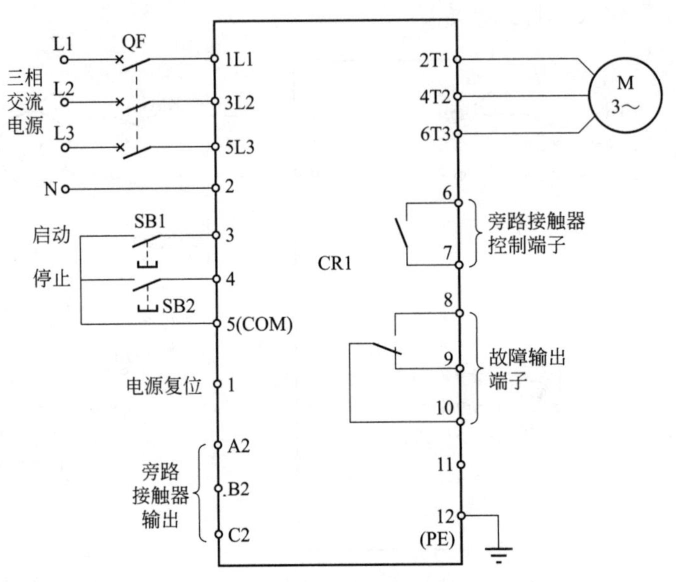

图 5-25　CR1 系列软启动器的基本接线

表 5-2　CR1 型软启动器主电路端子功能

编号	1L1	3L2	5L3	2T1	4T2	6T3	A2	B2	C2
说明	U 相输入	V 相输入	W 相输入	U 相输出	V 相输出	W 相输出	旁路接触器 U 相输出	旁路接触器 V 相输出	旁路接触器 W 相输出

表 5-3　CR1 型软启动器控制电路端子功能

编号	1	2	3	4	5	6	7	8	9	10	11	12
说明	电源复位	控制电源中性线	启动	停止	公共（COM）	旁路常开输出		故障常开输出	故障常闭输出	故障公共	空	保护接地（PE）

（3）CR1 系列软启动器不带旁路接触器的控制电路

图 5-26 所示为 CR1 系列软启动器不带旁路接触器的控制电路，由于不带旁路接触器，电动机在运行中，自始至终主电路通过软启动器内部的晶闸管。

合上断路器 QF，电源指示灯 HL1 点亮，接触器 KM 得电吸合。启动时，按下启动按钮 SB1，端子 3、5 接通，电动机按设定参数启动。停机时，按下软停车按钮 SB2，端子 4、5 接通，电动机按设定参数停机。

当出现意外情况，需要电动机紧急停机时，可按下急停按钮 SB3。当软启动器内部发生故障时，故障继电器动作，接触器 KM 线圈失电释放，切断软启动器输入端电源。同时，故障指示灯 HL2 点亮。当故障排除后，按一下电源复位按钮 SB4，即可恢复正常操作。

（4）CR1 系列软启动器带旁路接触器的控制电路

图 5-27 所示为 CR1 系列软启动器带旁路接触器的控制电路。

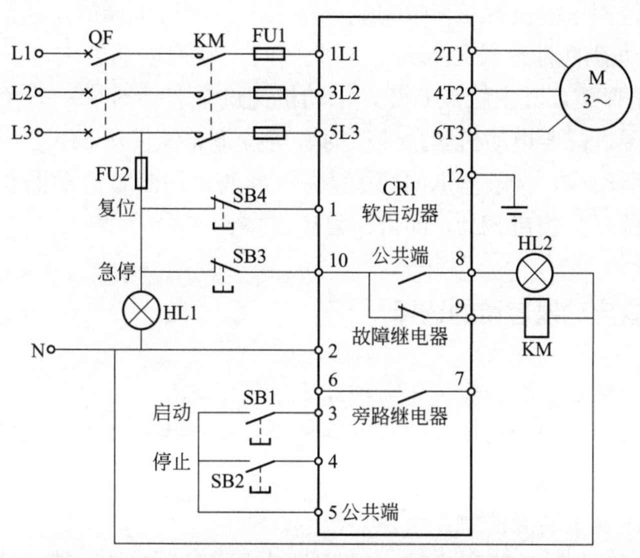

图 5-26　CR1 系列软启动器不带旁路接触器的控制电路

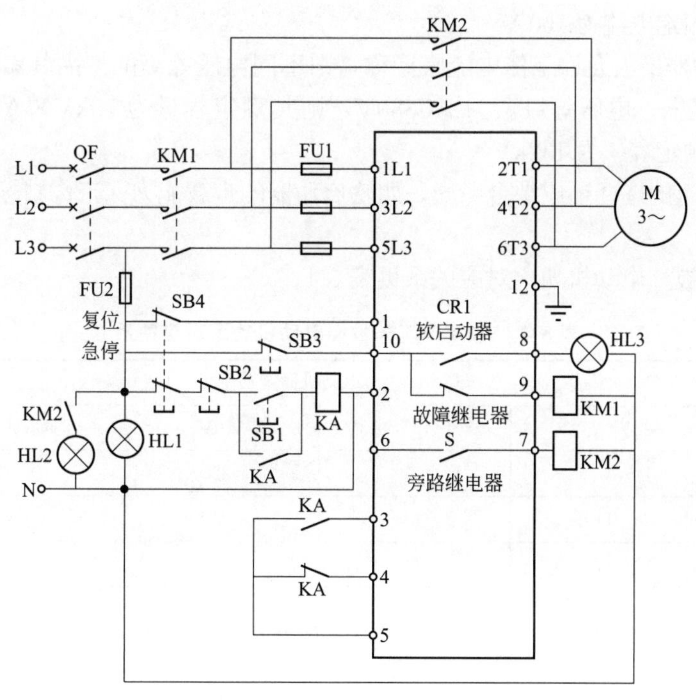

图 5-27　CR1 系列软启动器带旁路接触器的控制电路

合上断路器 QF，电源指示灯 HL1 点亮，进线接触器 KM1 得电吸合。启动时，按下启动按钮 SB1，中间继电器 KA 线圈得电吸合并自锁，其常闭触点断开、常开触点闭合，软启动器的端子 3、5 接通，电动机开始软启动。当电动机启动结束后，软启动器内部的旁路继电器触点 S 闭合。旁路接触器 KM2 自动吸合，将软启动器内部的主电路（晶闸管）短路，从而可以避免晶闸管等因长期工作而发热损坏。与此同时，旁路接触器 KM2 的主触点闭合，使电动机直接接通额定电压运行。并且旁路运行指示灯 HL2 点亮。

停机时，按下软停车按钮SB2，中间继电器KA线圈失电释放，其常开触点断开、常闭触点闭合，使软启动器的端子4、5接通。与此同时，软启动器的内部触点S断开，旁路接触器KM2线圈失电释放，其主触点断开，电动机通过软启动器软停车（电动机逐渐减速）。

当出现意外情况，需要电动机紧急停机时，可按下急停按钮SB3。当软启动器内部发生故障时，故障继电器动作，接触器KM1线圈失电释放，切断软启动器输入端电源。当故障排除后，按一下电源复位按钮SB4，即可恢复正常操作。

5.6.4 电动机软启动器容量的选择

软启动器容量的选择原则上应大于所拖动电动机的容量。

软启动器的额定容量通常有两种标称：一种按对应的电动机功率标称；另一种按软启动器的最大允许工作电流标称。

选择软启动器的容量时应注意以下两点。

① 以所带电动机的额定功率标称，则不同电压等级的产品其额定电流不同。例如：75kW软启动器，其电压等级若为AC380V，则其额定电流为160A；其电压等级若为AC660V，则其额定电流为100A。

② 以软启动器最大允许工作电流来标称，则不同电压等级的产品其额定容量不同。例如：160A软启动器，电压等级若为AC380V，则其额定容量为75kV・A；电压等级若为AC660V，则其额定容量为132kV・A。

软启动器容量的选择还应综合考虑，如软启动器的带载能力、工作制、环境条件、冷却条件等。

额定电流与被控电动机功率对应关系见表5-4。

表5-4 额定电流与被控电动机功率对应关系

额定电流 I_N/A	电动机额定功率 P_N/kW				
	220～230V	380～400/450V	500V	660V	1140V
30	7.5	15	22	—	—
50	11	22	30	—	—
60	17	30	45	55	—
100	22	45	55	75	132
125	30	55	75	90	160
160	37	75	110	132	250
200	55	110	132	185	315
250	75	132	185	220	400
400	100	185	220	315	—
500	110	220	280	380	—
630	160	315	400	500	—

注：本表所列电动机是四极三相异步电动机。

这里需要说明的是：作为一个通用原则，电动机全电压堵转转矩比负载启动转矩高得越多，越便于对启动过程的控制；但单纯提高软启动器的容量而不加大电动机容量是不能够提高电动机的启动转矩的。

必须加大软启动器容量的情况主要有以下几种。

① 在线全压运行的软启动器或使用了节能控制方式的软启动器经常处于重载状态下运行。

② 电动机用于连续变动负载或断续负载，且周期较短。电动机有可能短时间过载运行时。

③ 电动机用于重复短时工作制，且周期小于厂家规定的启动时间间隔，则在启动期间可能引起软启动器过载时。

④ 有些负载过于沉重，或者电网容量太小，启动时，电动机启动时间太长，使软启动器过载跳闸。

⑤ 对加速时间有特殊要求的负载，电动机加速时间的长短是一个与惯性大小有关的相对概念。某些负载要求较短的加速时间，电动机的加速电流将比较大。

⑥ 过渡过程有较大冲击电流的负载，可能导致过电流保护动作时。

5.7 直流电动机串电阻启动控制电路

5.7.1 用启动变阻器手动控制直流电动机的控制电路

（1）电路的组成

对于小容量直流电动机，有时用人工手动办法启动。虽然启动变阻器的形式很多，但其原理基本相同。图5-28所示为三点启动器及其接线图。启动变阻器中有许多电阻 R，分别接于静触点1、2、3、4、5。启动器的动触点随可转动的手柄6移动，手柄上附有衔铁及其复位弹簧7，弧形铜条8的一端经电磁铁9与励磁绕组接通，同时环形铜条8还经电阻R与电枢绕组接通。

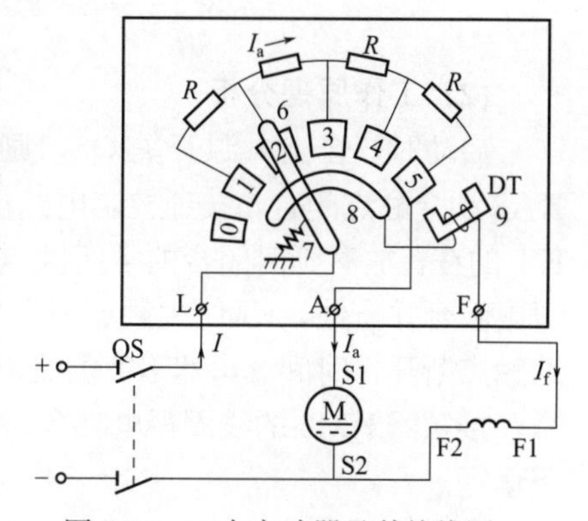

图5-28 三点启动器及其接线图

（2）工作原理分析

启动时，先合上电源开关QS，然后转动启动变阻器手柄，把手柄从0位移到触点1上时，接通励磁电路，同时将变阻器全部电阻串入电枢电路，电动机开始启动运转，随着转速的升高，把手柄依次移到静触点2、3、4等位置，将启动电阻逐级切除。当手柄移至触点5时，电磁铁吸住手柄衔铁，此时启动电阻全部被切除，电动机启动完毕，进入正常运行。

当电动机停止工作切除电源或励磁回路断开时，电磁铁由于线圈断电，吸力消失，在复位弹簧的作用下，手柄自动返回“0”位，以备下次启动，并可起失磁保护作用。

5.7.2 并励直流电动机电枢回路串电阻启动控制电路

（1）电路的组成

并励直流电动机的电枢电阻比较小，所以常在电枢回路中串入附加电阻来启动，以限制启动电流。

图 5-29 所示为并励直流电动机电枢回路串电阻启动控制电路。图中，KA1 为过电流继电器，作直流电动机的短路和过载保护；KA2 为欠电流继电器，作励磁绕组的失磁保护。图中 KT 为时间继电器，其触点是当时间继电器释放时延时闭合的常闭触点，该触点的特点是当时间继电器吸合时，其触点立即断开；当时间继电器 KT 失电释放时，其触点延时闭合。

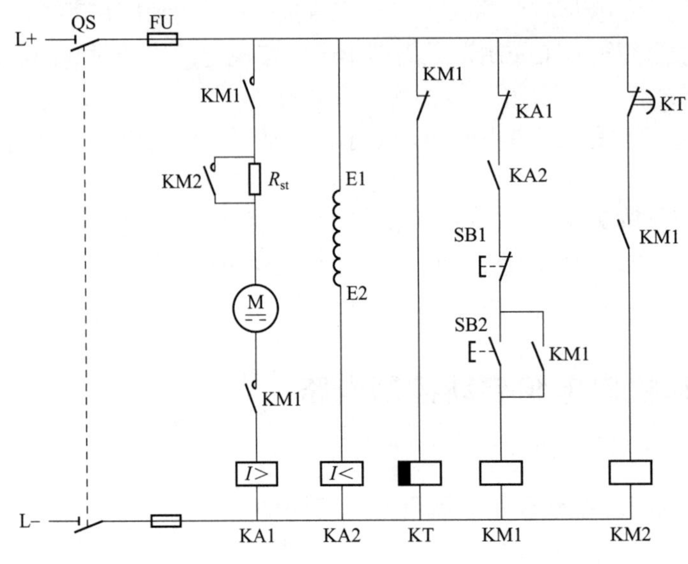

图 5-29　并励直流电动机电枢回路串电阻启动控制电路

(2) 工作原理分析

启动时，合上电源开关 QS，励磁绕组得电励磁，欠电流继电器 KA2 线圈得电吸合，KA2 动合触点闭合，接通控制电路电源；同时时间继电器 KT 线圈得电吸合，时间继电器 KT 的在释放时延时闭合的常闭触点瞬时断开。然后按下启动按钮 SB2，接触器 KM1 线圈得电吸合并自锁，KM1 主触点闭合，电动机串电阻器 R_{st} 启动；与此同时，KM1 的常闭辅助触点断开，时间继电器 KT 的线圈断电释放，KT 的在释放时延时闭合的常闭触点延时闭合，接触器 KM2 的线圈得电吸合，KM2 的主触点闭合，将电阻器 R_{st} 短接，电动机在全压下运行。

5.7.3　直流电动机电枢回路串电阻分级启动控制电路

(1) 他励直流电动机电枢回路串电阻分级启动控制电路

① 电路的组成　图 5-30 是一种用时间继电器控制的他励直流电动机电枢回路串电阻分级启动控制电路，它有两级启动电阻。图中 KT1 和 KT2 为时间继电器，其触点是当时间继电器释放时延时闭合的常闭触点，该触点的特点是当时间继电器得电吸合时，其触点立即断开；当时间继电器失电释放时，其触点延时闭合。该电路中，触点 KT1 的延时时间小于触点 KT2 的延时时间。

② 工作原理分析　启动时，首先合上开关 QS1 和 QS2，励磁绕组首先得到励磁电流，与此同时，时间继电器 KT1 和 KT2 因线圈得电而同时吸合，它们在释放时延时闭合的常闭触点 KT1 和 KT2 立即断开，使接触器 KM2 和 KM3 线圈断电，于是，并联在启动电阻 R_{st1} 和 R_{st2} 上的接触器常开触点 KM2 合 KM3 处于断开状态，从而保证了电动机在启动时全部

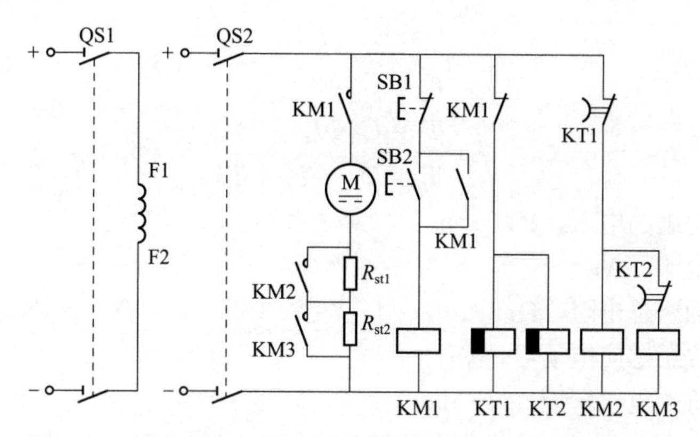

图 5-30　他励直流电动机电枢回路串电阻分级启动控制电路

电阻串入电枢回路中。

然后按下启动按钮 SB2，接触器 KM1 因线圈得电而吸合并自锁，电动机在串入全部启动电阻的情况下启动。与此同时，KM1 的常闭触点断开，使时间继电器 KT1 和 KT2 因线圈失电而释放。经过一段延时时间后，时间继电器 KT1 延时闭合的常闭触点闭合，接触器 KM2 因线圈得电而吸合，其常开触点闭合，将启动电阻 R_{st1} 短接，电动机继续加速。再经过一段延时时间后，时间继电器 KT2 延时闭合的常闭触点闭合，接触器 KM3 因线圈得电而吸合，其常开触点闭合，将启动电阻 R_{st2} 短接，电动机启动完毕，投入正常运行。

（2）并励直流电动机电枢回路串电阻启动控制电路

图 5-31 是一种用时间继电器控制的并励直流电动机电枢回路串电阻分级启动控制电路，除主电路部分与他励直流电动机电枢回路串电阻分级启动控制电路有所不同外，其余完全相同。因此，两种控制电路的动作原理也基本相同，故不赘述。

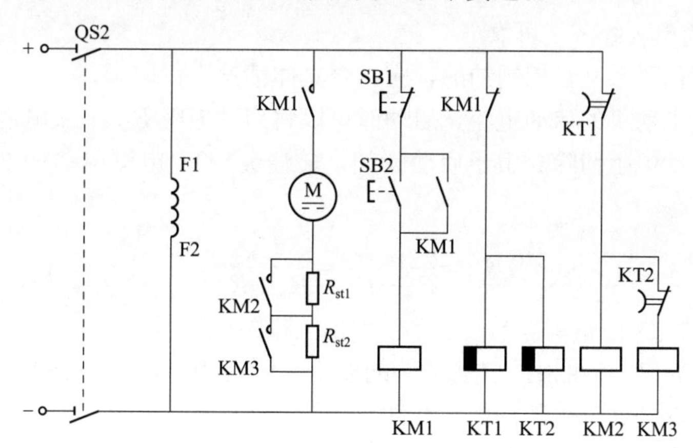

图 5-31　并励直流电动机电枢回路串电阻分级启动控制电路

5.7.4　直流电动机电枢回路串电阻启动的简易计算

直流电动机的运行情况可以用基本方程来研究。在稳态情况下，研究直流电动机可用下列方程组：

$$U=E_a+I_aR_a$$
$$E_a=C_e\Phi n$$
$$T_e=C_T\Phi I_a$$
$$T_e=T_L=T_2+T_0$$

式中 U——电枢绕组的电压，V；

I_a——电枢电流，A；

R_a——电枢回路总电阻，Ω；

E_a——电枢绕组感应电动势，V；

T_e——电动机的电磁转矩，N·m；

C_e，C_T——分别为电动机的电动势常数和转矩常数，$C_T=9.55C_e$；

Φ——电动机的每极磁通量，Wb；

n——电动机的转速，r/min；

T_L——负载转矩（N·m），它等于电动机的输出转矩 T_2 与空载转矩 T_0 之和。

在启动瞬间，电动机的转速 $n=0$，电枢电动势 $E_a=0$，因此电枢电流 $I_a=\frac{U-E_a}{R_a}=\frac{U}{R_a}$ 将达到很大的数值(因为 R_a 数值很小)，以致电网电压突然降低，影响电网上其他用户的正常用电，并且还使电动机绕组发热和受到很大电磁力的冲击。因此要求启动时，电流不超过允许范围。但从电磁转矩 $T_e=C_T\Phi I_a$ 来看，则要求启动时电流大些，才能获得较大的启动转矩。由此可见，上述两方面的要求是互相矛盾的。因此应对直流电动机的启动提出下列基本要求。

① 有足够大的启动转矩。

② 启动电流限制在允许范围内。

③ 启动时间短，符合生产技术要求。

④ 启动设备简单、经济、可靠。

这些要求是互相联系又互相制约的，应结合具体情况进行取舍。

为了限制直流电动机的启动电流，启动时可以将启动电阻 R_{st} 串入电枢回路，待转速上升后，再逐步将启动电阻切除。由于启动瞬间，转速 $n\approx0$，电枢电动势 $E_a\approx0$，串入电阻后启动电流 I_{st} 为

$$I_{st}=\frac{U_N-E_a}{R_a+R_{st}}=\frac{U_N}{R_a+R_{st}}$$

可见，只要 R_{st} 的值选择得当，就能将启动电流限制在允许范围之内。

若已知负载转矩 T_L，可根据启动条件的要求，确定串入电枢回路的启动电阻 R_{st} 的大小，以保证启动电流在允许的范围内，并使启动转矩足够大。

电枢回路串电阻启动所需设备不多，广泛地用于各种直流电动机中，但把此方法用于启动频繁的大容量直流电动机时，则启动变阻器将十分笨重，并且在启动过程中启动电阻将消耗大量电能，很不经济。因此，对于大中型直流电动机则宜采用降低电枢电压启动。

【例 5-4】 某他励直流电动机额定功率 $P_N=30\text{kW}$，额定电压 $U_N=440\text{V}$，额定电流 $I_N=77.8\text{A}$，额定转速 $n_N=1500\text{r/min}$，电枢回路总电阻 $R_a=0.376\Omega$，电动机拖动额定负载运行，负载为恒转矩负载。

① 若采用电枢回路串电阻启动，启动电流 $I_{st}=2I_N$ 时，计算应串入的启动电阻 R_{st} 及启动转矩 T_{st}。

② 若采用降低电枢电压启动，条件同上，求电枢电压应降至多少并计算启动转矩。

解：因为他励直流电动机的电枢电流 I_a 等于电动机的电流 I，所以他励直流电动机的额定电枢电流 I_{aN} 等于电动机的额定电流 I_N。

① 电枢回路串电阻启动时，应串入的启动电阻 R_{st}

$$R_{st}=\frac{U_N}{I_{st}}-R_a=\frac{U_N}{2I_N}-R_a=\frac{440}{2\times 77.8}-0.376=2.452(\Omega)$$

额定电枢电动势 E_{aN} 为

$$E_{aN}=U_N-I_{aN}R_a=440-77.8\times 0.376=410.75\ (\text{V})$$

$$C_e\Phi_N=\frac{E_{aN}}{n_N}=\frac{410.75}{1500}=0.274$$

$$C_T\Phi_N=9.55C_e\Phi_N=9.55\times 0.274=2.615$$

额定电磁转矩 T_{eN} 为

$$T_{eN}=C_T\Phi_N I_{aN}=2.615\times 77.8=203.45\ (\text{N}\cdot\text{m})$$

启动转矩 T_{st} 为

$$T_{st}=C_T\Phi_N I_{st}=C_T\Phi_N\ (2I_N)\ =2.615\times 2\times 77.8=406.91(\text{N}\cdot\text{m})$$

② 降压启动时，启动电压 U_{st}

$$U_{st}=I_{st}R_a=2I_NR_a=2\times 77.8\times 0.376=58.5\ (\text{V})$$

启动转矩 T_{st}

$$T_{st}=C_T\Phi_N I_{st}=C_T\Phi_N\ (2I_N)\ =2.615\times 2\times 77.8=406.91(\text{N}\cdot\text{m})$$

5.7.5 串励直流电动机串电阻启动控制电路

(1) 电路的组成

图 5-32 是一种用时间继电器控制的串励直流电动机串电阻启动控制电路，它也是有两级启动电阻。图中时间继电器 KT1 和 KT2 的触点的动作原理与图 5-30 中的触点 KT1 和 KT2 相同。

(2) 工作原理分析

启动时，先合上电源开关 QS，时间继电器 KT1 因线圈得电而吸合，其释放时延时闭合的常闭触点 KT1 立即断开。然后按下启动按钮 SB2，接触器 KM1 因线圈得电而吸合并自锁，KM1 的主触点闭合，接通主电路，电动机串电阻 R_{st1} 和 R_{st2} 启动，因刚启动时，电阻 R_{st1} 两端电压较高，时间继电器 KT2 吸合，其释放时延时闭合的常闭触点 KT2 立即断开；与此同时，KM1 的常闭辅助触点断开，使时间继电器 KT1 因线圈失电而释放。经过一段延时时间后，KT1 延时闭合的常闭触点闭合，接触器 KM2 因线圈得电而吸合，其常开触点闭合，将启动电阻 R_{st1} 短接，同时使时间继电器 KT2 因线圈电压为零而释放。再经过一段延时时间后，KT2 延时闭合的常闭触点闭合，接触器 KM3 因线圈得电而吸合，其常开触点闭合，将启动电阻 R_{st2} 短接，电动机启动完毕，投入正常运行。

必须注意，串励直流电动机不能在空载或轻载的情况下启动、运行。

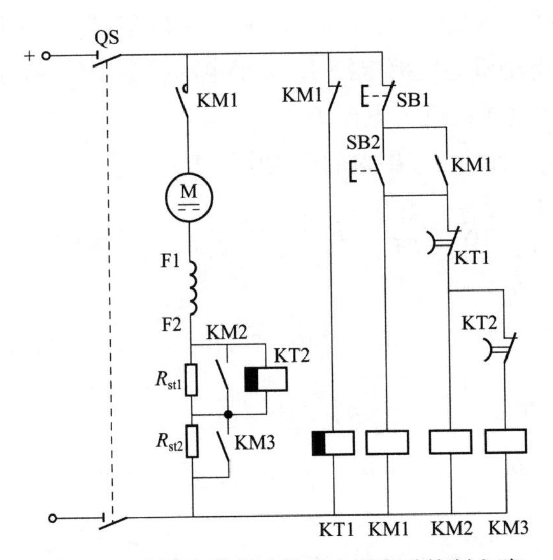

图 5-32 串励直流电动机串电阻启动控制电路

5.8 直流电动机串电阻启动可逆运行控制电路

5.8.1 并励直流电动机串电阻启动可逆运行控制电路

(1) 电路的组成

并励直流电动机的正反转（可逆）控制常用的方法是电枢反接法，这种方法是保持磁场方向不变而改变电枢电流的方向，使电动机反转。此法常用于并励直流电动机。并励直流电动机串电阻启动可逆运行的控制电路如图 5-33 所示。图中 KT 为时间继电器，其触点是当时间继电器释放时延时闭合的常闭触点，该触点的特点是当时间继电器吸合时，触点立即断开；当时间继电器释放时，触点延时闭合。

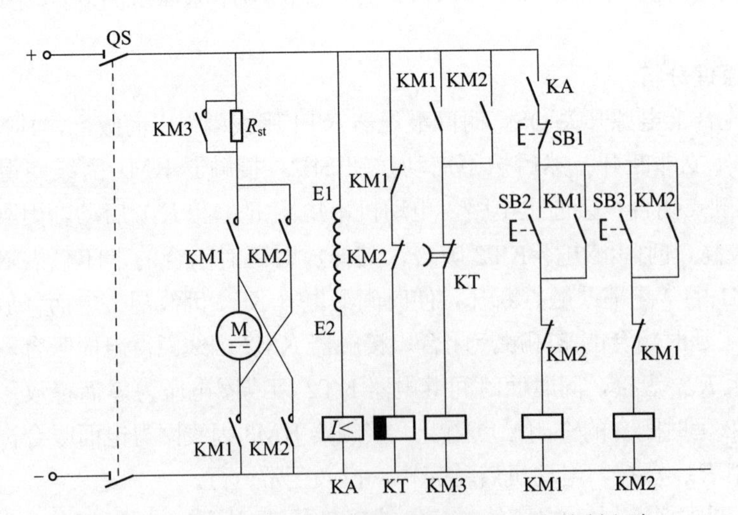

图 5-33 并励直流电动机串电阻启动可逆运行控制电路

（2）工作原理分析

启动直流电动机前，首先合上电源开关 QS，直流电动机的励磁绕组得电励磁，欠电流继电器 KA 线圈得电，KA 常开触点闭合，接通控制电路电源；与此同时，时间继电器 KT 因线圈得电而吸合，其释放时延时闭合的常闭触点 KT 立即断开，使接触器 KM3 线圈断电，于是，并联在启动电阻 R_{st} 上的接触器 KM3 的常开触点 KM3 处于断开状态，从而保证了电动机在启动时，启动电阻串入电枢回路中。

① 正转启动　启动时按下正转启动按钮 SB2，接触器 KM1 线圈得电吸合，KM1 的常开触点闭合，接通主电路，电动机串电阻 R_{st} 启动，电动机正向启动运行。与此同时，接触器 KM1 的常开辅助触点闭合，为接通接触器 KM3 做准备，而接触器 KM1 的常闭辅助触点断开，使时间继电器 KT 的线圈失电。时间继电器 KT 的线圈失电后，再经过一段延时时间后，时间继电器 KT 的释放时延时闭合的常闭触点闭合，使接触器 KM3 的线圈得电吸合，KM3 的常开触点闭合，将电动机电枢回路中串入的启动电阻 R_{st} 短路（即切除启动电阻 R_{st}），电动机启动完毕，投入正常运行。

② 反转启动　若要反转，则需先按下停止按钮 SB1，使接触器 KM1 失电释放，KM1 的联锁触点闭合。这时再按下反转启动按钮 SB3，接触器 KM2 线圈得电吸合，KM2 的常开触点闭合，使电枢电流反向，电动机反转启动运行。

5.8.2　串励直流电动机串电阻启动可逆运行控制电路

串励直流电动机的正反转（可逆）控制方法中有磁场反接法，这种方法是保持电枢电流方向不变而改变磁场方向（即励磁电流的方向），使电动机反转。因为串励直流电动机电枢绕组两端的电压很高，而励磁绕组两端的电压很低，反接较容易。电力机车的反转均用此法。串励直流电动机串电阻启动可逆运行控制电路如图 5-34 所示。

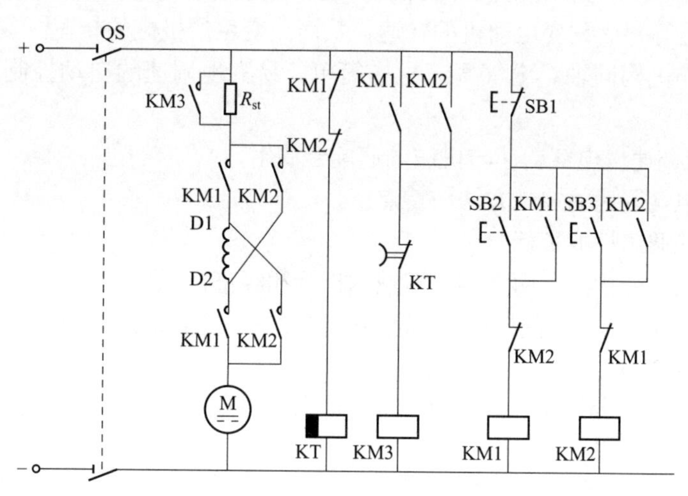

图 5-34　串励直流电动机串电阻启动可逆运行控制电路

由于串励直流电动机串电阻启动可逆运行控制电路图中的控制电路部分与并励直流电动机串电阻启动可逆运行控制电路图中的控制电路部分基本相同，所以其工作原理可参照并励直流电动机串电阻启动可逆运行控制电路进行分析。

第6章 常用电动机调速控制电路

6.1 电动机调速控制电路概述

6.1.1 电动机采取调速控制的目的

(1) 电动机调速控制的目的

电动机总是与生产机械相联系，形成电力拖动系统。不同的生产机械要求不同的速度，即使同一个生产机械在不同的运行工况下，也需要不同的速度，因而需要对拖动系统的运行速度加以调节，以满足生产的需求。这种人为地改变系统转速的做法称为调速。电力拖动系统有三种调速方法：

① 机械调速　保持电动机转速不变，通过改变传动机构的速比实现调速。其特点是传动机构比较复杂，且为有级调速。

② 电气调速（又称电磁调速）　在负载一定时，通过改变电动机的电气参数（如电压、频率、电阻、磁通等）而改变电动机的转速，从而改变生产机械的转速。其特点是电动机可与生产机械的工作机构同轴。电气调速机构简单，易实现调速的自动控制，且可达到无级调速。

③ 电气-机械调速　电气调速与机械调速配合使用。

本章只讨论电气调速的控制方法与特点。

(2) 电动机的调速性能指标

电动机调速的性能指标有两大类，即技术指标和经济指标。

① 技术指标　是衡量技术优劣的，有四个方面的指标：调速范围、静差率、调速的平滑性和调速时的容许输出。

a. 调速范围　在额定负载下，电动机可能达到的最高转速 n_{max} 与最低转速 n_{min} 之比称为调速范围，用 D 表示。即

$$D=\frac{n_{max}}{n_{min}}$$

b. 静差率　电动机在某一条机械特性上运行时，其额定负载下的转速降 Δn_N 与其理想空载转速 n_0 的百分比，称为该机械特性的静差率，用 δ 表示，即

$$\delta=\frac{n_0-n_N}{n_0}\times 100\%$$

式中的n_N为电动机任一机械特性上额定负载下的转速，与通常意义上的额定转速不一样。

c. 调速的平滑性 在一定的调速范围内，调速的级数越多，每一级转速的调节量越小，则调速的平滑性越好。调速的平滑性用平滑系数φ表示，其定义是相邻两级转速之比，即

$$\varphi=\frac{n_i}{n_{i-1}}$$

式中，n_i为高速，n_{i-1}为低速。φ越接近于1，调速的平滑性越好，$\varphi=1$称为无级调速或平滑调速，这时转速连续可调。

d. 调速时的容许输出 容许输出是指电动机在得到充分利用的情况下，所能输出的最大转矩和功率。电动机的容许输出与实际输出是不同概念，容许输出是电动机长期运行时输出的极限，而实际输出是由负载的需要决定的。

② 经济指标 调速的经济指标用调速系统的设备投资和运行费用衡量。设备投资包括调速装置自身和辅助设备的投资等。运行费用包括运行过程中的损耗大小及设备维护费用等。

总之，在满足技术指标的前提下，应力求设备投资少，电能损耗小，而且维护方便。

6.1.2 电动机常用的调速方法及应用场合

(1) 电动机常用的调速方法

① 三相异步电动机的调速方法 常用的调速方法有以下几种。

a. 改变电动机定子绕组的极对数p，以改变定子旋转磁场的转速（又称电动机的同步转速）n_S，即所谓变极调速。

b. 改变电动机所接电源的频率f_1，以改变定子旋转磁场的转速n_S，即所谓变频调速。

c. 改变电动机的转差率s，即所谓变转差率调速。改变电动机的转差率s调速的方法有以下几种。

• 改变施加于电动机定子绕组的端电压U_1，即降电压调速，为此需用调压器调压。

• 改变电动机定子绕组电阻R_1，即定子绕组串电阻调速，为此需在定子绕组串联外加电阻。

• 改变电动机定子绕组漏电抗$X_{1\sigma}$，即定子绕组串电抗器调速，为此需在定子绕组串联外加电抗器。

• 改变电动机转子绕组电阻R_2，即转子回路串电阻调速，为此需采用绕线转子异步电动机，在转子回路串入外加电阻。

• 改变电动机转子绕组漏电抗$X_{2\sigma}$，即转子回路串电抗器调速，为此需采用绕线转子三相异步电动机，在转子回路串入电抗器或电容器。

此外，还有串级调速、电磁滑差离合器调速等。

② 直流电动机的调速方法 常用的调速方法有：电枢回路串电阻调速、改变电枢电压调速和减弱磁通调速等。

(2) 三相异步电动机常用的调速方法的应用场合

① 改变磁极对数调速，属于有级调速，调速平滑度差，一般用于金属切削机床。

② 利用变频器改变电源频率调速，调速范围大，稳定性、平滑性较好，力学特性较硬

(就是指加上额定负载，转速下降得少)。属于无级调速。适用于大部分笼型三相异步电动机。

③ 改变转差率调速。

a. 转子回路串电阻　用于绕线转子三相异步电动机。调速范围小，电阻要消耗功率，电动机效率低。一般用于起重机。

b. 改变电源电压调速　调速范围小，随着电压的降低，电动机的转矩大幅度下降，三相电动机一般不用。用于单相电动机调速，如电风扇等。

c. 串级调速　实质就是转子引入附加电动势，改变它大小来调速。也只用于绕线转子三相异步电动机，但效率可得到提高。

d. 电磁调速　只用于滑差电动机（又称电磁调速三相异步电动机）。通过改变励磁线圈的电流，无级、平滑调速，机构简单，但控制功率较小，不宜长期低速运行。

6.2 单绕组双速变极调速异步电动机的控制电路

变换三相异步电动机绕组极数，从而改变电动机的同步转速进行调速的方式称为变极调速。其转速只能按阶跃方式变化，不能连续变化。变极调速的基本原理是：如果电网频率不变，电动机的同步转速与它的极对数成反比。因此，变更电动机绕组的接线方式，使其在不同的极对数下运行，其同步转速便会随之改变。异步电动机的极对数是由定子绕组的连接方式来决定，这样就可以通过改换定子绕组的连接来改变异步电动机的极对数。变更极对数的调速方法一般仅适用于笼型三相异步电动机。单绕组双速电动机、三速电动机是变极调速中常用的两种形式。

6.2.1 变极调速的控制方法

由于单绕组变极双速异步电动机是变极调速中最常用的一种形式，所以下面仅以单绕组变极双速异步电动机为例进行分析。

图 6-1 是一台 4/2 极的双速异步电动机定子绕组接线示意图。要使电动机在低速时工作，只需将电动机定子绕组的 1、2、3 三个出线端接三相交流电源，而将 4、5、6 三个出线端悬空，此时电动机定子绕组为三角形（△）连接，如图 6-1（a）所示，磁极为 4 极，同步转速为 1500r/min。

要使电动机高速工作，只需将电动机定子绕组的 4、5、6 三个出线端接三相交流电源，而将 1、2、3 三个出线端连接在一起，此时电动机定子绕组为两路星形（又称双星形，用 YY 或 2Y 表示）连接，如图 6-1（b）所示，磁极为 2 极，同步转速为 3000r/min。

必须注意，从一种接法改为另一种接法时，为使变极后电动机的转向不改变，应在变极时把接至电动机的 3 根电源线对调其中任意 2 根，如图 6-1 所示，一般的倍极比（如 4/2 极、8/4 极）单绕组变极都是这样。

单绕组双速异步电动机的控制电路，一般有以下两种：

① 采用接触器控制的单绕组双速异步电动机控制电路；

② 采用时间继电器控制的单绕组双速异步电动机控制电路。

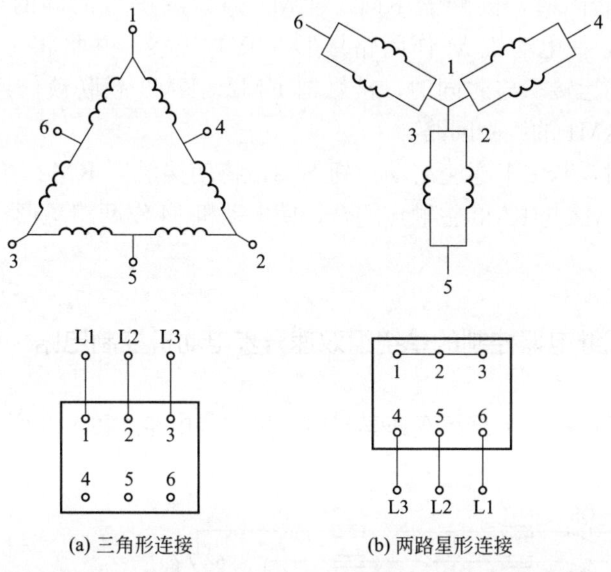

图 6-1 4/2 极双速电动机定子绕组接线示意图

6.2.2 采用接触器控制的单绕组双速异步电动机控制电路

采用接触器控制的单绕组双速异步电动机控制电路如图 6-2 所示。该电路工作原理如下：

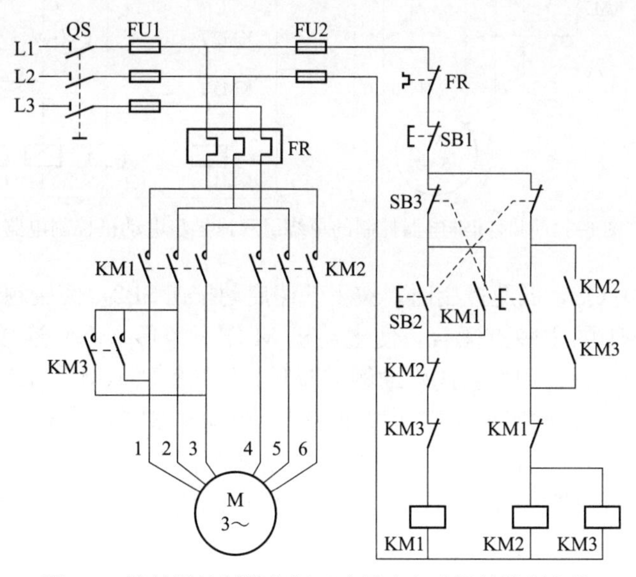

图 6-2 接触器控制单绕组双速异步电动机的控制电路

先合上电源开关 QS，低速控制时，按下低速启动按钮 SB2，使接触器 KM1 因线圈得电而吸合并自锁，KM1 的主触点闭合，使电动机 M 作三角形（△）连接，以低速运转。与此同时 KM1 起联锁作用的常闭辅助触点断开，切断了接触器 KM2 和 KM3 的线圈回路。如需换为高速时，按下高速启动按钮 SB3，于是接触器 KM1 因线圈失电而释放，其主触点和辅助触点均复位；与此同时，接触器 KM2、KM3 因线圈得电而同时吸合并自锁，KM2、KM3 的主触点闭合，使电动机 M 作两路星形（2Y）连接，并且将电源相序改接，因此，电动机以高速同方向运转。与此同时，接触器 KM2、KM3 起联锁作用的常闭辅助触点断开，切断了接触器 KM1 的线圈回路。

当电动机静止时，若按下高速启动按钮 SB3，将使接触器 KM2 与 KM3 因线圈得电而同时吸合并自锁，KM2 与 KM3 主触点闭合，使电动机 M 作两路星形（2Y）连接，电动机将直接高速启动。

6.2.3 采用时间继电器控制的单绕组双速异步电动机控制电路

采用时间继电器控制的单绕组双速异步电动机控制电路如图 6-3 所示。该电路的工作原理如下：

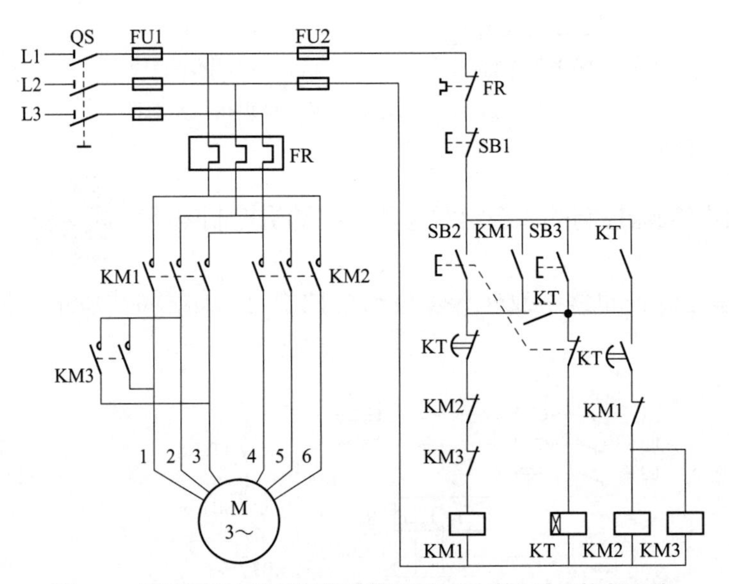

图 6-3 用时间继电器控制的单绕组双速异步电动机控制电路

先合上电源开关 QS，低速控制时，按下低速启动按钮 SB2，使接触器 KM1 因线圈得电而吸合并自锁，KM1 的主触点闭合，使电动机 M 作三角形（△）连接，以低速运转。同时，接触器 KM1 起联锁作用的常闭辅助触点断开，使接触器 KM2、KM3 处于断电状态。

当电动机静止时，若按下高速启动按钮 SB3，电动机 M 将先作三角形（△）连接，以低速起动，经过一段延时时间后，电动机 M 自动转为两路星形（2Y）连接，再以高速运行。其动作过程如下：按下按钮 SB3，时间继电器 KT 因线圈得电而吸合，并由其瞬时闭合的常开触点自锁；与此同时 KT 的另一副瞬时闭合的常开触点闭合，使接触器 KM1 因线圈得电而吸合并自锁，KM1 的主触点闭合，使电动机 M 作三角形（△）连接，以低速启动；经过一段延时时间后，时间继电器 KT 延时断开的常闭触点断开，使接触器 KM1 因线圈失电而释放；而与此同时，时间继电器 KT 延时闭合的常开触点闭合，使接触器 KM2、KM3 因线圈得电而同时吸合，KM2、KM3 主触点闭合，使电动机 M 作两路星形（2 Y）连接，并且将电源相序改接，因此，电动机以高速同方向运行；而且，KM2、KM3 起联锁作用的常闭辅助触点也同时断开，使接触器 KM1 处于断电状态。

6.3 绕线转子三相异步电动机转子回路串电阻调速控制电路

转子串电阻调速是在绕线转子三相异步电动机转子外电路上接入可变电阻，通过对可变电阻的调节，改变电动机机械特性斜率来实现调速的一种方式。电动机转速可以按阶跃方式变化，即有级调速。随着转子回路串联电阻的增大，电动机的转速降低，所以串联在转子回路中的电阻也称为调速电阻。

这种调速方法只能从空载转速向下调速，调速范围不大，负载转矩 T_L 小时，调速范围更小。当转差率较大，即电动机的转速较低时，转子回路（包括外接调速电阻 R_Ω）中的功率损耗较大，因此效率较低，由于转子要分级串电阻，体积大、笨重，且为有级调速。这种调速方法的另一缺点是，转子串入调速电阻后，电动机的机械特性变软，负载转矩稍有变化即会引起很大的转速波动。

这种调速方法的主要优点是设备简单，初投资少，其调速电阻还可兼作启动电阻和制动电阻使用。因此多用于对调速性能要求不高且断续工作的生产机械，如桥式起重机等。

6.3.1 转子回路串电阻调速控制电路的工作原理

绕线转子三相异步电动机转子回路串电阻调速的控制电路如图 6-4 所示。它也可以用作转子回路串电阻启动，所不同的是，一般启动用的电阻都是短时工作的，而调速用的电阻应为长期工作的。

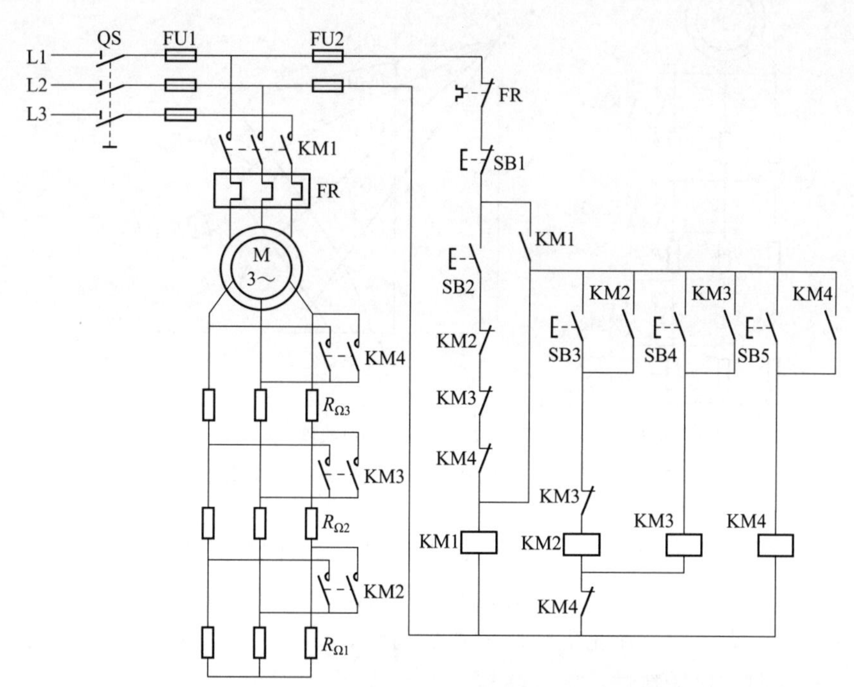

图 6-4　绕线式异步电动机转子回路串电阻调速控制电路

按下按钮 SB2，使接触器 KM1 因线圈得电而吸合并自锁，KM1 主触点闭合，使电动机 M 转子绕组串接全部电阻低速运行。当分别按下按钮 SB3、SB4、SB5 时，将分别使接触器

KM2、KM3、KM4 因线圈得电而吸合并自锁，其主触点闭合，并分别将转子绕组外接电阻 $R_{\Omega1}$、$R_{\Omega2}$、$R_{\Omega3}$ 短接（切除），电动机将以不同的转速运行。当外接电阻全部被短接后，电动机的转速最高。而此时接触器 KM2、KM3 均因线圈失电而释放，仅有 KM1、KM4 因线圈得电吸合。

按下按钮 SB1，接触器 KM1 等线圈失电释放，电动机断电停止。

绕线转子三相异步电动机转子回路串电阻调速的最大缺点是，如果把转速调得越低，就需要在转子回路串入越大的电阻，随之转子铜耗就越大，电动机的效率也就越低，故很不经济。但由于这种调速方法简单、便于操作，所以目前在起重机、吊车一类的短时工作的生产机械上仍被采用。

6.3.2 转子回路串电阻调速时调速电阻的简易计算

绕线转子三相异步电动机转子回路串电阻调速属于改变转差率 s 的调速方式。由绕线转子三相异步电动机转子回路串电阻多级启动可知，它也能实现调速，所不同的是：一般启动用的变阻器都是短时工作的。而调速用的变阻器应为长期工作的。绕线转子三相异步电动机转子回路串电阻调速原理图如图 6-5（a）所示。

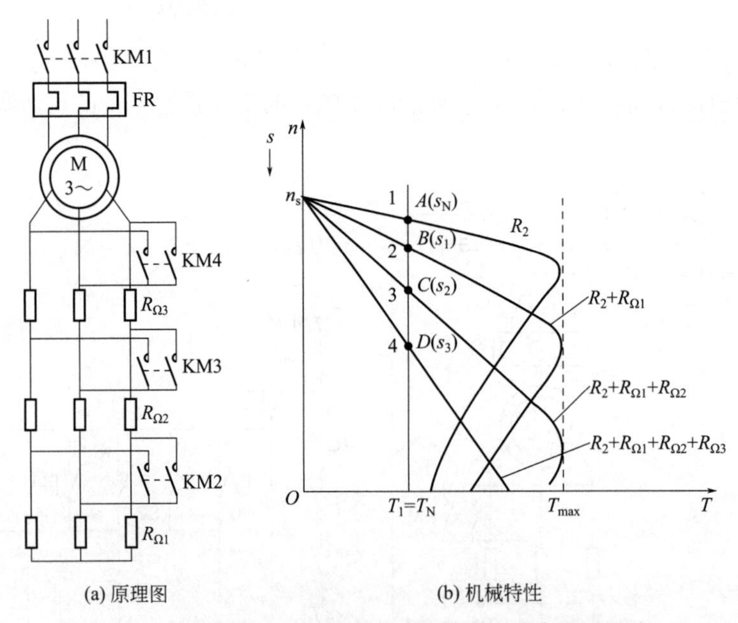

图 6-5 绕线转子三相异步电动机转子回路串电阻调速

绕线转子三相异步电动机转子回路串电阻调速时电动机的机械特性如图 6-5（b）所示。图中，R_2 为绕线转子绕组的电阻；$R_{\Omega1}$、$R_{\Omega2}$、$R_{\Omega3}$ 分别为在转子回路中外串的调速电阻；曲线 1 为转子回路没有串入调速电阻时的机械特性；曲线 2、3、4 则分别为转子回路串入 $R_{\Omega1}$、$R_{\Omega2}$、$R_{\Omega3}$ 时的机械特性。

由图 6-5（b）可见，在异步电动机转子回路中串入的电阻越大，电动机的机械特性曲线越偏向下方，在一定负载转矩 T_L 下，转子回路的电阻越大，电动机的转速越低。

在恒转矩调速时，$T_e=T_L=$常数，从电磁转矩的参数表达可知，若定子绕组电阻 R_1、

定子绕组漏电抗 $X_{1\sigma}$ 和转子绕组漏电抗的归算值 $X'_{2\sigma}$ 皆不变，欲保持 T_e 不变，则应有 $\frac{R'_2}{s}$ 不变。这说明，恒转矩调速时，电动机的转差率 s 将随转子回路总电阻（R_2+R_Ω）成正比例变化。R_2+R_Ω 增加一倍，则转差率也增加一倍。因此，若在保持负载转矩不变的条件下调速，则应有

$$\frac{R_2}{s_N}=\frac{R_2+R_{\Omega1}}{s_1}=\frac{R_2+R_{\Omega1}+R_{\Omega2}}{s_2}=\frac{R_2+R_{\Omega1}+R_{\Omega2}+R_{\Omega3}}{s_3}=\cdots$$

上式说明，转差率 s 将随着转子回路的总电阻成正比地变化，如图 6-5（b）中所示对应不同电阻时的工作点 A、B、C、D。而与上述各工作点对应的电动机的转差率分别为 s_N、s_1、s_2、s_3。

现在来阐明绕线转子三相异步电动机转子回路串电阻调速的物理过程。设电动机拖动恒转矩性质的额定负载运行，其工作点位于图 6-5(b) 中的 A 点，此时电动机的转差率为 s_N，电动机的转速为 $n_N=n_S(1-s_N)$。当串入电阻 $R_{\Omega1}$ 的瞬间，由于转子有惯性，电动机的转速还来不及改变，转子绕组的感应电动势未变，转子电流却因转子电路阻抗增加而减小，由于电动机中的主磁通未变，相应地电磁转矩也减小，电动机的转速开始下降。随着转速的下降，电动机气隙中的旋转磁场与转子导体相对运动的速度逐渐增大，转子绕组中的感应电动势开始增大，随之转子电流又开始增加，相应地电磁转矩也逐渐增大，这个过程一直进行到电磁转矩 T_e 与负载转矩互相平衡为止。这时电动机在一个较低转速下稳定运行。

当转子回路串入调速电阻 $R_{\Omega1}$ 时，电动机的机械特性曲线由曲线 1 变为曲线 2，如图 6-5(b) 所示。若负载转矩 T_L 保持不变，则电动机的运行点将从 A 点变到 B 点，相应的转差率从 s_N 增加到 s_1，电动机的转速则从 $n_s(1-s_N)$ 降到 $n_S(1-s_1)$。增加调速电阻，电动机的机械特性愈向下移，转速便愈下降。

【例 6-1】 一台绕线转子三相异步电动机，极数 $2p=8$，额定功率 $P_N=30\text{kW}$，额定电压 $U_N=380\text{V}$，额定频率 $f_N=50\text{Hz}$，额定电流 $I_N=65.3\text{A}$，额定转速 $n_N=713\text{r/min}$，转子电压（指定子绕组加额定频率的额定电压，转子绕组开路时，集电环间的电压）$E_{2N}=200\text{V}$，转子额定电流（电动机额定运行时的转子电流）$I_{2N}=97\text{A}$。电动机拖动的负载为恒转矩负载。假定负载为额定负载，现要求将电动机的转速降低到 450r/min，试求每相转子绕组中应串入多大电阻?

解：① 电动机的同步转速 n_s

$$n_s=\frac{60f}{p}=\frac{60\times50}{4}=750(\text{r/min})$$

② 电动机的额定转差率 s_N

$$s_N=\frac{n_s-n_N}{n_s}=\frac{750-713}{750}=0.049$$

③ 转速降为 $n=450\text{r/min}$ 时，电动机的转差率 s

$$s=\frac{n_s-n}{n_s}=\frac{750-450}{750}=0.4$$

④ 估算转子绕组每相电阻 R_2

$$R_2\approx\frac{s_NE_{2N}}{\sqrt{3}I_{2N}}=\frac{0.049\times200}{\sqrt{3}\times97}=0.058(\Omega)$$

⑤ 转子回路每相应串入的调速电阻 R_Ω

因为 $$\frac{R_2}{s_N}=\frac{R_2+R_\Omega}{s}$$

所以 $$R_\Omega=R_2\left(\frac{s}{s_N}-1\right)=0.058\times\left(\frac{0.4}{0.049}-1\right)=0.415(\Omega)$$

6.4 变频调速三相异步电动机控制电路

6.4.1 变频调速原理

变频调速是利用电动机的同步转速随频率变化的特性，通过改变电动机的供电频率进行调速的方法。在异步电动机诸多的调速方法中，变频调速的性能最好，调速范围广，效率高，稳定性好。

采用通用变频器对笼型异步电动机进行调速控制，由于使用方便，可靠性高，并且经济效益显著，所以逐步得到推广应用。通用变频器是指可以应用于普通的异步电动机调速控制的变频器，其通用性强。

对异步电动机进行变频调速控制时，电动机的主磁通应保持额定值不变。若磁通太弱，铁芯利用不充分，同样的转子电流下，电磁转矩小，电动机的负载能力下降；而磁通太强，就会使磁路饱和，励磁电流上升，导致铁损急剧增加，这也是不允许的。因此在许多场合，要求在调频的同时改变定子电压，以维持磁通接近不变。下面分两种情况说明。

三相异步电动机的额定频率称为基频，即电网频率 50Hz。变频调速时，可以从基频向上调，也可以从基频向下调。但是这两种情况下的控制方式是不同的。

(1) 基频以下的恒磁通变频调速

为了保持电动机的负载能力，应保持气隙主磁通不变，这就要求降低供电频率的同时降低感应电动势，保持 E_1/f_1＝常数，即保持电动势 E_1 与频率 f_1 之比为常数进行控制，这种控制又称为恒磁通变频调速，属于恒转矩调速方式。由于 E_1 难于直接检测和直接控制，可以近似地保持定子电压 U_1 和频率 f_1 的比值为常数，即认为 $E_1 \approx U_1$，保持 U_1/f_1＝常数。这就是恒压频比控制方式，是近似的恒磁通控制。

(2) 基频以上的弱磁变频调速

这是考虑由基频开始向上调速的情况。频率由额定值向上增大时，电压 U_1 由于受额定电压 U_{1N} 的限制不能再升高，只能保持 $U_1=U_{1N}$ 不变，这样必然会使主磁通随着 f_1 的上升而减小，相当于直流电动机弱磁调速的情况，即近似的恒功率调速方式。

由上面的讨论可知，异步电动机的变频调速必须按照一定的规律同时改变其定子电压和频率，基于这种原理构成的变频器即所谓的 VVVF 调速控制，这也是通用变频器（VVVF）的基本原理。

根据 U_1 和 f_1 的不同比例关系，将有不同的变频调速方式。保持 U_1/f_1 为常数的比例控制方式适用于调速范围不太大或转矩随转速下降而减小的负载，例如风机、水泵等；保持转矩 T 为常数的恒磁通控制方式适用于调速范围较大的恒转矩性质的负载，例如升降机械、搅拌机、传送带等；保持功率 P 为常数的恒功率控制方式适用于负载随转速的增高而变轻的地方，例如主轴传动、卷绕机等。

6.4.2 常用变频器的基本接线

(1) 森兰 SB20S（单相）变频器基本接线图（见图 6-6）

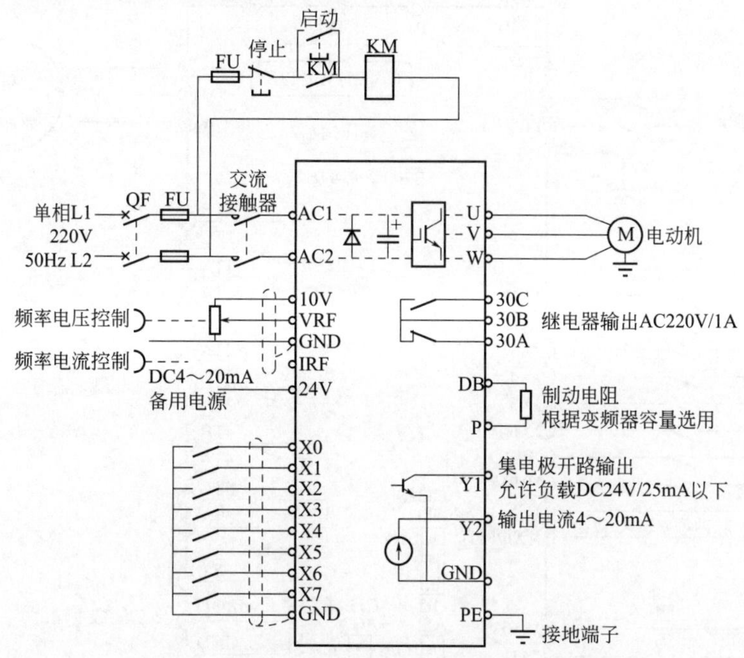

图 6-6 森兰 SB20S（单相）变频器基本接线图

(2) 森兰 SB20T（三相）变频器基本接线图（见图 6-7）

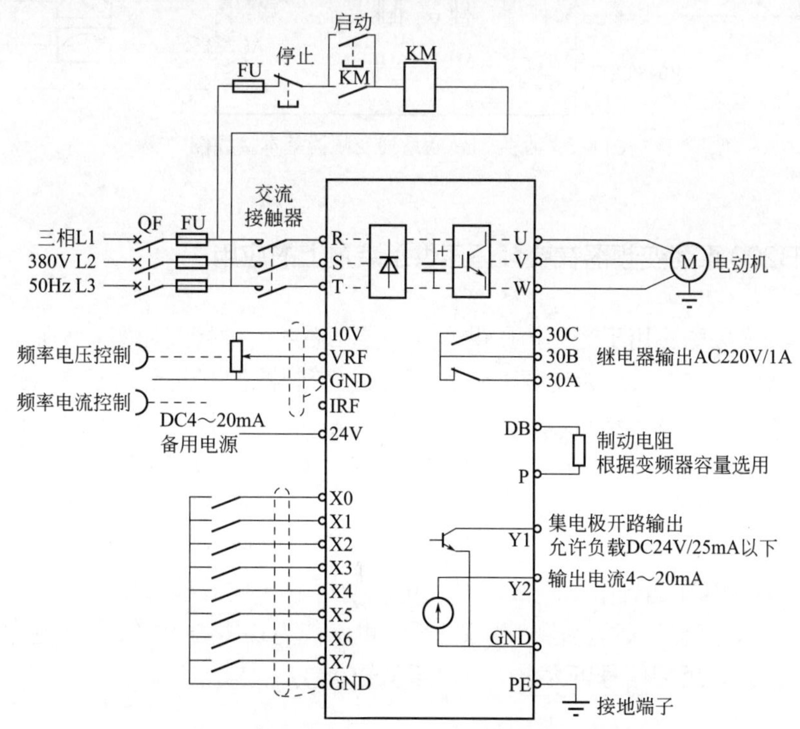

图 6-7 森兰 SB20T（三相）变频器基本接线图

(3) 森兰 SB200 系列变频器基本接线图（见图 6-8）

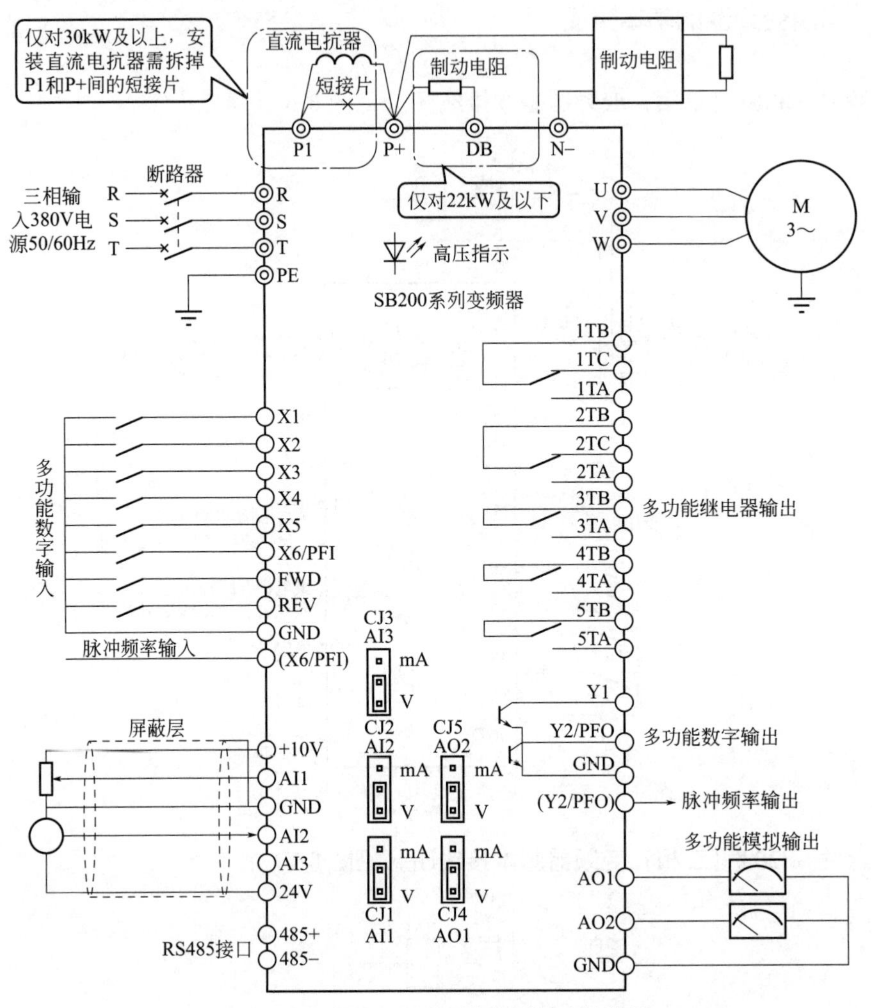

图 6-8　森兰 SB200 系列变频器基本接线图

6.4.3 SB200 系列变频器在变频恒压供水装置上的应用

SB200 系列变频器应用于变频恒压供水（一控二系统）的接线如图 6-9 所示。

图 6-9 中所示的控制系统为变频 1 控 2，即一台变频器控制两台水泵，该控制系统运行时，只有一台水泵处于变频运行状态。在循环投切系统中，M1、M2 分别为驱动 1＃、2＃水泵的电动机，1KM1、2KM1 分别为 1＃、2＃水泵变频运转控制接触器，1KM2、2KM2 分别为 1＃、2＃水泵工频运转控制接触器，1KM1、1KM2、2KM1、2KM2 由变频器内置继电器控制，四个接触器的状态均可通过可编程输入端子进行检测，如图 6-9 中 X1～X4 所示；当 1＃、2＃水泵在运行中出现故障时，可以通过输入相应检修指令，让该故障水泵退出运行，非故障水泵继续保持运行，以保证系统供水能力；压力给定信号可通过端子模拟输入信号或数字给定，反馈信号可为电流或电压信号。

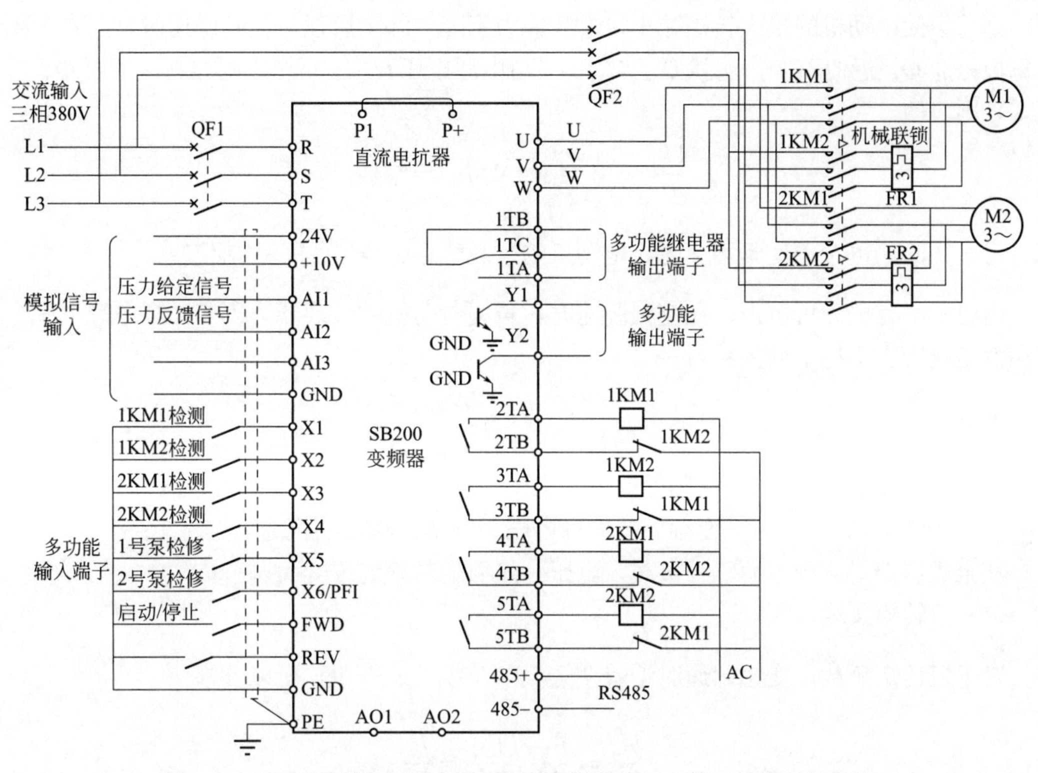

图 6-9　SB200 系列变频器应用于变频恒压供水（一控二系统）的接线

6.4.4 变频调速的简易计算

在改变异步电动机电源频率 f_1 时，异步电动机的参数也在变化。三相异步电动机定子绕组的感应电动势 E_1 为

$$E_1 = 4.44 f_1 k_{W1} N_1 \Phi_m$$

式中　E_1——定子绕组的感应电动势，V；

k_{W1}——电动机定子绕组的绕组系数；

N_1——电动机定子绕组每相串联匝数；

Φ_m——电动机气隙每极磁通（又称气隙磁通或主磁通），Wb。

如果忽略电动机定子绕组的阻抗压降，则电动机定子绕组的电源电压 U_1 近似等于定子绕组的感应电动势 E_1，即

$$U_1 \approx E_1 = 4.44 f_1 k_{W1} N_1 \Phi_m$$

由上式可以看出，在变频调速时，若保持电源电压 U_1 不变，则气隙每极磁通 Φ_m 将随频率 f_1 的改变而成反比变化。一般电动机在额定频率下工作时磁路已经饱和，如果电源频率 f_1 低于额定频率时，气隙每极磁通 Φ_m 将会增加，电动机的磁路将过饱和，以致引起励磁电流急剧增加，从而使电动机的铁损耗大大增加，并导致电动机的温度升高、功率因数和效率均下降，这是不允许的；如果电源频率 f_1 高于额定频率时，气隙每极磁通 Φ_m 将会减小，因为电动机的电磁转矩与每极磁通和转子电流有功分量的乘积成正比，所以在负载转矩不变的条件下，Φ_m 的减小，势必会导致转子电流增大，为了保证电动机的电流不超过允许

值，则将会使电动机的最大转矩减小，过载能力下降。综上所述，变频调速时，通常希望气隙每极磁通 Φ_m 近似不变，这就要求频率 f_1 与电源电压 U_1 之间能协调控制。若要 Φ_m 近似不变，则应使

$$\frac{U_1}{f_1} \approx 4.44 k_{W1} N_1 \Phi_m = 常数$$

另一方面，也希望变频调速时，电动机的过载能力 $\lambda_m = \frac{T_{max}}{T_N}$ 保持不变。

由电机学有关分析可得，在变频调速时，若要电动机的过载能力不变，则电源电压、频率和额定转矩应保持下列关系：

$$\frac{U_1'}{U_1} = \frac{f_1'}{f_1}\sqrt{\frac{T_N'}{T_N}}$$

式中　U_1，f_1，T_N——变频前的电源电压、频率、和电动机的额定转矩；

　　　U_1'，f_1'，T_N'——变频后的电源电压、频率、和电动机的额定转矩。

从上式可得对应于下面三种负载，电压应如何随频率的改变而调节。

(1) 恒转矩负载

对于恒转矩负载，变频调速时希望 $T'_N = T_N$，即 $\frac{T_N'}{T_N} = 1$，所以要求

$$\frac{U_1'}{U_1} = \frac{f_1'}{f_1}\sqrt{\frac{T_N'}{T_N}} = \frac{f_1'}{f_1}$$

即加到电动机上的电压必须随频率成正比变化，这个条件也就是 $\frac{U_1}{f_1} = 常数$，可见这时气隙每极磁通 Φ_m 也近似保持不变。这说明变频调速特别适用于恒转矩调速。

(2) 恒功率负载

对于恒功率负载，$P_N = T_N \Omega = T_N \frac{2\pi n}{60} = 常数$，由于 $n \propto f$，所以，变频调速时希望 $\frac{T_N'}{T_N} = \frac{n}{n'} = \frac{f_1}{f_1'}$，以使 $P_N = T_N \frac{2\pi n}{60} = T_N' \frac{2\pi n'}{60} = 常数$。于是要求

$$\frac{U_1'}{U_1} = \frac{f_1'}{f_1}\sqrt{\frac{T_N'}{T_N}} = \frac{f_1'}{f_1}\sqrt{\frac{f_1}{f_1'}} = \sqrt{\frac{f_1'}{f_1}}$$

即加到电动机上的电压必须随频率的开方成比变化。

(3) 风机、泵类负载

风机、泵类负载的特点是其转矩随转速的平方成正比变化，即 $T_N \propto n^2$，所以，对于风机、泵类负载，变频调速时希望 $\frac{T_N'}{T_N} = \left(\frac{n'}{n}\right)^2 = \left(\frac{f_1'}{f_1}\right)^2$，所以要求

$$\frac{U_1'}{U_1} = \frac{f_1'}{f_1}\sqrt{\frac{T_N'}{T_N}} = \frac{f_1'}{f_1}\sqrt{\left(\frac{f_1'}{f_1}\right)^2} = \left(\frac{f_1'}{f_1}\right)^2$$

即加到电动机上的电压必须随频率的平方成正比变化。

实际情况与上面分析的结果有些出入，主要因为电动机的铁芯总是有一定程度的饱和，其次，由于电动机的转速改变时，电动机的冷却条件也改变了。

【例 6-2】 一台笼型三相异步电动机，极数 $2p=4$，额定功率 $P_N=30\text{kW}$，额定电压=

380V，额定频率 $f_N=50Hz$，额定电流 $I_N=56.8A$，额定转速 $n_N=1470r/min$，拖动 $T_L=0.8T_N$ 的恒转矩负载，若采用变频调速，保持 $\frac{U_1}{f_1}$ =常数，试计算将此电动机转速调为900r/min时，变频电源输出的线电压 U'_1 和频率 f'_1 各为多少？

解：电动机的同步转速 n_s

$$n_s=\frac{60f_1}{p}=\frac{60f_N}{p}=\frac{60\times50}{2}=1500(r/min)$$

电动机在固有机械特性上的额定转差率 s_N 为

$$s_N=\frac{n_s-n_N}{n_s}=\frac{1500-1470}{1500}=0.02$$

负载转矩 $T_L=0.8T_N$ 时，对应的转差率 s 为

$$s=\frac{T_L}{T_N}s_N=0.8\times0.02=0.016$$

则 $T_L=0.8T_N$ 时的转速降 Δn 为

$$\Delta n=s\ n_s=0.016\times1500=24(r/min)$$

因为电动机变频调速时的人为机械特性的斜率不变，即转速降落值 Δn 不变，所以，变频以后电动机的同步转速 n'_s 为

$$n'_s=n'+\Delta n=900+24=924(r/min)$$

若使 $n'=900r/min$，则变频电源输出的频率 f'_1 和线电压 U'_1 为

$$f'_1=\frac{pn'_s}{60}=\frac{2\times924}{60}=30.8(Hz)$$

$$U'_1=\frac{U_1}{f_1}f'_1=\frac{U_N}{f_N}f'_1=\frac{380}{50}\times30.8=234.08(V)$$

6.5 直流电动机改变电枢电压调速控制电路

6.5.1 改变电枢电压调速控制电路的工作原理

直流电动机改变电枢电压的简易调速控制电路如图6-10所示。该控制电路是将交流电压经桥式整流后的直流电压，通过晶闸管V加到直流电动机的电枢绕组上。调节电位器 R_P 的值，则能改变V的导通角，从而改变输出直流电压的大小，实现直流电动机调速。

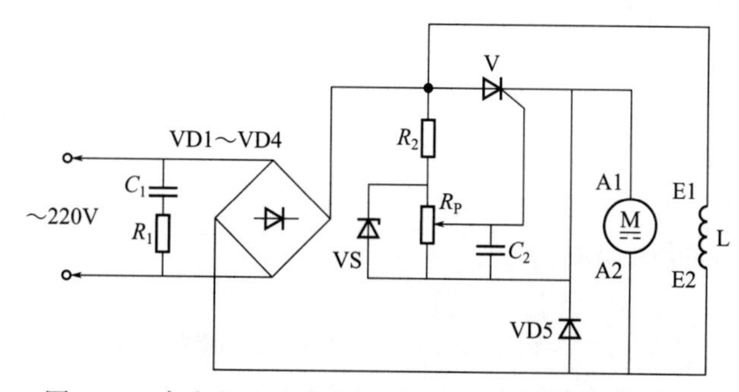

图6-10　直流电动机改变电枢电压的简易调速控制电路

为了使电动机在低速时运转平稳，在移相回路中接入稳压管 VS，以保证触发脉冲的稳定。VD5 起续流作用。只要调节 R_P 的电阻值就能实现调速。

本电路操作简单，在小容量直流电动机及单相串励式手电钻中得到广泛应用。

通常，对于小容量直流电动机，可采用单相桥式可控整流电路对直流电动机的电枢绕组供电，如图 6-11 所示，单相桥式可控整流电路输出的直流电压为

$$U_d = 0.9U\cos\alpha$$

式中，U 为单相交流电压的有效值；α 为晶闸管的触发控制角；U_d 为整流电路输出的直流电压。改变控制角就能改变整流电压，从而改变直流电动机的转速。图 6-11 中的 L 为平波电抗器，用来减小电流的脉动，保持电流的连续。

对于容量较大的直流电动机，可采用三相桥式可控整流电路对直流电动机的电枢绕组供电，如图 6-12 所示，三相桥式可控整流电路输出的直流电压为

$$U_d = 2.34U\cos\alpha$$

式中，U 为单相交流电压的有效值；α 为晶闸管的触发控制角；U_d 为整流电路输出的直流电压。改变控制角就能改变整流电压，从而改变直流电动机的转速。图 6-12 中的 L 为平波电抗器，用来减小电流的脉动，保持电流的连续。

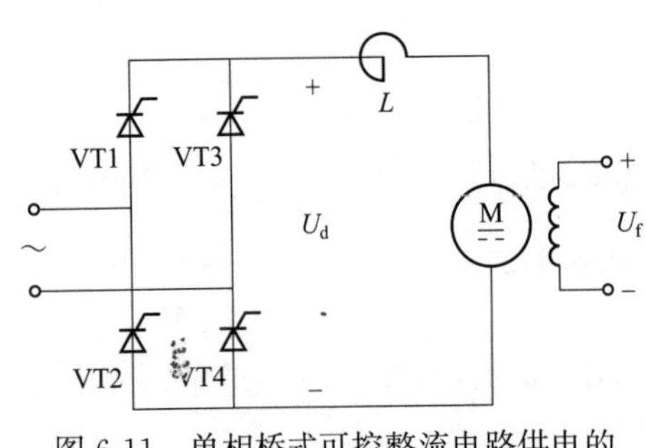

图 6-11　单相桥式可控整流电路供电的调压调速系统原理图

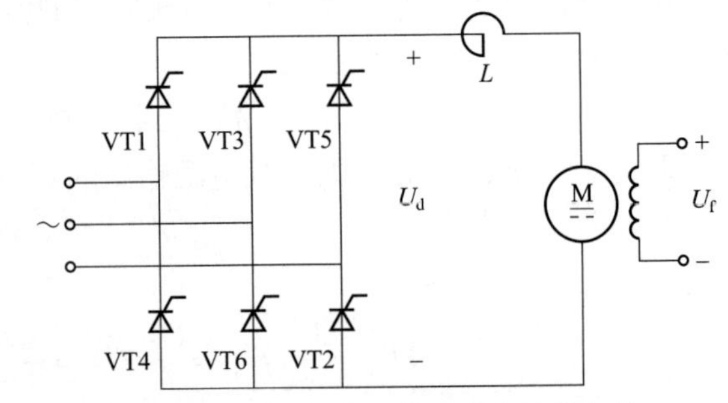

图 6-12　三相桥式可控整流电路供电的调压调速系统原理图

6.5.2　改变电枢电压调速的简易计算

直流电动机具有良好的调速性能，可以在宽广的范围内平滑而经济地调速，特别适用于对调速性能要求较高的电力拖动系统中。

对直流电动机进行调速，可采取多种途径。当在直流电动机的电枢回路中串入外加调节电阻（又称调速电阻）R_Ω 时，可得直流电动机的转速表达方式为

$$n = \frac{U - I_a(R_a + R_\Omega)}{C_e\Phi}$$

从上式可见，直流电动机的调速方法有以下三种：

① 改变串入电枢回路中的调速电阻 R_Ω；

② 改变加于电枢回路的端电压 U；

③ 改变励磁电流 I_f，以改变主极磁通 Φ。

他励直流电动机拖动负载运行时，若保持电动机的每极磁通为额定磁通 Φ_N，而且在电动机的电枢回路不串外接电阻，即 $R_\Omega=0$，则他励直流电动机的机械特性方程式为

$$n=\frac{U}{C_e\Phi_N}-\frac{R_a}{C_eC_T\Phi_N^2}T_e$$

由上式可知，当改变电动机电枢绕组的端电压U时，电动机就可运行于不同的转速，且电压U越低，电动机的转速n越低。他励直流电动机改变电枢端电压调速时的机械特性如图6-13所示，图中，曲线1、2、3、4分别为对应于不同电枢端电压时电动机的机械特性曲线；曲线5为负载的机械特性曲线。从图中可以看出，改变电枢端电压后，电动机的理想空载转速n_0随电压的降低而下降。但是，电动机的机械特性的斜率不变，即电动机的机械特性的硬度不变。

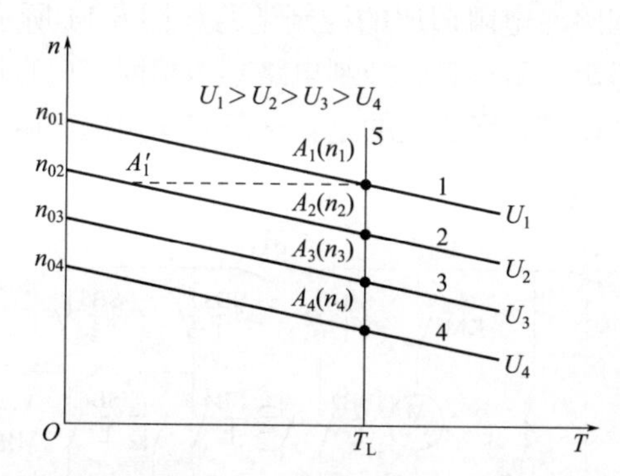

图6-13　他励直流电动机改变电枢端电压调速时的机械特性

由以上分析可知，当他励直流电动机改变电枢端电压调速时，随着电枢端电压的降低，电动机机械特性平行地向下移动，如图6-13所示，当带恒转矩负载T_L时，在不同的电枢端电压U_1、U_2、U_3、U_4时，电动机的转速分别为n_1、n_2、n_3、n_4。由于调速过程中电动机的机械特性只是平行地上下移动而不改变其斜率，因此调速时，电动机机械特性的硬度不变，这是改变电枢端电压调速的优点。而且降低电枢端电压调速的平滑性好，当电枢端电压连续变化时，转速也能连续变化，可实现无级调速，调速范围大，稳定性好。

改变电枢端电压调速，对于串励直流电动机来说，也是适用的。在电力牵引机车中，常把两台串励直流电动机从并联运行改为串联运行，以使加于每台电动机的电压从全压降为半压。

【例6-3】 一台他励直流电动机，额定功率$P_N=22\text{kW}$，额定电压$U_N=220\text{V}$，额定电流$I_N=115\text{A}$，额定转速$n_N=1500\text{r/min}$，电枢回路总电阻$R_a=0.1\Omega$，忽略空载转矩T_0，负载为恒转矩负载，当电动机带额定负载运行时，要求把转速降到1000r/min，忽略电枢反应，试计算：采用降低电源电压调速时，需把电枢绕组端电压U降到多少？

解：因为电动机为他励直流电动机，所以额定电枢电流$I_{aN}=I_N=115\text{A}$，额定电枢电动势E_{aN}为

$$E_{aN}=U_N-I_{aN}R_a=220-115\times0.1=208.5(\text{V})$$

由此求得

$$C_e\Phi_N=\frac{E_{aN}}{n_N}=\frac{208.5}{1500}=0.139\,[\text{V/(r/min)}]$$

转速降到$n=1000\text{r/min}$时，因为调速前后每极磁通未变，即$\Phi=\Phi_N$，所以

$$E_a=C_e\Phi_Nn=0.139\times1000=139(\text{V})$$

转速降到$n=1000\text{r/min}$时，因为负载转矩未变，每极磁通未变，所以调速前后电枢电

流不变，即 $I_a = I_{aN}$，于是，电枢绕组端电压应为

$$U = E_a + I_a R_a = 139 + 115 \times 0.1 = 150.5(\text{V})$$

6.6 直流电动机电枢回路串电阻调速控制电路

6.6.1 电枢回路串电阻调速控制电路的工作原理

并励直流电动机电枢回路串电阻调速的控制电路如图 6-14 所示。该电路的主电路部分与并励直流电动机电枢回路串电阻启动的控制电路基本相同。由直流电动机电枢回路串电阻多级启动可知，它也能实现调速，所不同的是：一般启动用的变阻器都是短时工作的，而调速用的变阻器应为长期工作的。

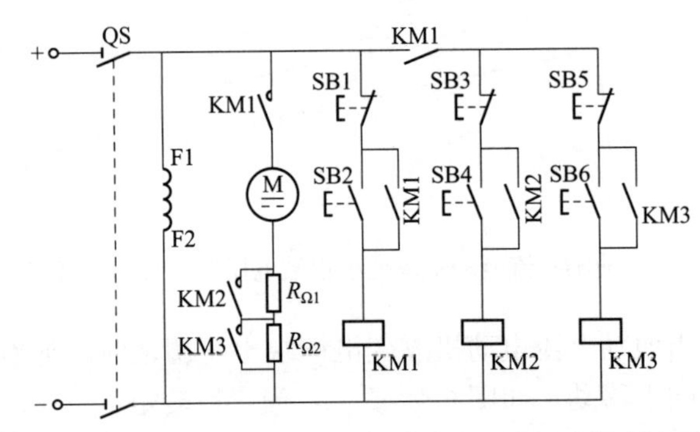

图 6-14　并励直流电动机电枢回路串电阻调速控制电路

在图 6-14 中，接触器 KM1 为主接触器，控制直流电动机启动与运行；接触器 KM2 和接触器 KM3 分别用于将调速电阻 $R_{\Omega1}$ 和 $R_{\Omega2}$ 短路（即切除），使电动机中速或高速运行。

6.6.2 电枢回路串电阻调速的简易计算

他励直流电动机拖动负载运行时，保持电枢绕组电源电压为额定电压 U_N、每极磁通为额定磁通 Φ_N，在电枢回路中串入调速电阻 R_Ω 时，电动机的机械特性方程式为

$$n = \frac{U_N}{C_e\Phi_N} - \frac{R_a + R_\Omega}{C_e C_T \Phi_N^2} T_e$$

由上式可知，在电枢回路中串入不同的电阻 R_Ω。电动机就可运行于不同的转速，且调速电阻 R_Ω 越大，电动机的转速 n 越低。他励直流电动机电枢回路串电阻调速时的机械特性如图 6-15 所示，图中，曲线 1 为 $R_\Omega=0$ 时电动机的机械特性曲线（即固有机械特性曲线）；曲线 2 和曲线 3 分别为 $R_\Omega=R_{\Omega1}$ 和 $R_\Omega=R_{\Omega2}$ 时电动机的机械特性曲线（即人为机械特性曲线）；曲线 4 为负载的机械特性曲线。从图中可以看出，串入不同的 R_Ω 时，电动机的理想空载转速 n_0 不变，但是电动机机械特性的斜率随 R_Ω 的增加而变大，即随着 R_Ω 的增加，电动机的机械特性变软。

由以上分析可知，在他励直流电动机电枢回路中串入的调速电阻 R_Ω 越大，则电动机的机械特性越软，电动机的转速 n 也就越低（见图 6-15）。但是，如果电动机拖动恒转矩负载

调速，则调速前后，电动机的电磁转矩 T_e 和电枢电流 I_a 不变。

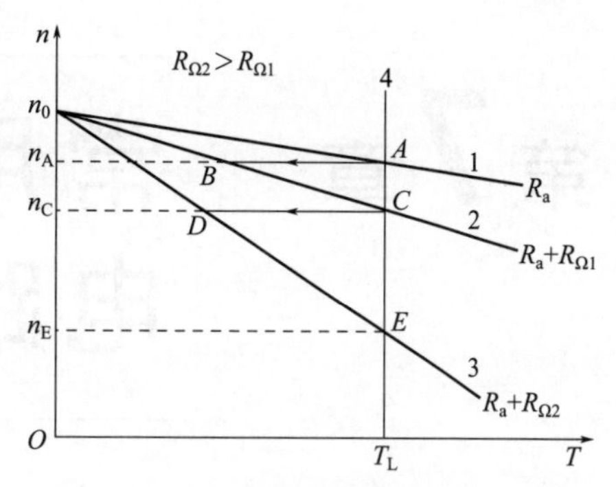

图 6-15　他励直流电动机电枢回路串电阻调速时的机械特性

这种调速方法，以调速电阻 $R_\Omega=0$ 时的转速为最高转速，只能“调低”，不能“调高”。即只能使电动机的转速在额定转速以下调节。

在电枢回路串电阻调速，设备简单，操作方便，调速电阻又可作启动电阻用。但是，由于电阻只能分段调节，故调速不均匀，属有级调速，调速平滑性差。而且随着调速电阻的增大，电动机的机械特性变软，使得在负载变化时，引起转速波动较大，即转速对负载的变化反应敏感，机组运行的稳定性差。另外，在调速过程中，较大的电枢电流要流过电枢回路中所串联的调速电阻，将会使调速电阻上的电能损耗增大，速度越低，调速电阻串得越大，电能损耗也就越大，则电动机的效率越低。

并励、串励、复励直流电动机利用串入电枢回路的电阻调速的物理过程及有关优缺点与他励直流电动机类似，这里不再重复。

【例 6-4】 例 6-3 中的他励直流电动机，仍忽略空载转矩 T_0，负载仍为恒转矩负载，电动机带额定负载运行时，如果要求把转速降到 1000r/min，忽略电枢反应，试计算：采用电枢回路串电阻调速时，电枢回路应串入的调速电阻 R_Ω？

解：因为前面已求得，电动机的转速降为 1000r/min 时，电动机的电枢电动势 $E_a=139\text{V}$，电枢电流 $I_a=I_{aN}=115\text{A}$，所以，采用电枢回路串电阻调速，使电动机的转速降为 1000r/min 时，电枢回路的总电阻应为

$$R_a+R_\Omega=\frac{U_N-E_a}{I_a}=\frac{U_N-E_{aN}}{I_{aN}}=\frac{220-139}{115}=0.704(\Omega)$$

由此求得电枢绕组应串入的调速电阻 R_Ω 应为

$$R_\Omega=0.704-R_a=0.704-0.1=0.604(\Omega)$$

第7章 常用电动机制动控制电路

7.1 电动机制动控制电路概述

7.1.1 电动机采取制动控制的目的

当正在运转中的三相异步电动机突然切断电源时，由于其转动部分储存的动能，将使转子继续旋转，直至转动部分所储存的动能全部消耗完毕，电动机才会停止转动。如果不采取任何措施，动能只能消耗在运转所产生的风阻和轴承摩擦损耗上，因为这些损耗很小，所以电动机需要较长的时间才能停转。而生产中起重机的吊钩或卷扬机的吊篮要求准确定位；万能铣床的主轴要求能迅速停下来；而且，机床加工机器零件时，当零件加工完毕后，需要机床尽快停车，以便卸下已加工好的零件，再装上另一个待加工的零件，从而提高工作效率。如果欲使异步电动机迅速停止，这些都需要对电动机进行制动，其制动方法有两大类：机械制动和电磁制动。

① 机械制动　在切断电源后，利用机械装置使电动机迅速停转的方法称为机械制动。应用较普遍的机械制动装置有电磁抱闸和电磁离合器两种。

② 电磁制动（又称电力制动）　使电动机在切断电源后，产生一个和电动机实际旋转方向相反的电磁力矩（制动力矩），迫使电动机迅速停转（或稳定下放重物）的方法称为电磁制动。常用的电磁制动方法有反接制动、能耗制动和回馈制动等。

7.1.2 电动机常用的制动方法及应用场合

(1) 电动机常用的电磁制动方法

电磁制动就是让电动机产生一个与转子转向相反的电磁转矩，以使电力拖动系统迅速停机或稳定下放重物。这时电动机所处的状态称为制动状态，这时的电磁转矩为制动转矩。

三相异步电动机和直流电动机常用的电磁制动方法有能耗制动、反接制动和回馈制动。

(2) 常用制动方法的应用场合

① 反接制动　当三相异步电动机运行时，若电动机转子的转向与定子旋转磁场的转向相反，转差率 $s>1$，则该三相异步电动机就运行于电磁制动状态，这种运行状态称为反接制动。实现反接制动有正转反接和正接反转两种方法。

a. 正转反接的反接制动　正转反接的反接制动又称为改变定子绕组电源相序的反接制动（或称定子绕组两相反接的反接制动）。

正转反接的反接制动是指，在切断正常运行的电动机的电源的同时，将运动中的电动机的电源反接（即将任意两根电源线的接法交换）以改变电动机定子绕组中的电源相序，从而使定子绕组产出的旋转磁场反向，使转子受到与原旋转方向相反的制动力矩而迅速停止。在制动过程中，当电动机的转速接近于零时，应及时切断三相电源，防止电动机反向启动。

正转反接的反接制动的制动力强，制动迅速，控制电路简单，设备投资少，但制动准确性差，制动过程中冲击力强烈，易损坏传动部件。因此适用于10kW以下小容量的电动机、不经常启动与制动的设备，如铣床、镗床、中型车床等主轴的制动控制。

b. 正接反转的反接制动　正接反转的反接制动又称为转速反向的反接制动（或称为转子反转的反接制动），这种反接制动用于位能性负载，使重物获得稳定的下放速度。由于正接反转的反接制动的目的不是停车，而是使重物获得稳定的下放速度，故正接反转的反接制动又称为倒拉反转运行。即属于反接制动运行。

② 能耗制动　所谓三相异步电动机的能耗制动，就是在电动机脱离三相电源后，立即在定子绕组中加入一个直流电源，以产生一个恒定的磁场，惯性运转的转子绕组切割恒定磁场产生制动力矩，使电动机迅速停转。

根据直流电源的整流方式，能耗制动分为半波整流能耗制动和全波整流能耗制动。根据能耗制动时间控制的原则，又可分为时间继电器控制和速度继电器控制两种。

能耗制动平稳、准确，能量消耗小，但需附加直流电源装置，设备投资较高，制动力较弱，在低速时制动力矩小，主要用于容量较大的电动机制动或制动频繁的场合及制动准确、平稳的设备，如磨床、立式铣床等的控制，但不适合用于紧急停车。

③ 回馈制动　三相异步电动机的回馈制动（又称发电制动）通常用以限制电动机的转速n的上升。当三相异步电动机作电动机运行时，如果由于外来因素，使电动机的转速n超过旋转磁场的同步转速n_s，此时三相异步电动机的电磁转矩T_e的方向与转子的转向相反，则电磁转矩T_e变为制动转矩，异步电动机由原来的电动机状态变为发电机状态运行，故又称为发电机制动。这时，异步电动机将机械能转变成电能向电网反馈。

在生产实践中，异步电动机的回馈制动一般有以下两种情况：一种是出现在位能性负载的机车下坡（或下放重物）时，另一种是出现在电动机改变极对数或改变电源频率的调速（从高速变为低速）过程中。

7.2 三相异步电动机正转反接的反接制动控制电路

7.2.1 单向（不可逆）启动、反接制动控制电路

三相异步电动机单向（不可逆）启动、反接制动控制电路如图7-1所示。该控制电路可以实现单向启动与运行以及反接制动。

启动时，先合上电源开关QS，然后按下启动按钮SB2，使接触器KM1因线圈得电而吸合并自锁，KM1的主触点闭合，电动机M接通电源直接启动，当电动机转速升高到一定数值（此数值可调）时，速度继电器KS的常开触点闭合，因KM1的常闭辅助触点已断开，

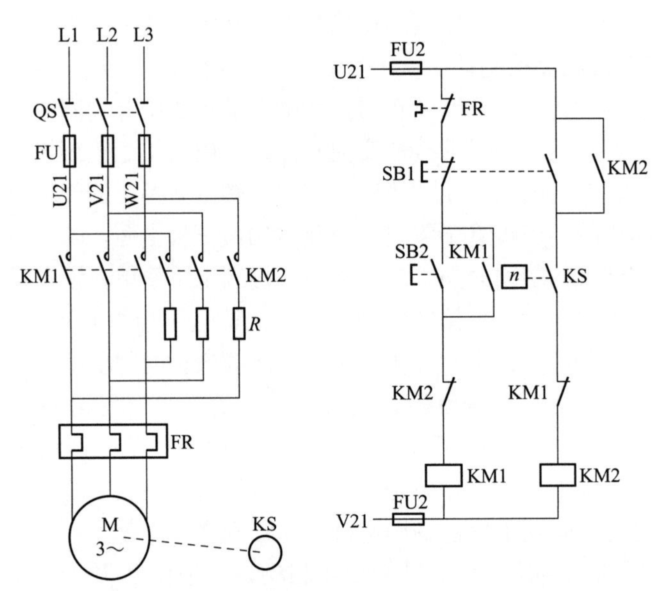

图 7-1 三相异步电动机单向（不可逆）启动、反接制动控制电路

这时接触器 KM2 线圈不通电，KS 的常开触点的闭合，仅为反接制动做好了准备。

停车时，按下停止按钮 SB1，接触器 KM1 首先因线圈失电而释放，KM1 的主触点断开，电动机断电，做惯性运转，与此同时 KM1 的常闭辅助触点闭合（复位），又由于此时电动机的惯性很高，速度继电器 KS 的常开触点依然处于闭合状态，所以按钮 SB1 的常开触点闭合时，使接触器 KM2 因线圈得电而吸合并自锁，KM2 的主触点闭合，电动机便串入限流电阻 R 进入反接制动状态，使电动机的转速迅速下降。当转速降至速度继电器 KS 整定值以下时，KS 的常开触点断开（复位），接触器 KM2 因线圈失电而释放，电动机断电，反接制动结束，防止了电动机反向启动。

由于反接制动时，旋转磁场与转子的相对速度很高，转子感应电动势很大，转子电流比直接启动时的电流还大。因此，反接制动电流一般为电动机额定电流的 10 倍左右（相当于全压直接启动时电流的 2 倍）。故应在主电路中串接一定的制动电阻 R，以限制反接制动电流。反接制动电阻 R 有三相对称和两相不对称两种接法。

7.2.2 双向(可逆)启动、反接制动控制电路

三相异步电动机双向（可逆）启动、反接制动控制电路如图 7-2 所示。该控制电路可以实现可逆启动与运行，并可实现反接制动。

正向启动时，先合上电源开关 QS，然后按下正向启动按钮 SB2，中间继电器 KA3 因线圈得电而吸合并自锁，其常闭触点 KA3 断开，切断中间继电器 KA4 线圈回路；而其常开触点 KA3-3 闭合，为接触器 KM3 线圈通电做准备；与此同时，其常开触点 KA3-2 闭合，使接触器 KM1 因线圈得电而吸合。这时，KM1 的常闭辅助触点断开，切断接触器 KM2 线圈回路；而 KM1 的常开辅助触点闭合，为中间继电器 KA1 线圈通电做准备；与此同时，KM1 的主触点闭合，使电动机定子绕组串电阻 R 降压启动，当电动机转速 n 升至一定值时，速度继电器 KS 的触点 KS-1 闭合，使中间继电器 KA1 因线圈得电而吸合并自锁。其常

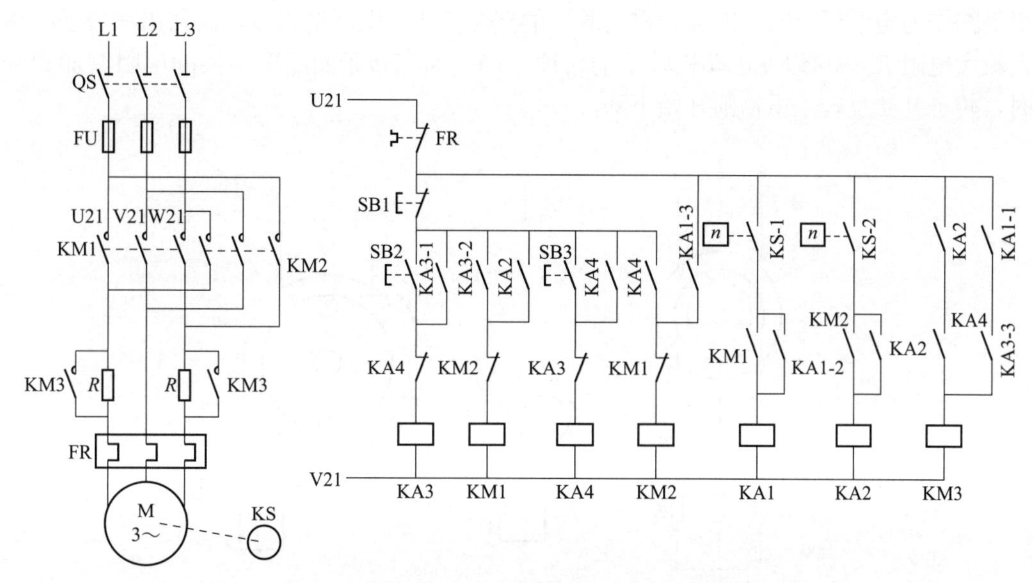

图 7-2　三相异步电动机双向（可逆）启动、反接制动控制电路

开触点 KA1-3 闭合，为接触器 KM2 线圈通电做准备；与此同时，其常开触点 KA1-1 闭合，使接触器 KM3 因线圈得电而吸合，KM3 的主触点闭合，将电阻 R 短接，电动机全压运行。

停车时，按下停止按钮 SB1，中间继电器 KA3 因线圈失电而释放，KA3 的各触点复位，其中常开触点 KA3-3 断开，使接触器 KM3 因线圈失电而释放，KM3 的主触点断开，将电阻 R 串入电动机定子电路中；与此同时，中间继电器 KA3 的常开触点 KA3-2 断开，使接触器 KM1 因线圈失电而释放，KM1 的主触点断开，电动机断电，做惯性运转；而此时因接触器 KM1 的常闭辅助触点闭合，使接触器 KM2 因线圈得电而吸合，KM2 的主触点闭合，电动机便串入限流电阻 R 进入反接制动状态，使电动机的转速迅速下降，当转速降至速度继电器 KS 的整定值以下时，KS 的常开触点 KS-1 断开，使中间继电器 KA1 因线圈失电而释放，KA1 各触点复位。其中，常开触点 KA1-3 断开，使接触器 KM2 因线圈失电而释放，KM2 的主触点断开，电动机反接制动结束。

相反方向的启动和制动控制原理与上述基本相同，只是启动时按下的是反向启动按钮 SB3，电路便通过 KA4 接通 KM2，将三相电源反接，使电动机反向启动。停车时，通过速度继电器 KS 的常开触点 KS-2 及中间继电器 KA2 控制反接制动过程的完成。不过这时接触器 KM1 便成为反向运行时的反接制动接触器了。

反接制动的优点是制动转矩大、制动快。缺点是制动过程中冲击强烈。所以，反接制动一般只适用于系统惯性较大、制动要求迅速且不频繁的场合。

7.3 三相异步电动机正接反转的反接制动控制电路

7.3.1 绕线转子电动机正接反转的反接制动控制电路

绕线转子三相异步电动机正接反转的反接制动控制电路如图 7-3（a）所示，其制动原理图如图 7-3(b) 所示。当绕线转子三相异步电动机拖动起重机下放重物时，若电动机的定子

绕组仍按作为电动运行时（即提升重物时）的接法接线，即所谓正接，而利用在转子回路中串入较大电阻 R_d，可以使电动机转子的转速下降。而在转子回路中串接的电阻增加到一定值时，转子开始反转，重物则开始下降。

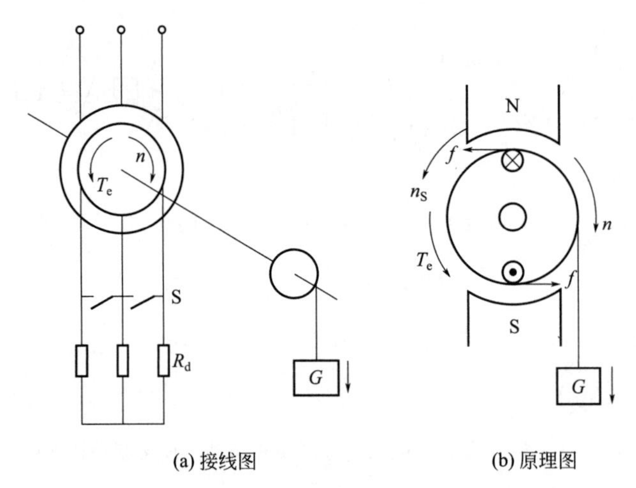

图 7-3　绕线转子三相异步电动机正接反转制动

7.3.2 绕线转子电动机正接反转的反接制动的简易计算

正接反转的制动原理与在转子回路串电阻调速基本相同。当绕线转子三相异步电动机提升重物时，电动机在其固有机械特性曲线 1 上的 A 点稳定运行，如图 7-4 所示。当异步电动机下放重物时在转子回路中串入较大电阻 R_{ad}，电动机的人为机械特性曲线的斜率随串入电阻 R_{ad} 的增加而增大，如图 7-4 所示中的曲线 2、3 所示。而转子转速 n 逐步减小至零，如图 7-4 中的 A、B、C 点所示。此时如果在转子回路中串入的电阻 R_{ad} 继续增加，由于电磁转矩 T_e 小于负载转矩 T_L，转子就开始反转（重物向下降落）而进入反接制动状态，当电阻 R_{ad1} 增加到 R_{ad3} 时，电动机稳定运行于 D 点，从而保证了重物以较低的均匀转速慢慢下降，而不致将重物损坏。

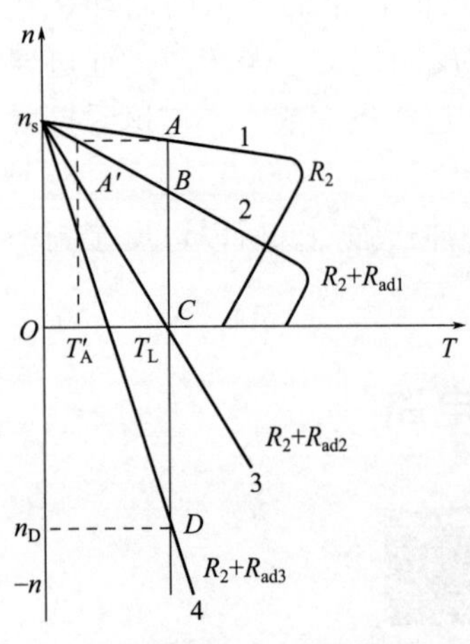

图 7-4　绕线转子三相异步电动机正接反转制动时的机械特性

显然，调节在转子回路中串入的电阻 R_{ad} 可以控制重物下放的速度。利用同一转矩下转子电阻与电动机的转差率成正比的关系，即

$$\frac{s_D}{s_A}=\frac{R_2+R_{ad}}{R_2}$$

可以求出在需要的下放速度 n_D 时，转子回路中需要串入的附加电阻 R_{ad} 的数值

$$R_{ad}=\left(\frac{s_D}{s_A}-1\right)R_2$$

式中　R_2——绕线转子异步电动机转子绕组的电阻；

s_A——反接制动开始时电动机的转差率；

s_D——以稳定速度下放重物时电动机的转差率。

【例7-1】 一台绕线转子三相异步电动机拖动起重机主钩，其额定功率 $P_N=20kW$，额定电压 $U_N=380V$，定、转子绕组均为Y接，极数 $2p=6$，电动机的额定转速 $n_N=960r/min$，电动机的过载能力 $\lambda_m=2$，转子额定电动势 $E_{2N}=208V$，转子额定电流 $I_{2N}=76A$。升降某重物的转矩 $T_L=T_N$，忽略空载转矩 T_0，请计算：

① 转子回路每相串入 $R_{adA}=0.88\Omega$ 时转子转速；

② 转速为 $-430r/min$ 时转子回路每相应串入的电阻值。

解：

① 转子每相串 $R_{adA}=0.88\Omega$ 后的转速 n_A 的计算

电动机的同步转速

$$n_s=\frac{60f}{p}=\frac{60\times 50}{3}=1000(r/min)$$

额定转差率

$$s_N=\frac{n_s-n_N}{n_s}=\frac{1000-960}{1000}=0.04$$

转子每相电阻

$$R_2=\frac{s_N E_{2N}}{\sqrt{3}I_{2N}}=\frac{0.04\times 208}{\sqrt{3}\times 76}=0.0632(\Omega)$$

设转子每相串入 R_{adA} 后，转速为 n_A，转差率为 s_A，则

$$\frac{s_A}{s_N}=\frac{R_2+R_{adA}}{R_2}$$

$$s_A=\frac{R_2+R_{adA}}{R_2}s_N=\frac{0.0632+0.88}{0.0632}\times 0.04=0.597$$

$$n_A=(1-s_A)n_s=(1-0.597)\times 1000=403(r/min)$$

② 转速为 -430 r/min 时转子每相串入电阻 R_{adB} 的计算

转差率

$$s_B=\frac{n_1-n_B}{n_1}=\frac{1000-(-430)}{1000}=1.43$$

转子每相串入电阻值为 R_{adB}，则

$$\frac{s_B}{s_N}=\frac{R_2+R_{adB}}{R_2}$$

$$R_{adB}=\left(\frac{s_B}{s_N}-1\right)R_2=\left(\frac{1.43}{0.04}-1\right)\times 0.0632=2.2(\Omega)$$

7.4 三相异步电动机能耗制动控制电路

由于半波整流能耗制动控制电路与全波整流能耗制动控制电路除整流电路部分不同外，其他部分基本相同，所以，下面仅以全波整流电路为例进行分析。

7.4.1 按时间原则控制的全波整流能耗制动控制电路

(1) 按时间原则控制的全波整流单向能耗制动控制电路

图7-5所示为一种按时间原则控制的全波整流单向能耗制动控制电路，它仅可用于单向

（不可逆）运行的三相异步电动机。

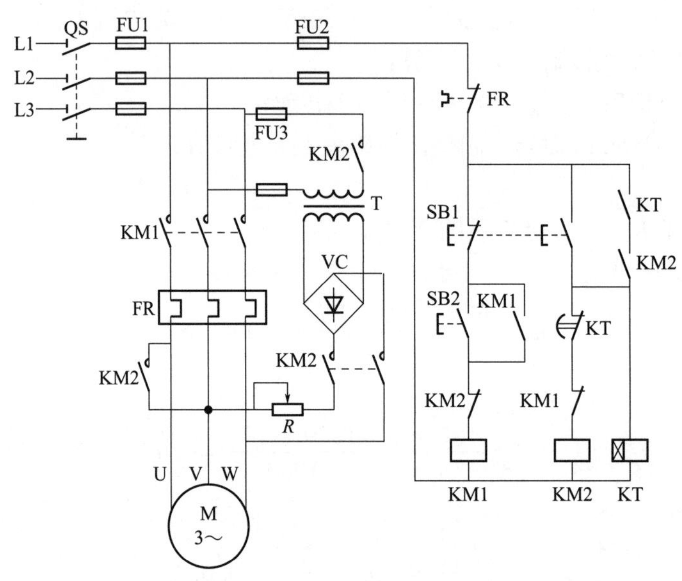

图 7-5　按时间原则控制的全波整流单向能耗制动控制电路

启动时，先合上电源开关 QS，然后按下启动按钮 SB2，使接触器 KM1 因线圈得电而吸合并自锁，KM1 的主触点闭合，电动机 M 接通电源直接启动。与此同时，KM1 的常闭辅助触点断开，切断了接触器 KM2 线圈回路（起互锁作用）。

停车时，按下停止按钮 SB1，首先使接触器 KM1 因线圈失电而释放，KM1 的主触点断开，电动机断电，做惯性运转，而 KM1 的各辅助触点均复位；与此同时，接触器 KM2 与时间继电器 KT 因线圈得电而同时吸合，并通过 KM2 的常开辅助触点及时间继电器 KT 瞬时闭合的常开触点自锁，KM2 的主触点闭合，电动机通入直流电流，进入能耗制动状态。当到达延时时间后，时间继电器 KT 延时断开的常闭触点断开，使 KM2 与 KT 因线圈断电而释放，KM2 的主触点断开，切断电动机的直流电源，能耗制动结束。

（2）按时间原则控制的全波整流可逆能耗制动控制电路

图 7-6 所示为一种按时间原则控制的全波整流可逆能耗制动控制电路，它可用于双向（可逆）运行的三相异步电动机。

按时间原则控制的全波整流可逆能耗制动控制电路的工作原理与按时间原则控制的全波整流单向能耗制动控制电路相似，故不赘述。

7.4.2　按速度原则控制的全波整流能耗制动控制电路

（1）按速度原则控制的全波整流单向能耗制动控制电路

图 7-7 所示为一种按速度原则控制的全波整流单向能耗制动控制电路，它仅可用于单向（不可逆）运行的三相异步电动机。

启动时，先合上电源开关 QS，然后按下启动按钮 SB2，使接触器 KM1 因线圈得电而吸合并自锁，KM1 的主触点闭合，电动机 M 接通电源直接启动。与此同时，KM1 的常闭辅

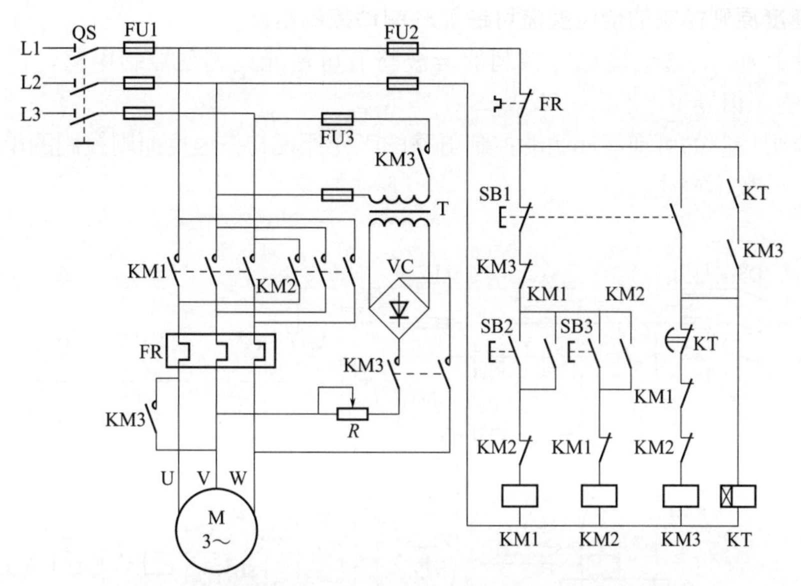

图 7-6　按时间原则控制的全波整流可逆能耗制动控制电路

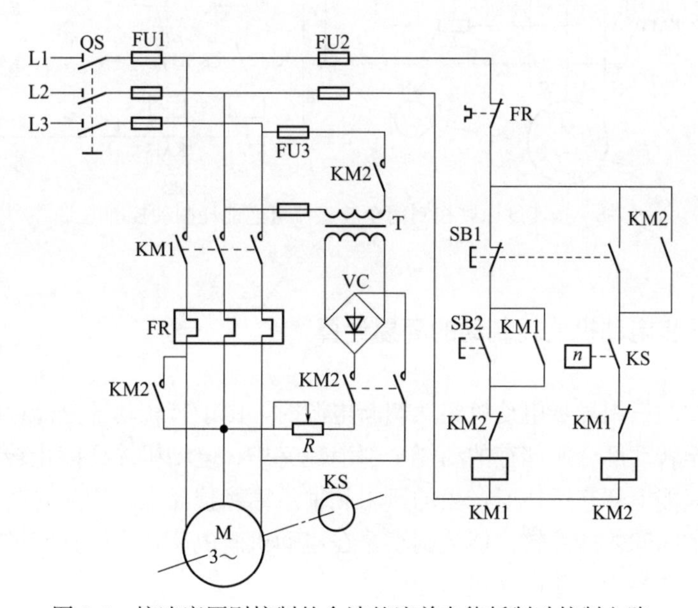

图 7-7　按速度原则控制的全波整流单向能耗制动控制电路

助触点断开，切断了接触器 KM2 线圈回路（起互锁作用）。当电动机的转速升高到一定数值（此数值可调）时，速度继电器 KS 的常开触点闭合，因 KM1 的常闭辅助触点已断开，这时接触器 KM2 线圈不通电，KS 的常开触点的闭合，仅为反接制动做好了准备。

停车时，按下停止按钮 SB1，接触器 KM1 首先因线圈断电而释放，KM1 的主触点断开，电动机断电，做惯性运转，而 KM1 的各辅助触点均复位；与此同时，接触器 KM2 因线圈得电而吸合并自锁，KM2 的主触点闭合，电动机通入直流电流，进入能耗制动状态。使电动机的转速迅速下降。当转速降至速度继电器 KS 的整定值以下时，KS 的常开触点断开，使接触器 KM2 因线圈断电而释放，KM2 的主触点断开，切断电动机的直流电源，能耗制动结束。

（2）按速度原则控制的全波整流可逆能耗制动控制电路

图 7-8 所示为一种按速度原则控制的全波整流可逆能耗制动控制电路，它可用于双向（可逆）运行的三相异步电动机。

按速度原则控制的可逆能耗制动控制电路的工作原理与按速度原则控制的单向能耗制动控制电路相似，故不赘述。

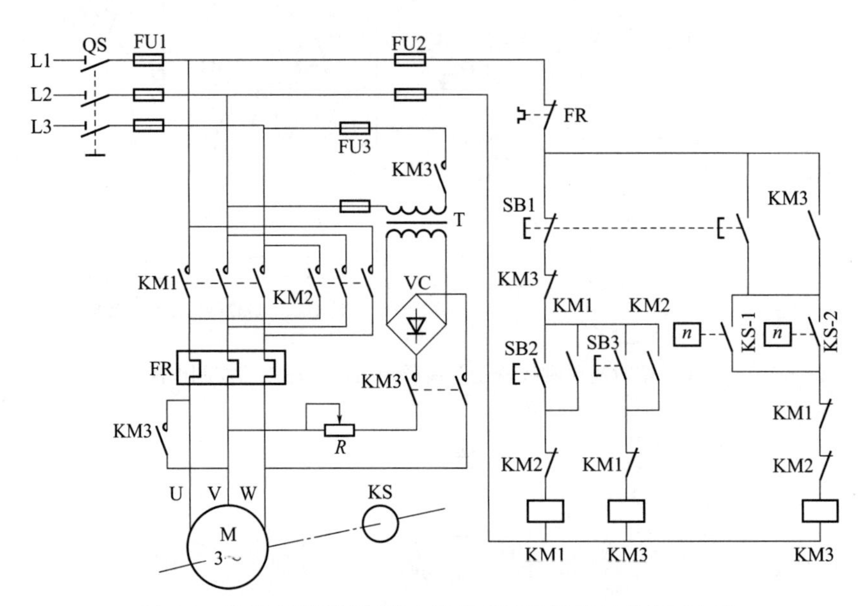

图 7-8　按速度原则控制的全波整流可逆能耗制动控制电路

7.4.3　三相异步电动机能耗制动的简易计算

当正在运转中的三相异步电动机突然切断电源时，由于其转动部分储存的动能，将使转子继续旋转，直至转动部分所储存的动能全部消耗完毕，电动机才会停止转动。如果不采取任何措施，动能只能消耗在运转所产生的风阻和轴承摩擦损耗上，因为这些损耗很小，所以电动机需要较长的时间才能停转。能耗制动是在电动机断电后，立即在定子绕组中通入直流励磁电流，产生制动转矩，使电动机迅速停转。

为了实现三相异步电动机的能耗制动，应将处于电动运行状态的三相异步电动机的定子绕组从交流电源上切除，并立即把它接到直流电源上去，而三相异步电动机的转子绕组或是直接短路，或是经过电阻 R_{ad} 短路。三相异步电动机能耗制动控制电路如图 7-9（a）所示。

当把电动机定子绕组的三相交流电源切断后，将其三相定子绕组的任意两个端点立即接上直流电源，此时，在定子绕组中将产生一个静止的磁场，如图 7-9(b）所示，而转子因机械惯性仍继续旋转，转子导体则切割此静止磁场而感应电动势和电流，其转子电流与磁场相互作用将产生电磁转矩 T_e，该电磁转矩 T_e 的方向可由左手定则判定，如图 7-9(b）所示，从图中可见，电磁转矩 T_e 的方向与转子转动的方向相反，为一个制动转矩，将使电动机转子的转速 n 下降。当转子的转速降为零时，转子绕组中的感应电动势和电流为零，电动机的电磁转矩也降为零，制动过程结束。这种制动方法把转子的动能转变为电能消耗在转子绕组的铜耗中，故称为能耗制动。

由能耗制动的工作原理可知，其制动转矩与直流磁场、转子感应电流的大小有关，故能耗制动在高速时制动效果较好，当电动机的转速较低时，由于转子感应电流和电动机的电磁转矩均较小，制动效果较差。改变定子绕组中的直流励磁电流或改变绕线转子电动机转子回路中串入的电阻 R_{ad}，均可以调节制动转矩的大小。

三相异步电动机能耗制动时的机械特性如图 7-10 所示，从图中可以看出，当直流励磁一定，而转子电阻增加时，产生最大制动转矩时的转速也随之增加，但是产生的最大转矩值不变，如图 7-10 中的曲线 1 和曲线 3 所示；当转子回路的电阻不变，而增大直流励磁时，则产生的最大制动转矩增大，但产生最大制动转矩时的转速不变，如图 7-10 中的曲线 1 和曲线 2 所示。

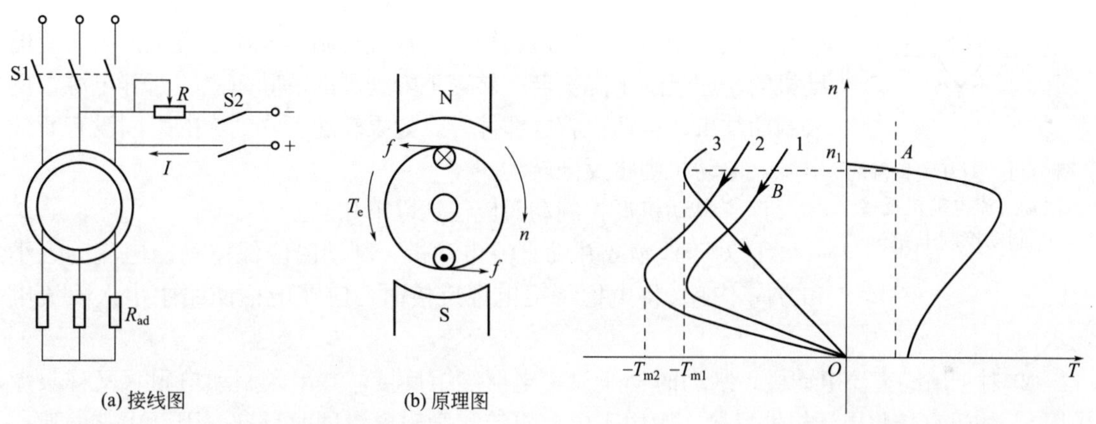

(a) 接线图　(b) 原理图

图 7-9　三相异步电动机能耗制动

图 7-10　三相异步电动机能耗制动时的机械特性

采用能耗制动停车时，考虑到既要有较大的制动转矩，又不要使定子、转子回路电流过大而使绕组过热，根据经验，对于图 7-9 所示接线方式的三相异步电动机能耗制动时，可用下列各式计算异步电动机定子直流电流 I_{-} 和转子回路所串电阻 R_{ad}。

对于笼型异步电动机取

$$I_{-}=(4\sim5)I_0$$

对于绕线转子异步电动机

$$I_{-}=(2\sim3)I_0$$

$$R_{ad}=(0.2\sim0.4)\frac{E_{2N}}{\sqrt{3}I_{2N}}-R_2$$

式中　I_0——三相异步电动机的空载电流，A，$I_0=(0.2\sim0.5)I_{1N}$；

I_{1N}——三相异步电动机的定子额定电流，A；

I_{2N}——绕线转子三相异步电动机的转子额定电流，A；

E_{2N}——绕线转子三相异步电动机的转子额定电动势，V；

R_2——绕线转子三相异步电动机的转子绕组电阻，Ω。

7.5 直流电动机反接制动控制电路

7.5.1 刀开关控制的他励直流电动机反接制动控制电路

图 7-11 为刀开关控制的他励直流电动机反接制动控制电路。图中 S 是双向双刀开关。

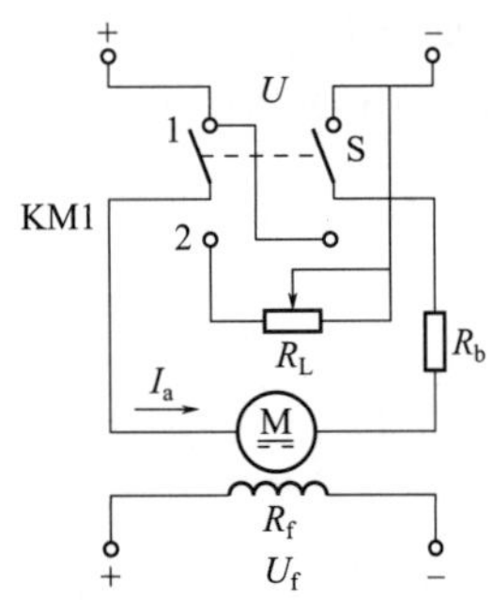

图 7-11 刀开关控制的他励直流电动机反接制动控制电路

当双向双刀开关 S 扳在图中位置“1”时，他励直流电动机正常运行，电磁转矩属于拖动性质的转矩。

当需要停车时，将双向双刀开关 S 扳向图中位置“2”，因为开关 S 刚刚扳向下边瞬间，由于机械惯性的存在，电动机的转速不会突变，励磁电流的大小和方向也并没有改变，只改变了电枢两端的电压极性，从而使电动机电磁转矩反向，成为制动性质的转矩，因而使电动机的转速迅速下降。若在转速下降到零的瞬间，立即断开电源，反接制动结束，电动机将立即停转。如果转速下降到零的瞬间没有断开电源，电动机则将反向转动。

直流电动机反接制动时应注意以下几点。

① 对于他励或并励直流电动机，制动时应保持励磁电流的大小和方向不变。将电枢绕组电源反接时，应在电枢回路中串入限流电阻 R_L。

② 对于串励直流电动机，制动时一般只将电枢绕组反接，并串入制动电阻（又称限流电阻）。如果直接将电源极性反接，则由于电枢电流和励磁电流同时反向，因而由它们建立的电磁转矩 T_e的方向却不改变，不能实现反接制动。

③ 当电动机的转速下降到零时，必须及时断开电源，否则电动机将反转。

④ 由于制动过程中，电枢电流较大，会使电动机发热，因此这种制动方法不适合频繁启动、停止的生产机械。

7.5.2 按钮控制的并励直流电动机反接制动控制电路

图 7-12 是用按钮控制的并励直流电动机反接制动控制电路，图中，KM1 是运行接触器；KM2 是制动接触器。

制动时，按下停止按钮 SB1，其常闭触点断开，使运行接触器 KM1 断电释放，切断电枢电源。与此同时 SB1 的常开触点闭合，接通制动接触器 KM2 线圈电路，KM2 吸合，将直流电动机电枢电源反接，于是电动机电磁转矩成为制动转矩，使电动机转速迅速下降到接近零时，放开停止按钮 SB1，制动过程结束。图 7-12 中的 R_L 为制动电阻。

7.5.3 直流电动机反接制动的简易计算

他励直流电动机反接制动可分为电压反接的反接制动（简称电压反接制动或反接制动）和转速反向的反接制动（又称倒拉反转运行）两种方法。

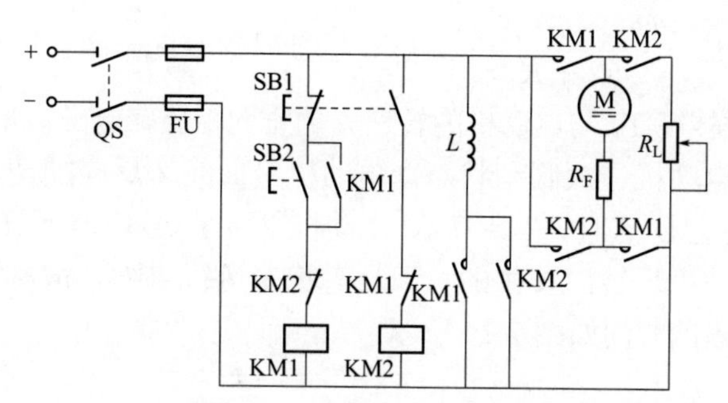

图 7-12 按钮控制的并励直流电动机反接制动控制电路

(1)电压反接的反接制动

电压反接制动是把正向运行的他励直流电动机的电枢绕组电压突然反接，同时在电枢回路中串入限流的反接制动电阻 R_L 来实现的，其原理接线图如图 7-11 所示。

反接制动时的电枢电流 I_a 是由电源电压 U_N 和电枢电动势 E_a 共同建立的，因此数值较大。为使制动时的电枢电流在允许值以内，反接制动时应在电枢回路中串入起限流作用的制动电阻 R_L，制动电阻 R_L 可参考下式选择：

$$R_L \geqslant \frac{U_N + E_a}{(2 \sim 2.5) I_{aN}} - R_a$$

或

$$R_L \geqslant \frac{2U_N}{(2 \sim 2.5) I_{aN}} - R_a$$

式中 R_a——电枢绕组电阻，Ω；

I_{aN}——额定电枢电流，A；

U_N——电枢绕组的额定电压，V 。

由于电枢绕组的额定电压 U_N 与制动瞬间的电枢电动势 E_a 近似相等，即 $U_N \approx E_a$，所以反接制动时在电枢回路中串入的制动电阻 R_L 要比能耗制动时串入的制动电阻几乎大一倍。

反接制动的优点是制动转矩大，制动时间短。缺点是制动时要由电网供给功率，电网所供给的功率和机组的动能全部消耗在电枢回路电阻及制动电阻 R_L 上，因此很不经济。而且制动过程中冲击强烈，易损坏传动零件。

(2)转速反向的反接制动

一台他励直流电动机拖动位能性恒转矩负载运行，运行点为图 7-13 中电动机的机械特性（曲线 1）与负载的机械特性（曲线 3）的交点 A，此时电动机以转速 n_A 提升重物。

若在该直流电动机的电枢回路中串入电阻时，电动机的转速 n 将下降。但是，如果突然在电动机电枢回路中串入一个足够大的电阻 R_L，则电动机的机械特性将立即变为图 7-13 中的曲线 2。由于机械惯性，电动机的转速 n_A 来不及突变，电动机的运行点将由曲线 1 上的 A 点过渡到曲线 2 上的 B 点。从图 7-13 可用看出，在 B 点，电动机的电磁转矩 T_{eB} 小于负载转矩 T_L，即 $T_{eB} < T_L$，电动机将沿曲线 2 减速，到 C 点时，电动机的转速为零，电动运行状态结束。此时，电动机的电磁转矩 T_{eC} 仍小于负载转矩 T_L，电动机在重物作用下反向加速，运行点进入第四象限，开始下放重物。

下放重物时，由于电动机的转速 n 反向，即 $n<0$，所以电动机的电枢电动势 E_a 也随之

反向，但是电枢电流 $I_a=\dfrac{U_N-(-E_a)}{R_a+R_L}$ 与电动运行时的方向一致，因此电动机的电磁转矩 T_e 仍为正。此时电磁转矩 T_e 与电动机的转速 n 的方向相反，电磁转矩 T_e 为制动性质的转矩。所以可以判断出电动机进入制动状态。电动机沿曲线 2 反向加速，电动机的电磁转矩 T_e 也逐渐增大，当到达 D 点时，$T_e=T_L$，电动机以转速 n_D 均匀下放重物。这种情况是由于位能性负载拖着电动机反转而发生的，而且有稳定运行点 D，故称为倒拉反转运行。倒拉反转运行时各物理量的方向如图 7-14 所示。

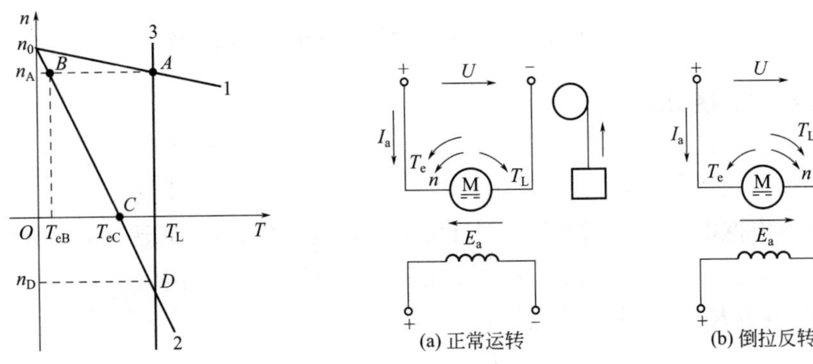

图 7-13　倒拉反转运行时的机械特性　　图 7-14　倒拉反转运行时各物理量的方向

倒拉反转运行的功率关系与电压反接制动过程的功率关系一样，区别仅在于机械能的来源，在电压反接制动中，向电动机输送的机械功率是负载所释放的动能；而在倒拉反转运行中，机械功率则是负载的位能变化提供的。因此，倒拉反转制动方式不能用来停车，只能用于下放重物。倒拉反转运行时，电枢回路中应串入的制动电阻 R_L 可由下式求得：

$$R_L=\frac{U_N+E_a}{I_a}-R_a$$

式中，I_a 为带负载运行时的电枢电流，即 $I_a=\dfrac{T_L}{T_N}I_{aN}$（$T_N$ 为电动机的额定转矩；I_{aN} 为电动机的额定电枢电流；T_L 为负载转矩）。

【例 7-2】 一台他励直流电动机，额定功率 $P_N=5.5\text{kW}$，额定电压 $U_N=220\text{V}$，额定电流 $I_N=30.3\text{A}$，额定转速 $n_N=1000\text{r/min}$，电枢回路总电阻 $R_a=0.74\Omega$，忽略空载转矩 T_0，电动机带额定负载运行，要求电枢电流最大值 $I_{amax}\leqslant 2I_{aN}$，若该电动机正在运行于正向电动运行状态，试计算：

① 负载为恒转矩负载，若采用反接制动停车时，在电枢回路中应串入的制动电阻最小值 R_{Lmin} 是多少？

② 若负载为位能性恒转矩负载，例如起重机，忽略传动机构损耗，要求电动机运行在 -500r/min 匀速下放重物，采用倒拉反转运行，在电枢回路中应串入的制动电阻 R_L 是多少？

解：(1) 负载为恒转矩负载，采用反接制动时，在电枢回路中应串入的 R_{Lmin}

① 计算额定运行时的电枢感应电动势 E_{aN}

$$E_{aN}=U_N-I_{aN}R_a=220-30.3\times0.74=197.6(\text{V})$$

② 反接制动时应串入的制动电阻最小值 R_{Lmin}

$$R_{\text{Lmin}}=\frac{U_{\text{N}}+E_{\text{aN}}}{I_{\text{amax}}}-R_{\text{a}}=\frac{U_{\text{N}}+E_{\text{aN}}}{2I_{\text{aN}}}-R_{\text{a}}=\frac{220+197.6}{2\times 30.3}-0.74=6.15(\Omega)$$

（2）负载为位能性恒转矩负载，采用倒拉反转运行时，在电枢回路中应串入的 R_{L}

① 转速 $n=-500\text{r/min}$ 时的电枢感应电动势 E_{a}

$$E_{\text{a}}=\frac{n}{n_{\text{N}}}E_{\text{aN}}=\frac{-500}{1000}\times 197.6=-98.8(\text{V})$$

② 应在电枢回路中串入的制动电阻 R_{L}

$$R_{\text{L}}=\frac{U_{\text{N}}-E_{\text{a}}}{I_{\text{aN}}}-R_{\text{a}}=\frac{220-(-98.8)}{30.3}-0.74=9.78(\Omega)$$

7.6 直流电动机能耗制动控制电路

7.6.1 按钮控制的并励直流电动机能耗制动控制电路

图 7-15 是按钮控制的并励直流电动机能耗制动控制电路。其工作原理如下。

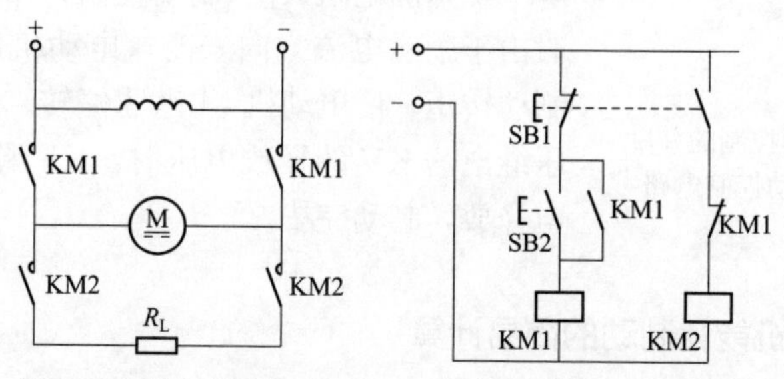

图 7-15　按钮控制的并励直流电动机能耗制动控制电路

启动时，按下启动按钮 SB2，接触器 KM1 线圈得电吸合并自锁，接触器的主触点 KM1 闭合，接通了直流电动机的电枢绕组电源，电动机启动运行。

需要能耗制动时，按下停止按钮 SB1 时，KM1 线圈断电释放，其常开触点将电动机的电枢从电源上断开，与此同时，接触器 KM2 得电吸合，接触器 KM2 的常开触点闭合，使电动机的电枢绕组与一个外加电阻 R_{L}（制动电阻）串联构成闭合回路，这时励磁绕组则仍然接在电源上。由于电动机的惯性而旋转使它成为发电机。这时电枢电流的方向与原来的电枢电流方向相反，电枢就产生制动性质的电磁转矩，以反抗由于惯性所产生的力矩，使电动机迅速停止旋转。调整制动电阻 R_{L} 的阻值，可调整制动时间，制动电阻 R_{L} 越小，制动越迅速，R_{L} 值越大，则制动时间越长。

直流电动机能耗制动时应注意以下几点。

① 对于他励或并励直流电动机，制动时应保持励磁电流大小和方向不变。切断电枢绕组电源后，立即将电枢与制动电阻 R_{L} 接通，构成闭合回路。

② 对于串励直流电动机，制动时电枢电流与励磁电流不能同时反向，否则无法产生制动转矩。所以，串励直流电动机能耗制动时，应在切断电源后，立即将励磁绕组与电枢绕组反向串联，再串入制动电阻 R_{L}，构成闭合回路，或将串励改为他励形式。

③ 制动电阻 R_{L} 的大小要选择适当，电阻过大，制动缓慢；电阻过小，电枢绕组中的电流将超过电枢电流的允许值。

④ 能耗制动操作简便，但低速时制动转矩很小，停转较慢。为加快停转，可加上机械制动闸。

7.6.2 电压继电器控制的并励直流电动机能耗制动控制电路

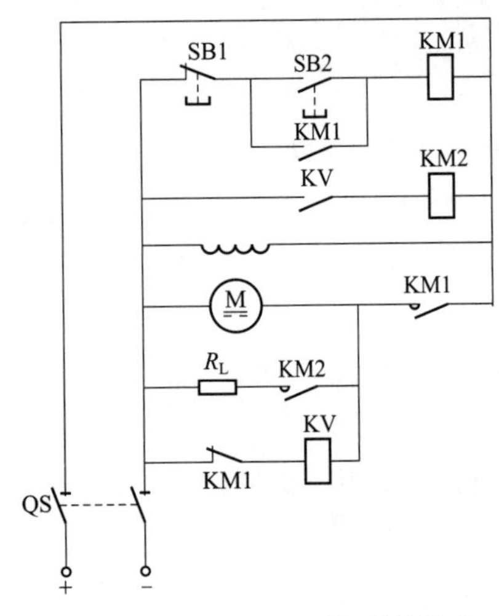

图 7-16 电压继电器控制的并励直流电动机能耗制动控制电路

电压继电器控制的并励直流电动机能耗制动控制电路如图 7-16 所示。其工作原理如下。

启动时，按下启动按钮 SB2，接触器 KM1 线圈得电吸合并自锁，其主触点 KM1 闭合，接通了直流电动机的电枢绕组电源，电动机启动运行。

需要能耗制动时，按下停止按钮 SB1，接触器 KM1 失电释放，其常闭触点 KM1 复位，电压继电器 KV 得电吸合，KV 的常开触点闭合，使制动接触器 KM2 得电吸合，接触器 KM2 的常开触点闭合，使电动机的电枢绕组与一个外加电阻 R_L（制动电阻）串联构成闭合回路。此时由于励磁电流方向未变，电动机所产生的电磁转矩为制动转矩，使电动机 M 迅速停转。电枢反电动势低于电压继电器 KV 的释放电压时，KV 释放，接触器 KM2 失电释放，制动完毕。

7.6.3 直流电动机能耗制动的简易计算

以他励直流电动机拖动反抗性恒转矩负载为例，其接线图及机械特性如图 7-17 所示。

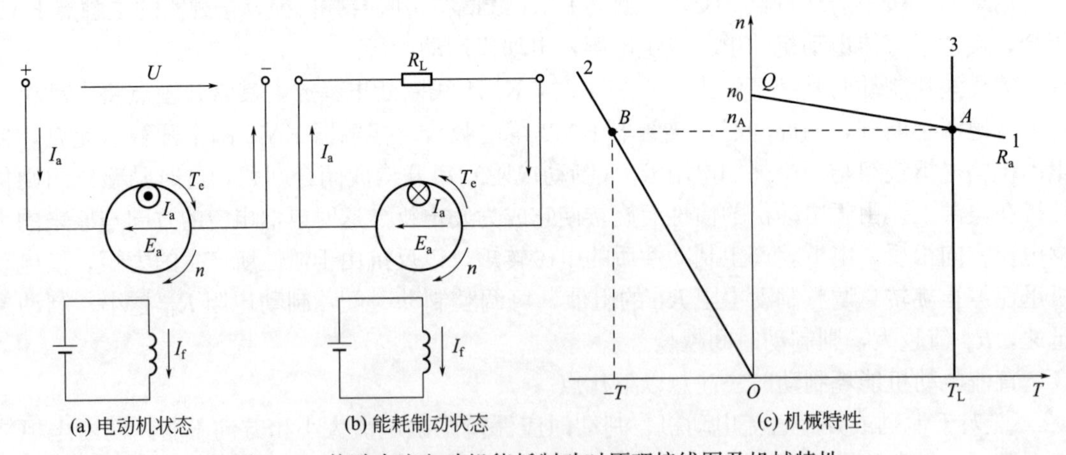

图 7-17 他励直流电动机能耗制动时原理接线图及机械特性

制动前，他励直流电机作电动机运行，其接线图、电枢绕组电源电压 U、电枢绕组感应电动势 E_a、电枢电流 I_a、电动机的电磁转矩 T_e 和电动机的转向如图 7-17(a) 所示。此时，电动机的机械特性为图 7-17(c) 中的曲线 1，它与负载的机械特性曲线相交于工作点 A，电动机的转速为 n_A。

能耗制动时的接线如图 7-17(b）所示。首先切断电枢绕组的电源，$U=0$，并立即将电枢回路经电阻 R_L 闭合。此时电动机内磁场依然不变，机组储存的动能使电枢（又称转子）继续旋转。因为能耗制动过程中，电枢绕组的感应电动势 $E_a=C_e\Phi_N n>0$，所以电枢电流的表达式为

$$I_a=\frac{U-E_a}{R_a+R_L}=-\frac{E_a}{R_a+R_L}$$

从上式可知，能耗制动时电枢电流 I_a 和电磁转矩 T_e 都与原来电动机运行状态时的方向相反。此时，电磁转矩 T_e 的方向与电枢旋转方向相反而起制动作用，加快了机组的停车，一直到把机组储藏的动能完全消耗在制动电阻 R_L 和机组本身的损耗上时，机组就停止转动，故称能耗制动。

直流电动机能耗制动方法简单，操作简便，制动时利用机组的动能来取得制动转矩，电动机脱离电网，不需要吸收电功率，比较经济、安全。但制动转矩在低速时变得很小，故通常当转速降到较低时，就加上机械制动闸，使电动机更快停转。

一般可按最大制动电流不大于 2～2.5 倍额定电枢电流 I_{aN} 来计算制动电阻 R_L，即

$$R_L\geqslant\frac{E_a}{(2\sim2.5)I_{aN}}-R_a$$

式中　R_a——电枢绕组电阻，Ω；

E_a——制动前电枢电动势，V；

I_{aN}——额定电枢电流，A。

【例 7-3】 例 7-2 中的他励直流电动机，仍忽略空载转矩 T_0，负载仍为恒转矩负载，电动机带额定负载运行时，忽略电枢反应，采用能耗制动停车，要求电枢电流最大值 $I_{amax}\leqslant 2I_{aN}$，试计算：在电枢回路中应串入的制动电阻最小值 R_{Lmin} 是多少?

解：负载为恒转矩负载，采用能耗制动时，在电枢回路中应串入的 R_{Lmin}。

因为该电动机的励磁方式为他励，所以电动机的额定电枢电流 $I_{aN}=I_N=30.3A$。

① 计算额定运行时的电枢感应电动势 E_{aN}

$$E_{aN}=U_N-I_{aN}R_a=220-30.3\times0.74=197.6(V)$$

② 能耗制动时应串入的制动电阻最小值 R_{Lmin}

$$R_{Lmin}=\frac{E_{aN}}{I_{amax}}-R_a=\frac{E_{aN}}{2I_{aN}}-R_a=\frac{197.6}{2\times30.3}-0.74=2.52(\Omega)$$

7.7 串励直流电动机常用制动控制电路

7.7.1 串励直流电动机能耗制动控制电路

(1) 自励式能耗制动

自励式能耗制动的原理是，当电动机断开电源后，将励磁绕组反接并与电枢绕组和制动电阻串联构成闭合回路，使惯性运转的电枢处于自励发电状态，产生与原方向相反的电流和电磁转矩，迫使电动机迅速停转。串励电动机自励式能耗制动控制电路如图 7-18 所示。

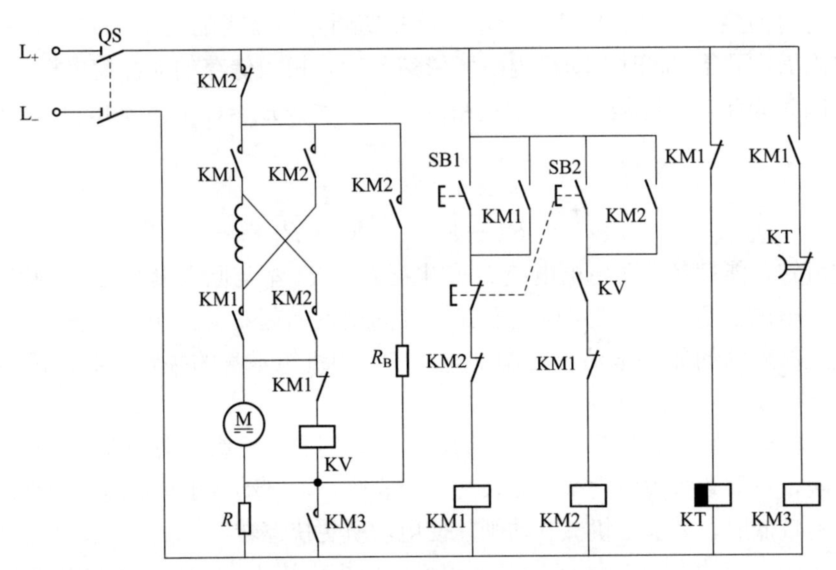

图 7-18　串励电动机自励式能耗制动控制电路

自励式能耗制动设备简单，在高速时，制动力矩大，制动效果好。但在低速时，制动力矩减小很快，使制动效果变差。

（2）他励式能耗制动

串励直流电动机他励式能耗制动控制电路如图 7-19 所示。制动时，切断电动机电源，将电枢绕组与放电电阻 R_1 接通，励磁绕组与电枢绕组断开后串入分压电阻 R_2，再接入外加直流电源励磁。由于串励绕组电阻很小，若外加电源与电枢电源共用时，需要在串励回路串入较大的降压电阻。这种制动方法不仅需要外加的直流电源设备，而且励磁电路消耗的功率较大，所以经济性较差。

小型串励直流电动机作为伺服电动机使用时，采用的他励式能耗制动控制电路如图 7-20 所示。其中，R_1 和 R_2 为电枢绕组的放电电阻，减小它们的阻值可使制动力矩增大；R_3 是限流电阻，防止电动机启动电流过大；R 是励磁绕组的分压电阻；SQ1 和 SQ2 是行程开关。电路的工作原理请自行分析。

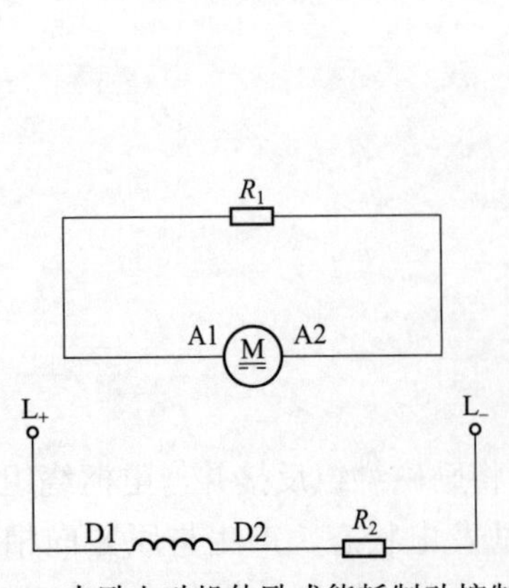

图 7-19　串励电动机他励式能耗制动控制电路

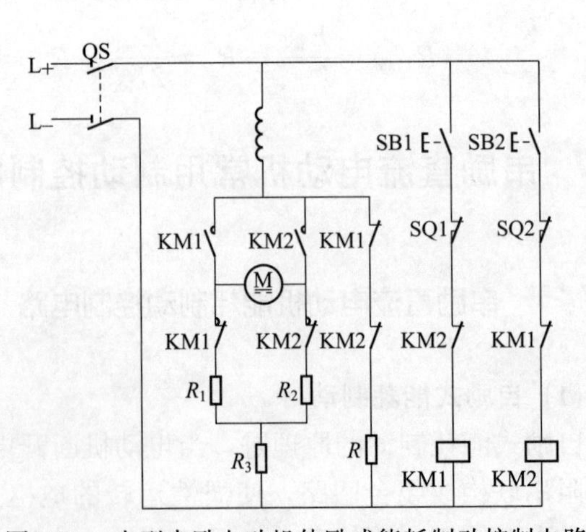

图 7-20　小型串励电动机他励式能耗制动控制电路

7.7.2 串励直流电动机反接制动控制电路

串励直流电动机反接制动可通过位能负载时转速反向法和电枢直接反接法两种方式来实现。

(1) 位能负载时转速反向法

这种方法通过强迫电动机的转速反向，使电动机的转速方向与电磁转矩的方向相反来实现制动。如提升机下放重物时，电动机在重物（位能负载）的作用下，转速 n 与电磁转矩 T_e 反向，使电动机处于制动状态，如图 7-21 所示。

(2) 电枢直接反接法

电枢直接反接法是切断电动机的电源后，将电枢绕组串入制动电阻后反接，并保持其励磁电流方向不变的制动方法。必须注意的是，采用电枢反接制动时，不能直接将电源极性反接，否则，由于电枢电流和励磁电流同时反向，起不到制动作用。串励直流电动机反接制动自动控制电路如图 7-22 所示。

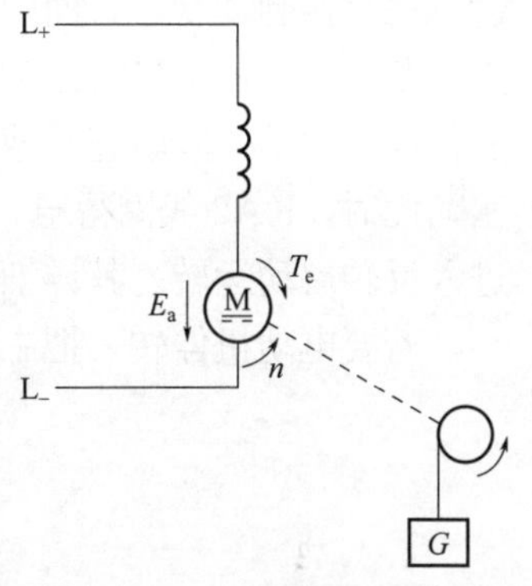

图 7-21　串励电动机转速反向法制动控制原理图

图 7-22 中 AC 是主令控制器，用来控制电动机的正反转；KM 是线路接触器；KM1 是正转接触器；KM2 是反转接触器；KA 是过电流继电器，用来对电动机进行过载和短路保护；KV 是零压保护继电器；KA1、KA2 是中间继电器；R_1、R_2 是启动电阻；R_B 是制动电阻。

该电路的工作原理如下。

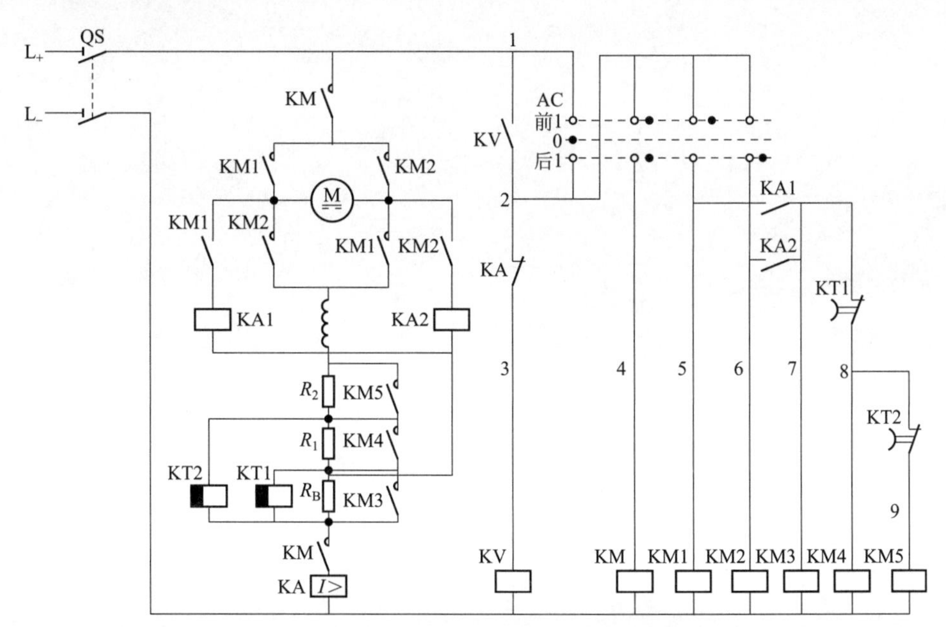

图 7-22　串励直流电动机反接制动自动控制电路

准备启动：将主令控制器 AC 手柄放在“0”位→ AC 触点（1-2）闭合→ 合上电源开关 QS→ 零压继电器 KV 线圈得电→ KV 常开触点闭合自锁。

电动机正转：将控制器 AC 手柄向前扳向“1”位置→ AC 触点（2-4）、（2-5）闭合→ KM 和 KM1 线圈得电→ KM 和 KM1 主触点闭合→ 电动机 M 串入电阻 R_1、R_2 和 R_B 启动 → KT1、KT2 线圈得电→ 它们的常闭触点瞬时分断→ KM4、KM5 处于断电状态。

因 KM1 得电时其辅助常开触点闭合→ 中间继电器 KA1 线圈得电→ KA1 常开触点闭合 → KM3、KM4、KM5 依次得电动作→ KM3、KM4、KM5 常开触点依次闭合，短接电阻 R_B、R_1、R_2→电动机启动完毕进入正常运转。

电动机反转：将主令控制器 AC 手柄由正转位置向后扳向“1”反转位置→ AC 触点（2-4）、（2-6）闭合，这时，接触器 KM1 和中间继电器 KA1 失电，其触点复位，电动机由于惯性仍沿正转方向转动。但电枢电源则由于接触器 KM、KM2 的接通而反向，使电动机运行在反接制动状态，而中间继电器 KA2 线圈上的电压变得很小，并未吸合，KA2 常开触点分断，接触器 KM3 线圈失电，KM3 常开触点分断，制动电阻 R_B 接入电枢电路，电动机进行反接制动，其转速迅速下降。当转速降到接近于零时，KA2 线圈上的电压升到吸合电压，此时，KA2 线圈得电，KA2 常开触点闭合，使 KM3 的得电动作，R_B 被短接，电动机进入反转启动运转。其详细过程请读者自行分析。

若要电动机停转，把主令控制器手柄扳向“0”位即可。

第8章 常用保护电路

8.1 电动机过载保护电路

8.1.1 电动机过载保护的目的和控制方法

(1) 电动机过载的原因

一般电动机都有一个固定的运行功率，称之为额定功率，单位为瓦（W）或千瓦（kW），如果在某种情况下电动机所驱动的机械设备的实际所需功率大于电动机铭牌所规定的额定功率运行时，称为电动机过载运行，也叫过负荷运行。

① 电动机过载主要有以下症状　电动机电流超过额定值；电动机温升超过额定温升，电机发热量大增；电机转速下降；电机有低鸣声；如果负载剧烈变化，会出现电机转速忽高忽低。

② 产生原因

a. 电气原因：如缺相运行、电压超出允许值（电压过高或过低）等；

b. 机械原因：如负荷过重、电动机损坏（轴承振动、损坏或生锈）等。

(2) 电动机过载保护的目的

当电动机过载时，因为负载转矩大于电动机的额定转矩，电动机则将以增大转子电流来提高电磁转矩，使新增转矩与负载转矩达到新的平衡继续运行。由于电动机转子电流增加，引起定子电流增加，造成电动机的铜耗增加。因此，将导致电动机因损耗增加而发热，时间一长，会使绝缘老化，甚至烧毁电动机。但是，如果电动机过载时间很短，发热量不大，且很快散发，电动机可以暂时承受过载运行。

电动机运行时，一般允许短时间过载（输出功率超过额定值称为过载），但是，如果过载时间太长，电动机的温升超过允许值，就会造成绝缘老化，缩短使用寿命，严重时甚至烧毁绕组。因此，为了防止电动机长时间过载运行而造成损坏，过载时间必须加以限制，这种保护就是电动机的过载保护。

(3) 电动机过载保护和热保护的区别

① 电动机过载保护　包括选用动力不配套、电动机功率偏小、小马拉大车、电动机长时间过载运行等。

② 电动机热保护　电动机的热保护首先包括过载保护，还包括以下几点现象的热保护：

a. 电压偏高或偏低。在特定负载下，若电压变动范围应在额定值的＋10%～－5%，否则会造成电动机过热；

b. 电动机因缺相运行。电动机若缺相运行，会造成电动机过热；

c. 三相异步电动机的运行电源的电压不平衡或三相相差过大；

d. 三相异步电动机在重载下的全压启动或频繁启动；

e. 电动机的转子和定子的间隙过小或相互摩擦；

f. 电动机接法错误，将△形误接成 Y 形，使电动机的温度迅速升高；

g. 电动机的定子铁芯硅钢片间的绝缘损坏；

h. 三相异步电动机定子绕组短路、断路或漏电。

(4) 防止电动机过载和过热的措施

① 负载过重时，要考虑适当减载或更换容量合适的电动机。

② 电源电压过高或过低，需加装三相电源稳压补偿柜。

③ 电动机长期严重受潮或有腐蚀性气体侵蚀，绝缘电阻下降。应根据具体情况，进行大修或更换同容量、同规格的封闭式电动机。

④ 轴承缺油、干磨或转子机械不同心，导致电动机转子扫膛，使电动机电流超过额定值。首先应认真检查轴承磨损情况，若不合格需更换新轴承；其次，清洗轴承并注入适量润滑脂。然后检查电动机端盖，若端盖中心孔因磨损致使转子不同心，应对端盖进行处理或更换。

⑤ 机构传动部分发生故障，致使电动机过载而烧坏电动机绕组。检查机械部分存在的故障，并采取相应的措施。

(5) 电动机过载保护的控制方法

① 在电动机主电路中装置一个热继电器（过载保护），当电动机过载时，热继电器动作，其常闭触点切断控制电路，常开触点闭合接通指示灯，过载排除后，热继电器的触点有两种复位方式使电路重新开始工作：手动复位——需要按下复位按钮；自动复位——过载排除后，等一会儿，它冷却后自动恢复正常。

② 采用电动机过载保护电路。如采用双路熔断器并联的控制电路、使用电流继电器的电动机保护电路、使用晶闸管的电动机过流保护电路等。

8.1.2 电动机双闸式保护电路

三相交流电动机启动电流很大，一般是额定电流的 4～7 倍，故选用的熔丝电流较大，一般只能起到短路保护的作用，不能起到过载保护的作用。若选用的熔丝电流小一些，可以起到过载保护的作用，但电动机正常启动时，会因为启动电流较大，而造成熔丝熔断，使电动机不能正常启动。这对保护运行中的电动机很不利。如果采用双闸式保护电路，则可以解决上述问题。电动机双闸式保护是指用两只刀开关控制，电动机双闸式保护控制电路如图 8-1 所示。图中刀开关 Q1 用于电动机启动、刀开关 Q2 用于电动机运行。

启动时先合上启动刀开关 Q1，由于熔断器 FU1 的熔丝额定电流较大（一般为电动机额定电流的 1.5～2.5 倍），因此，电动机启动时，其熔丝不会熔断。当电动机进入正常运行后，再合上运行刀开关 Q2，断开启动刀开关 Q1。由于熔断器 FU2 的熔丝额定电流较小（一般等于电动机的额定电流），所以在电动机正常运行的情况下，熔丝不会熔断。但是，当电动机发生过载或断相运行时，电流增加到电动机额定电流的 1.73 倍左右，可使熔断器 FU2 的熔丝熔断，断开电源，保护电动机不被烧毁。

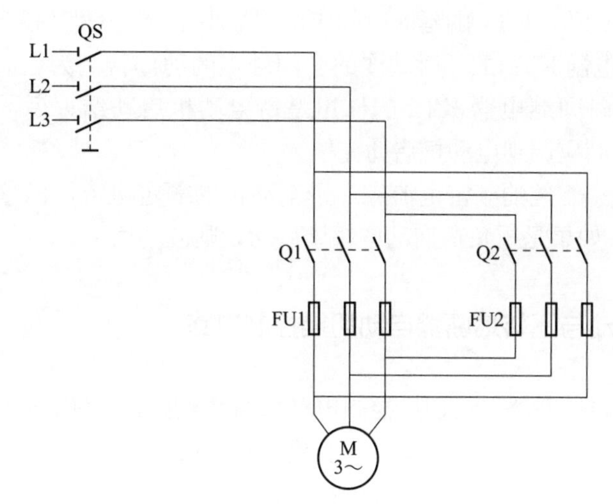

图 8-1　电动机双闸式保护电路

8.1.3　采用热继电器的电动机过载保护控制电路

图 8-2 是一种采用热继电器作电动机过载保护的控制电路。

热继电器是一种过载保护继电器，将它的发热元件串接到电动机的主电路中，紧贴热元件处装有双金属片（由两种不同膨胀系数的金属片压接而成）。若有较大的电流流过热元件时，热元件产生的热量将会使双金属片弯曲，当弯曲到一定程度时，便会将脱扣器打开，从而使热继电器 FR 的常闭触点断开。使接触器 KM 的线圈失电释放，接触器 KM 的主触点断开，电动机立即停止运转，达到过载保护的目的。

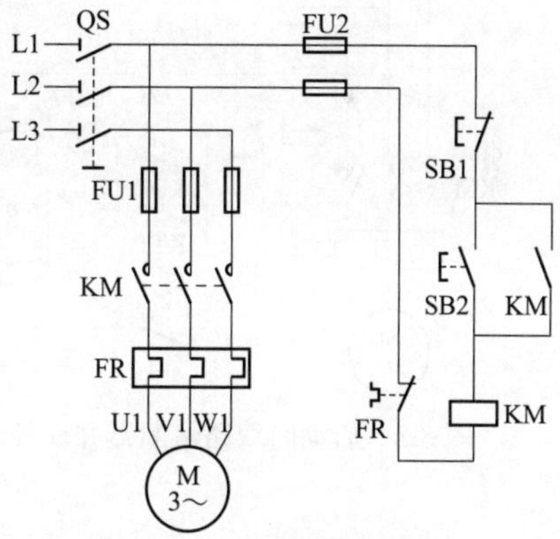

图 8-2　采用热继电器作电动机过载保护的控制电路

8.1.4　启动时双路熔断器并联控制电路

由热继电器和熔断器组成的三相异步电动机保护系统，通常前者作为过载保护用，后者作为短路保护用。在这种保护系统中，如果热继电器失灵，而过载电流又不能使熔断器熔断，则会烧毁电动机。如果电动机能顺利启动，而运行时熔断器熔丝的额定电流等于电动机额定电流，则发生过载时，即使热继电器失灵，熔断器也会熔断，从而保护了电动机。图 8-3 所示为一种启动时双路熔断器并联控制电路。

电动机启动时，两路熔断器装置并联工作。电动机启动完毕，正常运行时，第二路熔断器 FU2 自动退出。这样，由于第一路熔断器 FU1 熔丝的额定电流和电动机的额定电流一致，一旦发生过电流或其他故障，能将熔丝熔断，保护电动机。

图 8-3 中时间继电器 KT1 的延时动作的常开触点的动作特点为当时间继电器线圈得电时，触点延时闭合。时间继电器 KT1 的作用是保证熔断器 FU2 并联上后，接触器 KM2 再

动作，电动机才开始启动，KT1 的延时时间应调到最小位置（一般为零点几秒）。

图 8-3 中时间继电器 KT2 的延时动作的常闭触点的动作特点为当时间继电器线圈得电时，触点延时断开。时间继电器 KT2 的作用是待电动机启动结束后，切除第二路熔断器 FU2。KT2 的延时时间应调到电动机启动完毕。

选择熔丝时，FU1 熔丝的额定电流应等于电动机的额定电流，FU2 熔丝的额定电流一般与 FU1 的一样大，如果是重负荷启动或频繁启动，则应酌情增大。

8.1.5 电动机启动与运转熔断器自动切换控制电路

电动机启动与运转熔断器自动切换控制电路如图 8-4 所示，图中 KM2 与 FU2 分别为启动接触器与启动熔断器，图中 KM1 与 FU1 分别为运行接触器与运行熔断器。

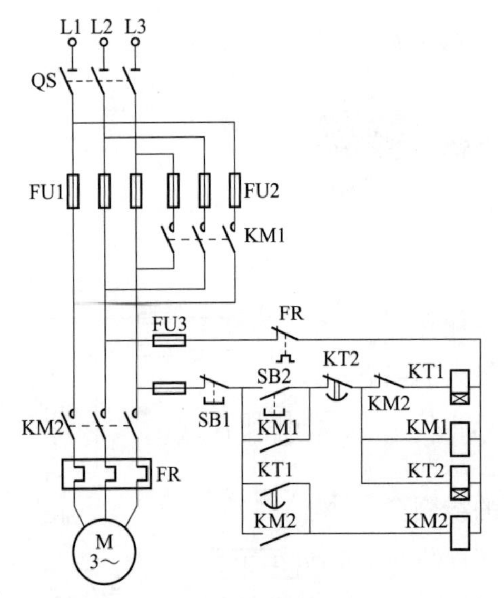

图 8-3　启动时双路熔断器并联控制电路

图 8-4　电动机启动与运转熔断器自动切换控制电路

图 8-4 中时间继电器 KT 的延时动作的常开触点的动作特点为当时间继电器线圈得电时，触点延时闭合。其作用是，在启动过程结束后，将时间继电器 KT 和启动接触器 KM2 切除。

电动机启动熔断器 FU2 熔丝的额定电流按满足启动要求选择，运行熔断器 FU1 熔丝的额定电流按电动机额定电流选择。时间继电器 KT 的延长时间（3～30s）视负载大小而定。

启动时，按下启动按钮 SB2，时间继电器 KT 和接触器 KM2 的线圈得电吸合，并通过时间继电器瞬时动作的常开触点 KT 自锁，启动接触器 KM2 的主触点闭合，将启动熔断器 FU2 接入电动机的主电路，电动机开始启动。当电动机启动结束后，时间继电器延时闭合的常开触点 KT 闭合，接触器 KM1 线圈得电吸合并自锁，运行接触器 KM1 的主触点闭合，将运行熔断器 FU1 接入电动机的主电路。与此同时，串接在时间继电器 KT 线圈回路中的接触器 KM1 的常闭辅助触点断开，使时间继电器 KT 线圈失电释放。时间继电器的触点复位，其中时间继电器瞬时动作的常开触点断开，使启动接触器 KM2 线圈失电释放，其主触点断开，将启动熔断器 FU2 切除。

8.1.6　采用电流互感器和热继电器的电动机过载保护电路(一)

为了防止电动机过载损坏，常采用热继电器 FR 进行过载保护。对于容量较大的电动机，如果没有合适的热继电器，则可以用电流互感器 TA 变流，将热继电器接在电流互感器 TA 的二次侧进行保护。使用电流互感器和热继电器的电动机过电流保护电路如图 8-5 所示。热继电器动作电流一般设定为电动机额定电流通过电流互感器变比换算后的电流值。通常，过载 1.25 倍，在 20min 内动作；过载 6～10 倍时，瞬时动作。

使用电流互感器的热继电器保护动作电流值可如下计算。

① 首先选择电流互感器，按电动机额定电流的 3 倍来选择。如电动机的额定电流为 200A，则电流互感器变比为 600/5。

② 再将电动机额定电流除以变比即为热继电器的整定电流值。

③ 最后按其整定电流值选择热继电器，最好整定电流为热继电器额定电流的中间值。

8.1.7　采用电流互感器和热继电器的电动机过载保护电路(二)

为了防止电动机过载损坏，常采用热继电器 FR 进行过载保护。对于容量较大的电动机，额定电流较大时，如果没有合适的热继电器，可以用电流互感器 TA 变流后，再接热继电器进行保护。如果启动时负载惯性转矩大，启动时间长（5s 以上），则在启动时可将热继电器短接，如图 8-6 所示。

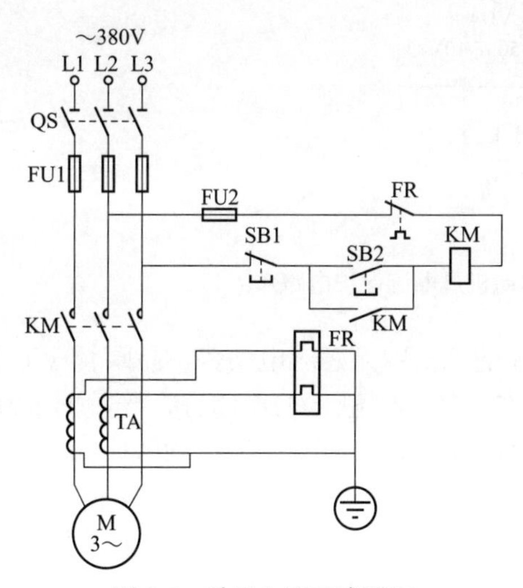

图 8-5　采用电流互感器和热继电器的电动机过载保护电路（一）

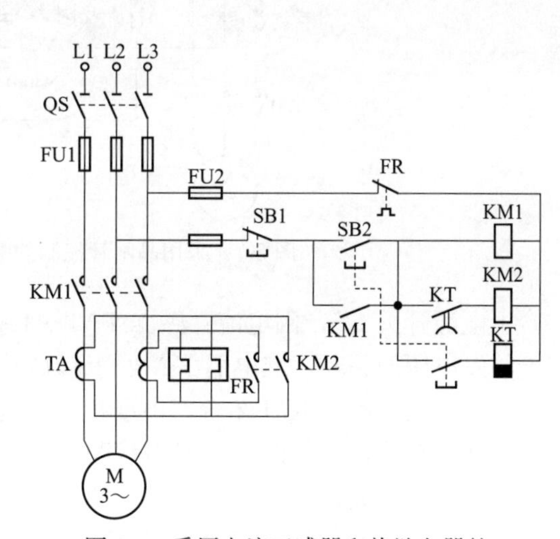

图 8-6　采用电流互感器和热继电器的电动机过载保护电路（二）

图 8-6 中时间继电器 KT 的延时动作的常开触点的动作特点为当时间继电器线圈得电时，触点瞬时闭合；当时间继电器线圈断电时，触点延时断开。其作用是，在启动过程中，将热继电器短接。

热继电器动作电流一般设定为电动机额定电流通过电流互感器电流比换算后的电流。

启动时，按下启动按钮 SB2，接触器 KM1 和时间继电器 KT 得电吸合，时间继电器延时动作的常开触点瞬时闭合，使接触器 KM2 的线圈得电吸合，其主触点 KM2 闭合，将热继电器的热元件短路。与此同时，接触器 KM1 的主触点闭合，电动机开始启动。当松开按钮 SB2 后，接触器 KM1 通过其常开辅助触点自锁，电动机继续启动运转，而时间继电器 KT 因线圈失电释放，经过一定时间的延时后，其常开触点延时断开，使接触器 KM2 线圈失电释放，其主触点 KM2 断开，将热继电器 FR 的热元件接入电动机的主电路，对电动机进行过载保护。

8.1.8 采用晶闸管的电动机过电流保护电路

采用晶闸管控制的电动机过电流保护电路，属电流开关型保护电路，如图 8-7 所示。

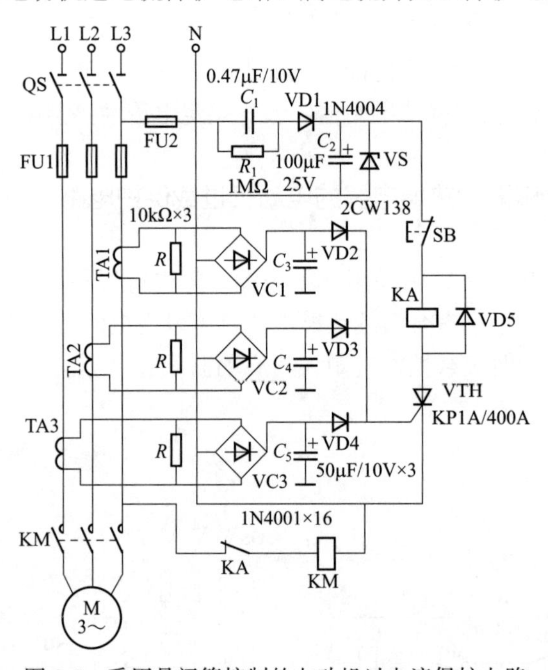

图 8-7 采用晶闸管控制的电动机过电流保护电路

合上电源开关 QS，因电流互感器 TA1～TA3 的二次中无感应电动势，晶闸管 VTH 的门极无触发电压而关断，继电器 KA 处于释放状态，其常闭触点 KA 闭合，接触器 KM 线圈得电吸合，其主触点 KM 闭合，电动机启动运行。电动机正常运行时，TA1～TA3 二次的感应电动势较小，不足以触发 VTH 导通。当电动机任一相出现过电流时，电流互感器二次的感应电动势增大，经整流桥 VC1、VC2、VC3 整流，C_3、C_4、C_5 滤波，通过或门电路（VD2～VD4），使 VTH 触发导通，使继电器 KA 线圈得电吸合，其常闭触点 KA 断开，使接触器 KM 线圈失电释放，其主触点 KM 断开，电动机停转。

检修时，应断开电源开关 QS。如果未断开电源开关 QS，故障排除后，VTH 仍维持导通，此时应按一下复位按钮 SB，使晶闸管 VTH 关断。

8.1.9 三相电动机过电流保护电路

三相电动机过电流保护电路如图 8-8 所示。它使用一只电流互感器来感应电流，在三相电动机电流出现超过正常工作电流时，KA 达到吸合电流而吸合，使主回路断电，从而使电动机过电流时断开电源。

图 8-8 中的时间继电器 KT 有两个延时动作触点，其中一个延时动作触点与电流互感器并联，其动作特点为当时间继电器线圈得电时，触点延时断开。其中另一个延时动作触点经中间继电器的线圈与电流互感器串联，其动作特点为当时间继电器线圈得电时，触点延时闭合。

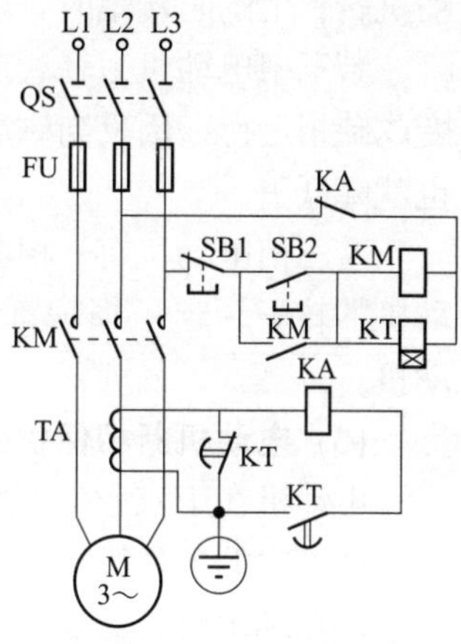

图 8-8　三相电动机过电流保护电路

由于电动机在启动时，电流很大，所以本电路将时间继电器的常闭触点先短接电流互感器，当电动机启动完毕后，时间继电器 KT 动作，KT 的常闭触点断开，KT 的常开触点闭合，把中间继电器 KA 的线圈接入电流互感器电路中。电动机运行时，若电动机过流，则中间继电器 KA 动作，其常闭触点断开，使接触器 KM 的线圈失电释放，KM 的主触点断开，使电动机的主电路断电，从而使电动机过电流时断开电源，保护电动机。

8.2 电动机断相保护电路

8.2.1 电动机断相保护的目的和控制方法

使用三相交流电的设备，如果出现断相（三相缺一相）会造成设备的损害，为防止这种损害的发生，在电源上加入保护设备，如果出现断相，即将设备的电源断开，这种保护措施叫断相保护。

（1）发生断相（缺相）的原因

① 三相电动机发生断相造成缺相运行的原因

a. 三相电动机的定子绕组有一相断线或电动机的电源电缆、架空进线有一相断线；

b. 三相电动机电源的熔断器有一相熔断或有一相接触不良；

c. 三相电动机的开关、刀闸有一相接触不良或有一相断开等。

② 三相电动机发生断相造成缺相运行的现象

a. 原来停止的三相电动机发生断相时，一旦通电不但启动不起来，而且还会发出“唔唔”作响的声音，用手拨一下电动机转子的轴，也许电动机能慢慢转动起来；

b. 正常运转的三相电动机，发生断相造成缺相运行时，电动机转子的电流突然增大，电动机温升会由此加剧，严重时甚至烧毁电动机。

（2）电动机断相（缺相）的危害分析

原来是停止的三相电动机，发生断相造成缺相时，电动机的正向电磁转矩等于反向电磁转矩，合成电磁转矩为零，说明电动机没有启动转矩，这就是当电动机有一相断电后启动不起来的原因。这是因为电动机部分定子绕组中有电流通过，因此电动机的铁芯中仍有磁通产生，所以电动机发出“唔唔”作响的声音。

正常运行的三相电动机发生断相造成缺相运行时，在该电动机的转子上作用着两个电磁转矩：一个正向电磁转矩驱动着电动机的转子，要使其继续转动；另外出现一个反向电磁转矩，起制动作用，使电动机总的合成电磁转矩减小。但只要电动机的合成电磁转矩尚大于电动机转轴上的阻转矩时，电动机还是可以转动的，只是电动机的转动速度陡然变慢罢了。

若三相电动机为轻载运行，那么三相电动机在有一相断电后将能继续运行；三相电动机变成缺相运行，因反向磁场的存在，电动机的无功电流上升、功率因数降低，电动机的效率也就降低了。

若三相电动机有一相断电后，仍带额定负载运行，电动机的转子、定子电流将增大，电动机的转子、定子损耗都会显著增加，电动机的发热加剧而造成过热，严重时将烧毁电动机。

(3) 电动机断相保护的目的

电动机在工农业生产中得到广泛的应用。在工业方面，中小型轧钢设备、各种机床和轻工业生产中的各种机械往往都是由电动机拖动的。在发电厂中绝大多数的厂用机械，例如给水泵、循环水泵、磨煤机、风机及各种电动阀门等，都是用电动机拖动的。在农业方面，拖动各种水泵和农业机械的大部分也是电动机。在日常生活中电动机也得到了广泛的应用。因此，电动机一旦产生故障则直接影响到工农业生产和人民的日常生活。电动机断相变成缺相运行是电动机常见的故障之一，通过对电动机断相原因危害进行分析，采取积极措施，保证电动机正常的运行，对工农业生产和发电厂安全经济运行，具有很大的现实意义。

据统计电动机烧毁有60%是因为缺相引起的，所以电动机的缺相保护非常重要。

(4) 电动机断相保护的方法

① 采用热继电器兼作电动机的过载或断相保护　对绕组为星形（Y）连接的三相异步电动机系列，三相电源线路上只需在两相上装设热继电器或普通型三相热继电器，则可对电动机任一相断相起保护作用。对绕组为三角形（△）连接的三相异步电动机系列，则应装设三相热继电器。正确地选配热继电器作为电动机运行中过载或断相保护装置，在目前不失为一种有效而切实达到解决电动机断相保护的措施之一。

② 采用电子装置作电动机的断相保护　基于电压的断相保护。原理是通过检测电源电压来发现是否存在缺相。一般这类产品往往兼有相序保护功能，称为“电压相序继电器”。优点是使用简单，一台“电压相序继电器”能保护多台电动机，缺点是只能对电源缺相进行保护，对于交流接触器触点接触不良等造成的电动机缺相不起保护作用。另外，对于动态缺相（即电动机运转后再发生的缺相），因电动机的发电作用，失电的那一相电压并不为零，而通常只比正常的相电压略低，这类产品的误判率较高。

基于电流的断相保护。通常是用电流互感器检测电动机三相电流，不论是电源故障还是交流接触器触点接触不良，都能保护。这类产品通常叫做“电动机综合保护器”，集过载保护、缺相保护，三相不平衡保护等功能于一身。

③ 采用电动机断相保护电路作电动机的断相保护　常用的电动机断相保护电路有电容器组成的零序电压断相保护电路、星形连接电动机零序电压断相保护电路、采用欠电流继电器的断相保护电路、零序电流断相保护电路、三角形连接电动机零序电压继电器断相保护电路等。

8.2.2 电动机断相（断丝电压）保护电路

由于熔丝熔断造成电动机断相运行的情况相当普遍，从而提出了断丝电压（又称熔丝电压）保护电路。断丝电压保护只适用于因熔丝熔断而产生的断相运行，所以局限性较大。图

8-9 所示电路把电压继电器 KV1、KV2、KV3 分别并联在 3 个熔断器 FU1 的两端。

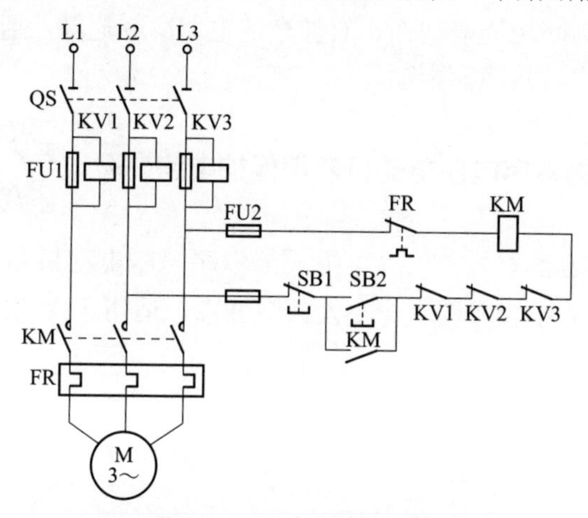

图 8-9　断丝电压保护电路

正常情况下，由于熔丝电阻很小，熔断器两端的电压很低，所以继电器 KV1、KV2、KV3 不动作。当某相熔丝熔断时，在该相熔断器两端产生 30～170V 电压（0.5～75kW 电动机），在该相熔断器两端并联的继电器 KV1（或 KV2、KV3）的线圈得电，其常闭触点断开，从而使接触器 KM 线圈失电释放，KM 的主触点断开（复位），电动机停转，起到熔丝熔断的保护。

熔丝熔断后，熔断器两端电压的大小与电动机所拖动的负载的大小（即电动机的转速）有关，利用断丝电压使电压继电器 KV1、KV2、KV3 吸合，电压继电器的吸合电压一般整定为小于 60V。

8.2.3　采用热继电器的断相保护电路

三相异步电动机采用热继电器的断相保护电路如图 8-10 所示。对于 Y 连接的三相异步电动机，正常运行时，其 Y 连接的绕组中性点与零线 N 间无电流。当电动机因故障断相运行时，通过热继电器 FR2 的电流，使 FR2 的热元件受热弯曲，其常闭触点断开，KM 的线圈失电、KM 的主触点释放，电动机 M 停止运行。

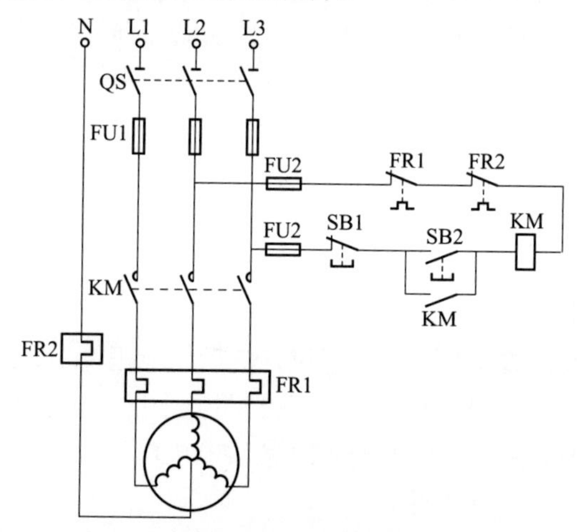

图 8-10　采用热继电器的断相保护电路

热继电器的电流整定值应略大于Y连接的绕组中性点与零线N间的不平衡电流。该保护电路的特点是不管何处断相均能动作，有较宽的电流适应范围，通用性强；不另外使用电源，不会因保护电路的电源故障而拒动。

8.2.4 电容器组成的零序电压电动机断相保护电路(一)

图8-11是一种由电容器C_1、C_2、C_3组成的零序电压电动机断相保护电路，该保护电路采用3个电容器接成Y连接，构成一个人为中性点，适用于Y或△连接的电动机的断相保护。

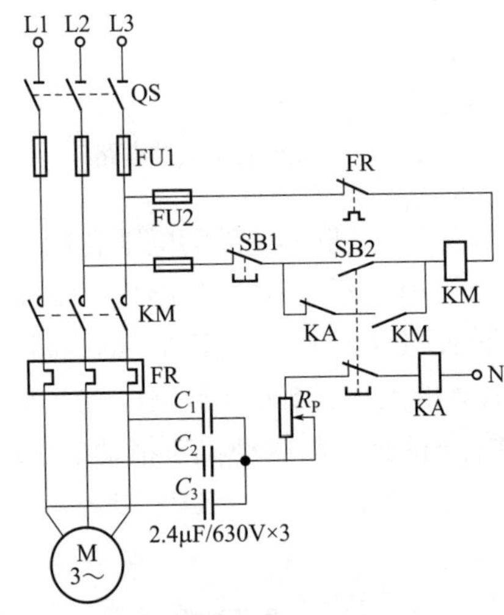

图8-11 电容器组成的零序电压电动机断相保护电路（一）

当发生断相故障时，因人为中性点电位发生偏移，使继电器KA的线圈得电吸合，其常闭触点KA断开，使接触器KM的线圈失电释放，KM的主触点断开（复位），从而使电动机断电，保护电动机定子绕组不被破坏。

由于此断相保护电路是在三相电源上投入3只电容器进行运行，而电容器在低压交流电网上又能起到无功功率补偿作用，故该断相保护电路在正常工作时，不消耗电能，相反还会提高电动机的功率因数，具有节电和断相保护两种功能。

8.2.5 电容器组成的零序电压电动机断相保护电路(二)

图8-12是另一种由电容器组成的零序电压电动机断相保护电路，其特点是在电动机的三相电源接线柱上，各用导线引出，分别接在电容器C_1、C_2、C_3上，并通过这三只电容器，使其产生一个人为中性点，当电动机正常运行时，人为中性点的电压为零，与三相四线制电路的中性点电位一致，故此两点电压通过整流后无电压输出，继电器KA不动作。当电动机电源某一相断相时，则人为中性点的电压会明显上升，电压高达12V时，继电器KA便吸合，其常闭触点KA断开，使接触器KM的线圈失电释放，KM的主触点断开（复位），从而使电动机断电，达到保护电动机的目的。

由于此断相保护电路是在L1、L2、L3三相电源上投入三只电容器进行运行工作，而电

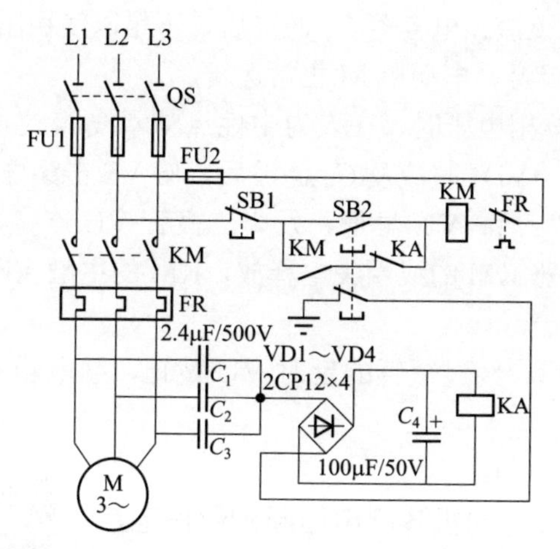

图 8-12　电容器组成的零序电压电动机断相保护电路（二）

容器在低压交流电电网上又能起到无功功率补偿作用，故断相保护器在正常工作时，不浪费电，相反还会提高电动机的功率因数，具有节电和断相保护两种功能。该电路动作灵敏，在电动机断相小于或等于1s时，继电器KA便会动作。该电路无论负载轻重，也无论是星形连接的电动机，还是三角形连接的电动机均可使用。本电路适用于0.1～22kW的电动机。换用容量更大的继电器，则可在30kW以上的电动机上使用。

为了防止电动机在启动时交流接触器触点不同步引起继电器误动作，该电路采用具有一对常开触点和一对常闭触点的复合按钮作启动按钮，可以在电动机启动的同时断开保护电路与三相四线制中性点的连线。待电动机启动完毕，操作者松手使按钮复位后，断相保护电路才能正常工作。

8.2.6　电容器组成的零序电压电动机断相保护电路(三)

该电动机断相保护器电路由电容器 C_1～C_5、二极管VD1～VD5、电阻器 R_1、R_2、稳压二极管VS、发光二极管VL、单结晶体管VU和继电器K组成，如图8-13所示。

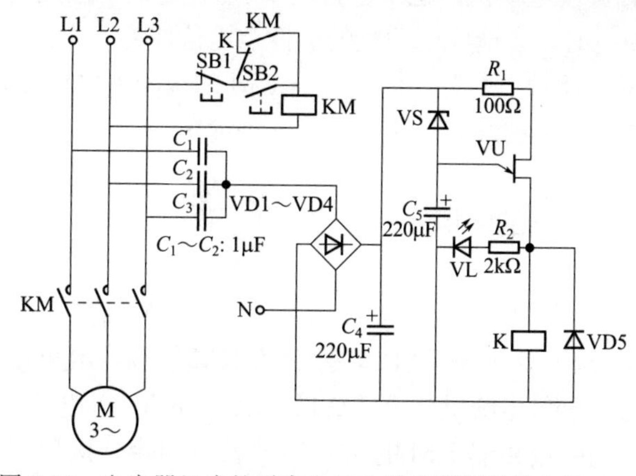

图 8-13　电容器组成的零序电压电动机断相保护电路（三）

在L1～L3三相电源正常时，电容器 C_1～C_3 构成的人为中性点上的交流电压较低，该电压经二极管 VD1～VD4 整流、电容器 C_4 滤波后，不足以使稳压二极管 VS 和单结晶体管 VU 导通，继电器 K 不能吸合，电动机 M 正常运转。

当三相电源中缺少某一相电压时，在人为中性点与零线 N 之间将迅速产生 12V 左右的交流电压。此电压经 VD1～VD4 整流及 C_4 滤波后，使 VS 击穿导通，电容器 C_5 开始充电，延时几秒钟（C_5 充电结束）后，VU 导通，发光二极管 VL 点亮，继电器 K 吸合，其常闭触点 K 断开，使交流接触器 KM 的线圈失电释放，KM 的主触点断开，切断电动机 M 的工作电源。

当三相电源恢复正常后，经过短暂的延时 VU 截止，继电器 K 释放，此时可按动启动按钮 SB2 重新启动电动机。

8.2.7 简单的星形连接电动机零序电压断相保护电路

图 8-14 是一种简单的星形连接电动机零序电压断相保护电路。因为星形连接的电动机的中性点对地电压为零，所以在中性点与地之间连接一个 18V 的继电器，即可起到电动机的断相保护作用。

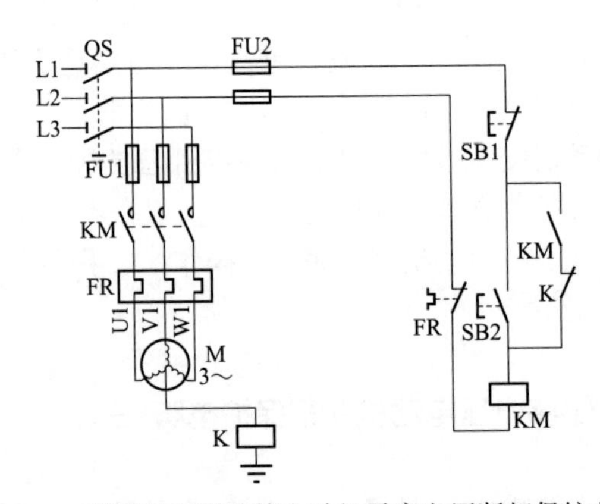

图 8-14 简单的星形连接电动机零序电压断相保护电路

对于 Y 连接的三相异步电动机，正常运行时，其 Y 绕组中性点与地之间无电压。当电动机因故障使某一相断电时，会造成电动机的中性点电位偏移，中性点与地存在电位差，从而使继电器 K 吸合，其常闭触点断开，使接触器 KM 的线圈失电释放，KM 的主触点断开，使电动机停转，保护电动机不被烧坏。此方法是一种简单易行的保护方法。

8.2.8 采用欠电流继电器的断相保护电路

图 8-15 是一种采用 3 只欠电流继电器 KA1、KA2、KA3 的断相保护电路。

合上电源开关 QS，按下启动按钮 SB2，接触器 KM 线圈得电吸合，KM 的主触点闭合，电动机启动运行，同时 3 只欠电流继电器 KA1、KA2、KA3 得电吸合，3 只欠电流继电器的常开触点闭合，与此同时接触器 KM 的常开辅助触点闭合，接触器 KM 的线圈自锁。电动机正常运行。

当电动机发生断相故障时，接在该断相上的欠电流继电器释放，其常开触点 KA1（或

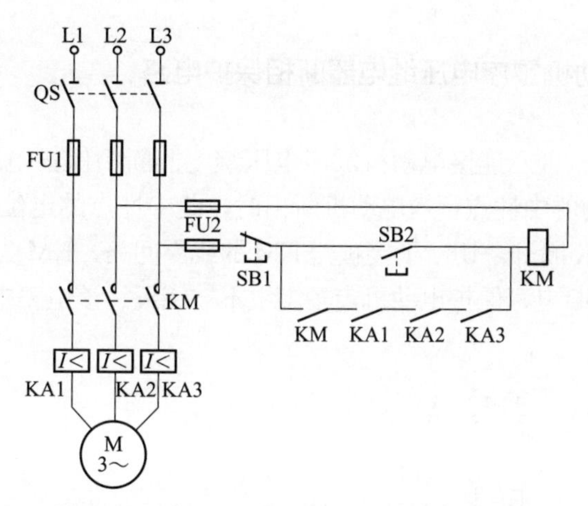

图 8-15　采用欠电流继电器的断相保护电路

KA2、KA3）断开（复位），使得接触器 KM 的线圈自锁电路断开，KM 的主触点断开（复位），电动机停转，从而保护了电动机。

8.2.9　Y 连接电动机断相保护电路

图 8-16 所示电路是一种 Y 连接电动机断相保护电路，该电路适用于 7.5kW 以下的电动机。

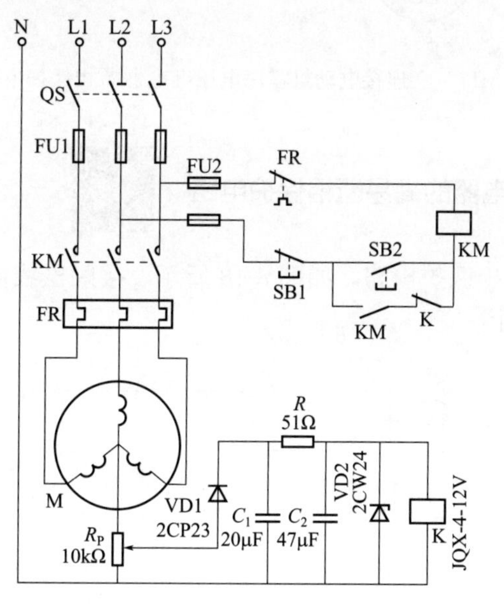

图 8-16　Y 连接电动机断相保护电路

按下启动按钮 SB2，接触器 KM 的线圈得电吸合并自锁（自保持），其主触点 KM 闭合，电动机 M 启动运行。当三相交流电中某一相断路时，电动机的中性点与零线之间出现电位差。此电压经过整流、滤波、稳压后，使继电器 K 得电吸合，K 的常闭触点断开，使接触器 KM 失电释放，KM 的主触点断开，从而使电动机 M 断电，保护电动机定子绕组不被烧毁。

8.2.10 △连接电动机零序电压继电器断相保护电路

图 8-17 所示电路是一种△连接电动机零序电压继电器断相保护电路。该电路采用三只电阻 R_1～R_3 接成一个人为的中性点，当电动机断相时，此中性点的电位发生偏移，使继电器 K 得电吸合，其常闭触点 K 断开，切断了接触器 KM 的线圈回路，KM 失电释放，KM 的主触点断开，从而使电动机 M 断电，保护电动机定子绕组不被烧毁。该电路中的电阻 R_1～R_3 可根据实际经验选定。

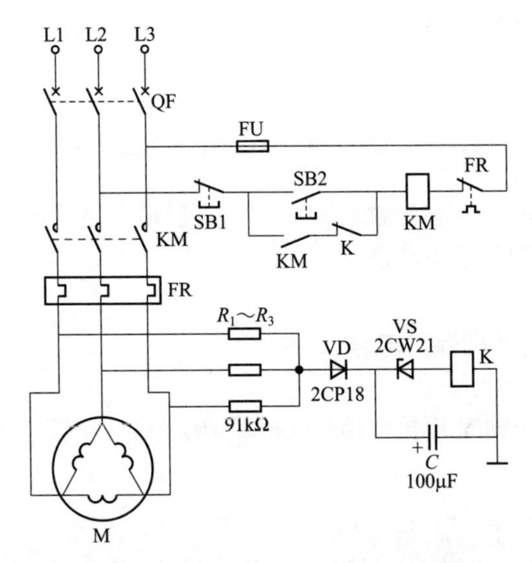

图 8-17　△连接电动机零序电压继电器断相保护电路

8.2.11 采用中间继电器的简易断相保护电路

采用中间继电器的断相保护电路，如图 8-18 所示。接触器线圈和继电器线圈分别接于电源 L1、L2 和 L2、L3 上。

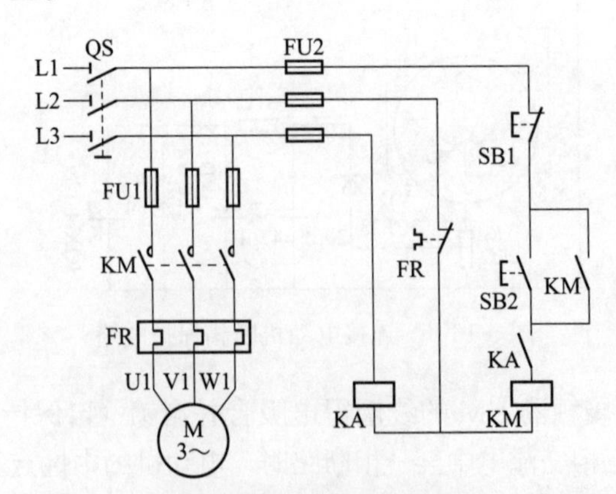

图 8-18　采用中间继电器的简易断相保护电路

合上电源开关 QS，中间继电器 KA 的线圈得电吸合，其常开触点 KA 闭合，为接触器

KM 线圈得电做准备。按下启动按钮 SB2，接触器 KM 的线圈得电吸合并自锁，KM 的主触头闭合，电动机启动运行。只有当电源三相都有电时，KM 才能得电工作，无论哪一相电源发生断相，KM 的线圈都会失电释放，使 KM 的主触点切断电源，以保护电动机。

电动机在运行中，若熔丝熔断，使得其中一相电源断电，由于其他两相电源通过电动机可返回另一相断电的线圈上，为保证接触器、中间继电器可靠释放，应选择释放电压大于 190V 的接触器和中间继电器。

8.2.12　实用的三相电动机断相保护电路

图 8-19 是一种三相电动机断相保护电路。该交流三相电动机断相保护电路能在电源断相时，自动切断三相电动机电源，起到保护电动机的目的。

从图 8-19 中可以看出，电动机控制电路中多了一个同型号的交流接触器，当按下按钮 SB2 时，W 相电源经过按钮 SB1、SB2、接触器 KM1 的线圈到 V 相，使交流接触器 KM1 吸合，同时 KM1 的常开辅助触点闭合，将交流接触器 KM2 的线圈接到 U 相与 W 相之间，使交流接触器 KM2 得电吸合，电动机 M 启动运转。这样，由于多用了一个同型号的接触器，两个接触器线圈的电压分别使用了 U、V、W 三相中的电压回路，故此在 U、V、W 任何一相断相时，它都能使两个接触器中的一个或两个线圈都释放，从而保护电动机不因电源断相而烧毁。

此断相保护电路适用于 10kW 以上的较大型的电动机且负荷较重的场合，能可靠地对电动机进行断相保护。该电路简单、实用、取材方便，效果理想。

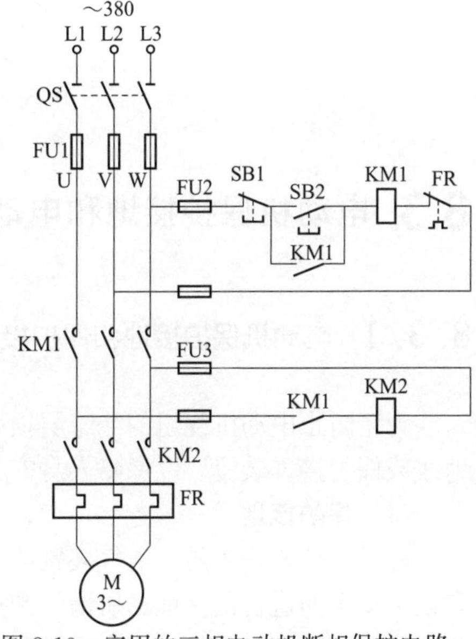

图 8-19　实用的三相电动机断相保护电路

8.2.13　三相电源断相保护电路

三相电源断相保护电路如图 8-20 所示，该电路采用了电流互感器 TA 和双向晶闸管 VTH，适用于三相异步电动机的断相保护。合上电源开关 QS，按下启动按钮 SB2，交流接触器 KM 的线圈得电吸合，其主触点 KM 闭合，电动机启动运行。此时，电流互感器 TA 有感应信号输出，双向晶闸管 VTH 被触发导通，起到了交流接触器辅助触点自锁的作用。松开 SB2 后，接触器仍会保持吸合，电动机 M 继续运行。

该电路的特点是当三相电源中的任意一相断路时，三相异步电动机都可以自动脱离电源，停止运行。例如：当 L1 相或 L2 相断路时，接触器 KM 的线圈将失电释放，切断电动机的电源，实现断相保护；当 L3 相断路时，电流互感器 TA 就没有感应信号输出，晶闸管 VTH 将失去触发信号而关断，接触器 KM 则失电释放，电动机的电源被切断，也可以完成断相保护的任务。

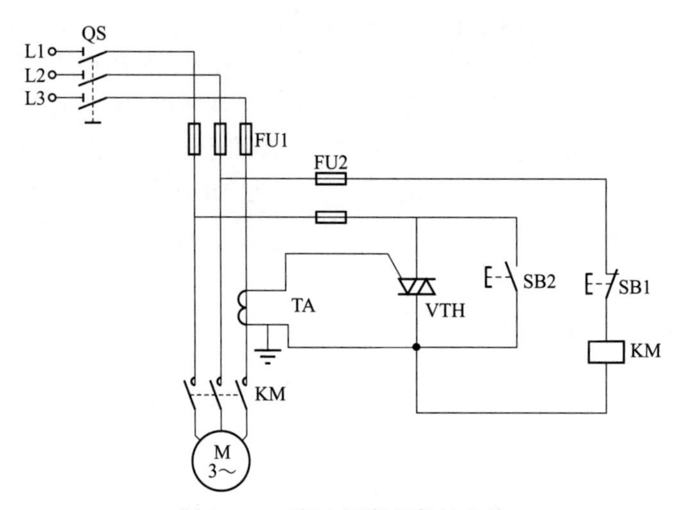

图 8-20　三相电源断相保护电路

8.3 电动机保护接地和电动机保护接零电路

8.3.1 电动机保护接地和保护接零的目的和方法

为了防止电动机绕组的绝缘层损坏发生漏电时造成人身触电，必须给电动机装设保护接地线或保护接零装置，以保障人身安全。

(1) 保护接地

保护接地，是为防止电气装置的金属外壳、配电装置的构架和线路杆塔等带电危及人身和设备安全而进行的接地。所谓保护接地就是将正常情况下不带电，而在绝缘材料损坏后或其他情况下可能带电的电器金属部分（即与带电部分相绝缘的金属结构部分）用导线与接地体可靠连接起来的一种保护接线方式。

电动机接入三相电源时，若电网中性点不直接接地，这些电动机应采取保护接地措施。其方法是把电动机外壳用接地线连接起来。一般采用较粗的铜线（不小于 $4mm^2$）与接地极可靠连接，这种方法称为保护接地，接地电阻一般不大于 4Ω。

保护接地的原理是，一旦电动机发生漏电现象，人身碰触电动机外壳时或是通过金属管道传到其他金属连接体处发生漏电时，由于人体电阻比接地电阻大得多，漏电电流主要经接地线流入大地，人体不致通过较大的电流而危及生命，从而保护了人身安全。

(2) 保护接零

“接零”是接中性线 N（即常说的零线，因为中性线 N 通常在变压器处接地，取地电位作为参考电位，所以以前常称为零线，标准说法是中性线），中性线 N 是带电导体，保护地线 PE 不是带电导体。

电动机接入三相电源时，如果电网中性点直接接地，这些电动机则可采用保护接零措施。其方法是将电动机的外壳用铜导线与三相四线制电网的中性线相连接。当某一相绝缘损坏使相线碰壳，外壳带电时，由于外壳采用了保护接零措施，因此该相线和零线构成回路，单相短路电流很大，足以使线路上的保护装置（如熔断器）迅速熔断或使断路器等过电流装置跳闸，从而将漏电设备与电源断开，保护了人身安全。

（3）电动机保护接地和保护接零的区别

接地保护与接零保护都是将保护线的一端牢固地接在电动机外壳，另一端根据不同的保护方式接地或接零，所以它们的保护方式不同。保护接地与保护接零的主要区别如下。

① 保护原理不同　保护接地是限制设备漏电后的对地电压，使之不超过安全范围。在高压系统中，保护接地除限制对地电压外，在某些情况下，还有促使电网保护装置动作的作用；保护接零是借助接零线路使设备漏电形成单相短路，促使线路上的保护装置动作，以及切断故障设备的电源。此外，在保护接零电网中，保护零线和重复接地还可限制设备漏电时的对地电压。

② 适用范围不同　保护接地即适用于一般不接地的高低压电网，也适用于采取了其他安全措施（如装设漏电保护器）的低压电网；保护接零只适用于中性点直接接地的低压电网。

③ 线路结构不同　如果采取保护接地措施，电网中可以无工作零线，只设保护接地线；如果采取了保护接零措施，则必须设工作零线，利用工作零线作接零保护。保护接零线不应接开关、熔断器。

8.3.2 电动机保护接地电路

电动机的保护接地又称为保安接地，就是将电动机的金属外壳用电阻很小的导线与接地极可靠连接起来，以防因电动机绝缘损坏使外壳带电，一旦操作人员接触而导致触电事故发生。

电动机保护接地电路如图 8-21 所示。通常用埋入地下的钢管、钢条作为接地极，其接地电阻应小于 4Ω。

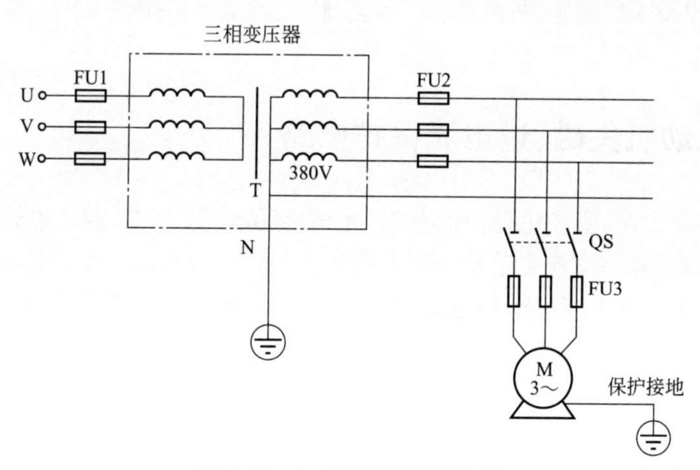

图 8-21　电动机保护接地电路

在中性点不接地的低压电力系统中，在正常情况下各种电气设备的不带电金属外壳，除有规定外都应接地。

8.3.3 电动机保护接零电路

电动机保护接零也称为电动机保安接零，它是指将电动机的外壳用电阻很小的导线与电网的保护中性线相互连接。这种安全措施适用于中性点直接接地、电压为380/220V的三相四线制配电系统中。电动机保护接零电路如图8-22所示。

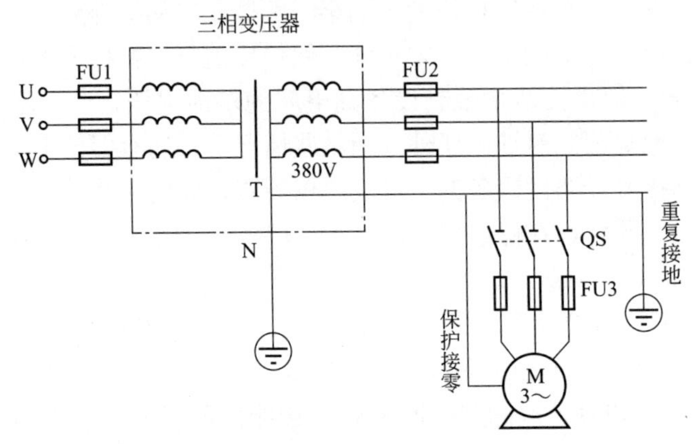

图8-22 电动机保护接零电路

保护接零的基本作用是保证人身安全。当电动机线圈的绝缘被破坏，某相带电部分碰到设备外壳时，通过设备外壳形成该相对中性线的单相短路，短路电流促使线路上过电流保护装置迅速动作，把故障部分断开，消除触电危险，从而保护人身安全。

采用保护接零时，除系统的中性点接地外，还必须在零线上一处或多处进行接地，这称为重复接地，如图8-22所示。

保护接地和保护接零是维护人身安全的两种技术措施，但是它们的适用范围不同，保护原理不同，并且电路结构也不同。在应用此方法时，应注意在同一个三相四线制电网中，不允许一部分电气设备采用接零保护，而另一部分电气设备采用接地保护，否则会出现严重的安全问题。

8.4 直流电动机失磁、过电流保护电路

与交流电动机一样，直流电动机也需要进行短路和过载保护。对于过载保护，直流电动机中所采用的热继电器与交流电动机中使用的热继电器有所不同，直流电动机中的热继电器仅有一个感温元件，而交流电动机中的热继电器有三个感温元件连接在电动机的三相绕组上。

除了这些常规保护外，还需要对直流电动机进行失磁保护。

8.4.1 直流电动机失磁保护电路

直流电动机失磁保护电路的作用是防止电动机工作中因失磁而发生“飞车”事故。这种保护是通过在直流电动机励磁回路中串入欠电流继电器来实现的。

他励直流电动机失磁保护电路如图8-23所示，当电动机的励磁电流消失或减小到设定值时，欠电流继电器KA释放，其常开触点KA断开，接触器KM1或KM2断电释放，切断直流电动机的电枢回路，电动机断电停车，实现保护电动机的目的。

如图8-24所示，在直流电动机励磁绕组回路中串入硅整流二极管VD（其整流值只要大

于直流电动机的励磁电流即可），并在其两端并联额定值为 0.7V 的电压继电器 KV（JTX-0.7V），以此来控制主电路的接触器，也可以实现直流电动机失磁保护，达到防止“飞车”的目的。

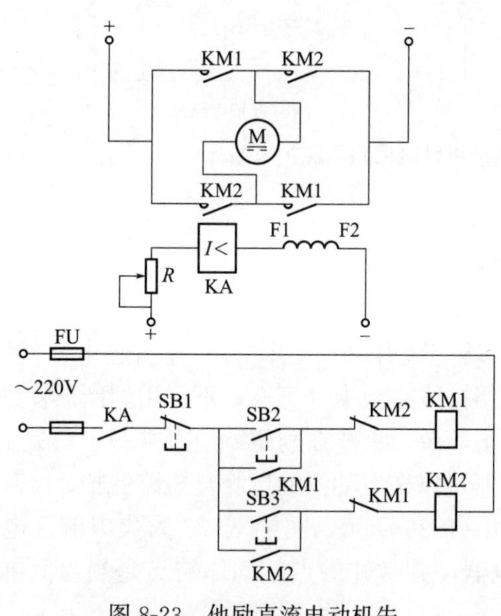

图 8-23　他励直流电动机失磁保护电路（一）

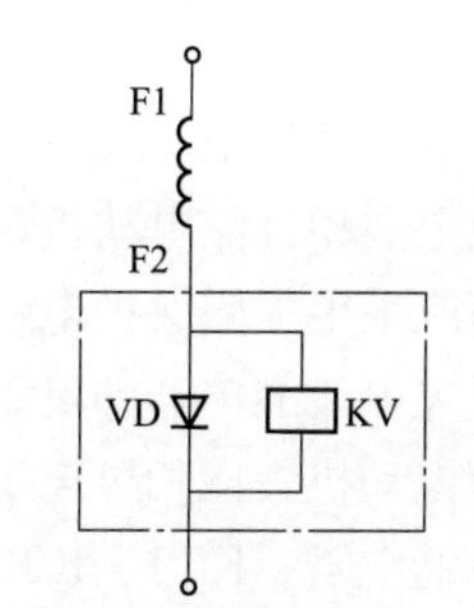

图 8-24　他励直流电动机失磁保护电路（二）

当励磁绕组有电流时，二极管 VD 两端就有 0.7V 电压，使电压继电器 KV 得电吸合，其常开触点闭合，为控制电路中接触器 KM 的线圈得电做准备。当励磁绕组无电流时，VD 两端无电压，KV 线圈不得电，其常开触点仍处于断开状态，这时控制回路 KM 线圈也不能得电，则主电路不得电，电动机不工作。也就是说，若不先提供励磁电流，电动机就无法工作。

8.4.2　直流电动机励磁回路的保护电路

使用直流电动机时，为了确保励磁系统的可靠性，在励磁回路断开时需加保护电路。直流电动机励磁回路的保护电路如图 8-25 所示。

在图 8-25（a）所示电路中，电源经电抗器 L 降压，再经桥式整流器整流后，提供直流励磁电流给直流电动机的励磁绕组。电阻 R 与电容 C 组成浪涌吸收电路，防止电源的过电压进入励磁绕组。当励磁绕组电源断开时，在其两端并联一个释放电阻 R'，以防止励磁绕组的自感电动势击穿电源中的整流二极管，其阻值约为励磁绕组电阻（冷态）的 7 倍，功率 50～100W。

在图 8-25（b）所示电路中，在励磁绕组两端并联一个压敏电阻 R_V，取 R_V 的额定电压为励磁电压的（1.5～2.2）倍。当工作电压低于 R_V 的额定电压时，R_V 呈现高阻、断开状态；当工作电压高于 R_V 的额定电压时，R_V 呈现低阻、导通状态。当励磁绕组断开瞬间，若励磁绕组的自感电压高于压敏电阻 R_V 的额定电压，R_V 呈现低阻，限制了励磁绕组两端电压，起到保护作用。

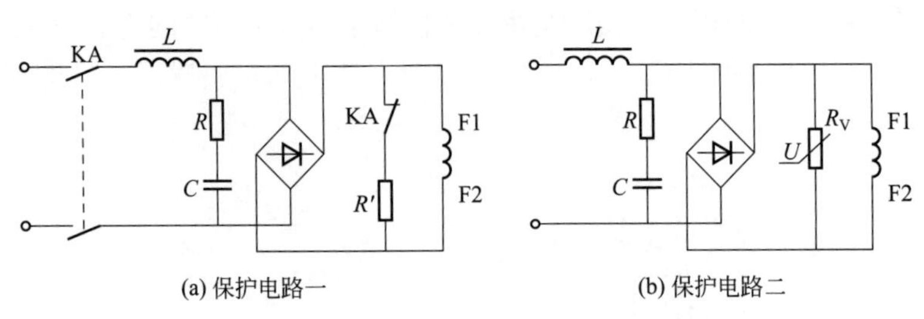

图 8-25 直流电动机励磁回路的保护电路

8.4.3 直流电动机失磁和过电流保护电路

为了防止直流电动机失去励磁而造成转速猛升（“飞车”），并引起电枢回路过电流，危及直流电源和直流电动机，因此励磁回路接线必须十分可靠，不宜用熔断器作励磁回路的保护，而应采用失磁保护电路。失磁保护很简单，只要在励磁绕组上并联一只失压继电器或串联一只欠电流继电器即可。用过流继电器可以作电动机的过载及短路保护。

直流电动机失磁和过电流保护电路如图 8-26 所示，图中 KUC 为欠电流继电器，KOC 为过电流继电器。KT1、KT2 为时间继电器，其常开触点的动作特点是当时间继电器吸合时，其常开触点延时闭合。

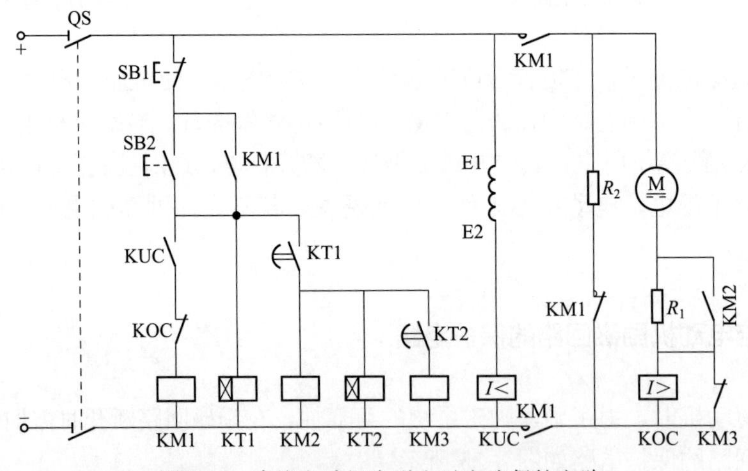

图 8-26 直流电动机失磁和过电流保护电路

闭合电源开关 QS，欠电流继电器 KUC 线圈得电，KUC 常开触点闭合，为接触器 KM1 线圈得电做准备。

过电流继电器 KOC 作直流电动机的过载及短路保护用。直流电动机电枢串电阻启动时，KOC 线圈被 KM3 短接，不受启动电流的影响。电动机正常运行时，KOC 处于释放状态、KOC 的常闭触点处于闭合状态。电动机过载或短路时，一旦流过 KOC 线圈的电流超过整定值，过电流继电器 KOC 吸合，KOC 的常闭触点马上断开，使接触器 KM1 的线圈失电释放，KM1 的主触点断开，切断直流电动机的电源，电动机停转。过电流继电器一般可按电动机额定电流的（1.1～1.2）倍整定。

欠电流继电器 KUC 作直流电动机的失磁保护，它串联在励磁回路中。电动机正常运行时，KUC 处于吸合状态，KUC 的常开触点处于闭合状态。当励磁失磁或励磁电流小于电流整定值时，欠电流继电器 KUC 释放，KUC 的常开触点复位，切断 KM1 的自锁回路，使接触器 KM1 的线圈失电释放，KM1 的主触点断开，切断直流电动机的电源，电动机停转。要求欠电流继电器的额定电流应大于电动机的额定励磁电流，电流整定值按电动机的最小励磁电流的（0.8～0.85）倍整定。当 KM1 线圈失电时，KM1 常闭主触点复位，接通能耗制动电阻 R_2，使电动机迅速停转。

8.5 电动机内部进水保护电路

8.5.1 电动机进水保护电路

在被烧毁的电动机中，因电动机内部进水的达 30%以上。图 8-27（a）所示的电动机进水保护电路，不仅能及时切断电动机的电源，而且能发出报警声，催促值班人员及时采取措施。

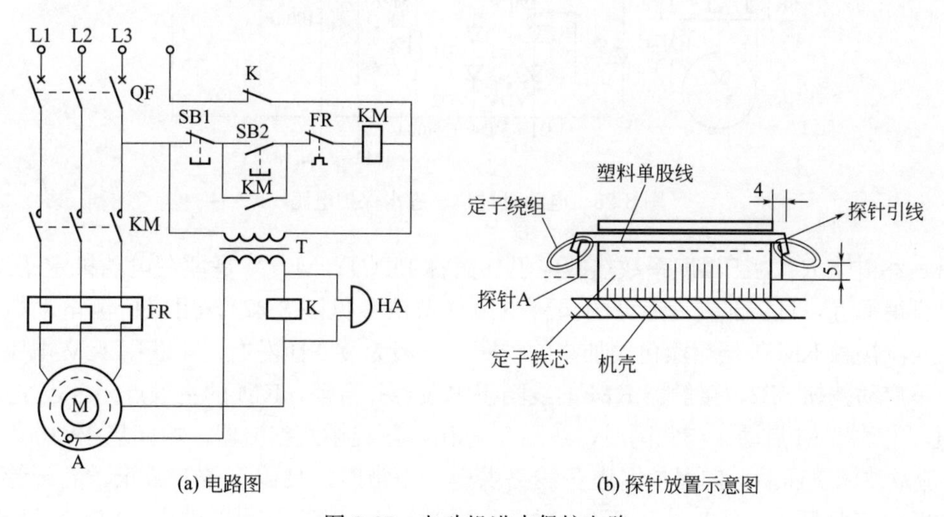

图 8-27　电动机进水保护电路

按下启动按钮 SB2，接触器 KM 得电吸合并自锁，其主触头闭合，电动机 M 能正常运转。倘若此时有水进入电动机，且淹没探针 A，则探针 A 通过水与机壳接通，继电器 K 得电吸合，其常闭触点断开，使接触器 KM 的线圈失电释放，电动机 M 电源被切断，从而保护电动机。在继电器 K 线圈得电的同时，蜂鸣器 HA 也通电鸣叫，催促值班电工前来排除进水故障。

电动机内的探针 A 需要自制，方法如图 8-27（b）所示。将一根较细的塑料单股线，穿入电动机靠近底座的定子绕组槽内，将两端线头剥去塑料皮，用焊锡焊成珠状，按图示尺寸将塑料线弯好，并在靠近电动机接线盒的一端，将塑料层剥开少许，用多股线焊牢，再将此多股线（探针引线）引至电动机出线盒（接线盒）。为不使电动机振动引起探针位移，应用工业胶黏剂将探针 A 和探针引线固定牢靠。

8.5.2 电动机过热、进水保护电路

几乎所有烧坏的电动机在损坏前，其绕组的温升都很高；还有许多场合，电动机很容易进水，致使电动机烧毁。图 8-28 是一种电动机过热、进水保护电路，该电路能防止电动机过热、进水而烧毁电动机。

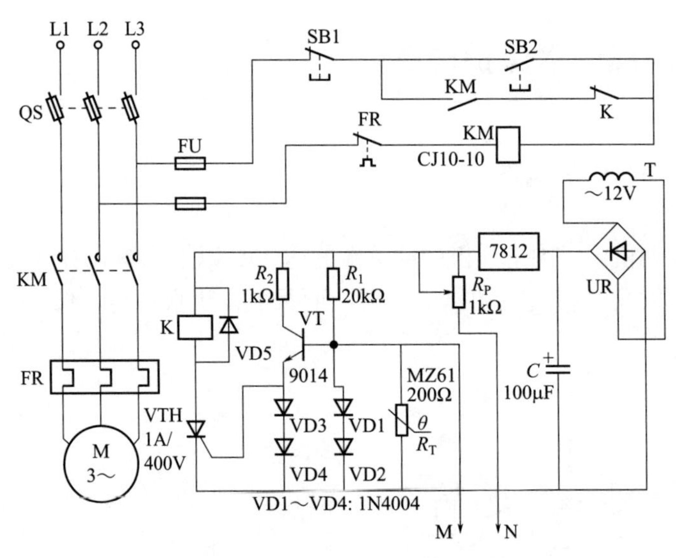

图 8-28 电动机过热、进水保护电路

图 8-28 中，R_T 为正温度系数热敏电阻（简称 PTC）；M、N 是埋在电动机定子绕组中的两根靠得很近，且头部剥去绝缘的塑料电线（做法参见图 8-27），用以检测电动机进水。T 是在交流接触 KM 外层用漆包线加绕的线圈（一般为 290 匝左右，可获得 12V 电压）。

按下启动按钮 SB2，接触器 KM 的线圈得电吸合并自锁，KM 的主触点闭合，主电路电源接通，电动机 M 启动。与此同时，线圈 T 输出电压经桥式整流器（由四只 1N1004 组成）UR 整流及滤波稳压后，向保护器电子线路供电。正常时，晶体管 VT 截止，晶闸管 VTH 因无触发电流而阻断，继电器 K 无电，处于释放状态。倘若电动机进水，M、N 两点被水短接，直流电源经 R_P 为晶体管 VT 提供基极偏流，VT 导通，晶闸管 VTH 被触发，继电器 K 吸合，其常闭触点 K 断开，使接触器 KM 的线圈失电释放，其主触点断开，电动机 M 停车。若是因断相、过载等原因引起电动机绕组温升超过允许值，则 R_T 的阻值突增几百倍甚至几千倍，改变了电阻 R_1 与 R_T 的分压比，抬高了晶体管 VT 的基极电压，使得 VT 饱和导通，晶闸管 VTH 相继导通，继电器 K 吸合，接触器 KM 线圈失电释放，从而使电动机的电源被切断，确保电动机 M 不致过热烧毁。

图 8-28 中，晶体管 VT 基极和晶闸管 VTH 的触发回路分别接有两只二极管（VD1～VD4），这是利用二极管的正向压降，防止在电动机发生故障时，VT 的基极电压和 VTH 的触发电压升得过高而损坏晶体管和晶闸管。

第9章 常用电动机节电控制电路

9.1 电动机轻载节能器电路

图 9-1 是一种电动机轻载节能电路，该电路用于额定运行时为三角形连接的电动机，它能根据电动机负载大小的变化，对电动机的三角形/星形（△/Y）连接进行自动转换。空载和轻载时，电动机为星形连接；重载和满载时，电动机为三角形连接。在节约电能的同时，改善了功率因数。

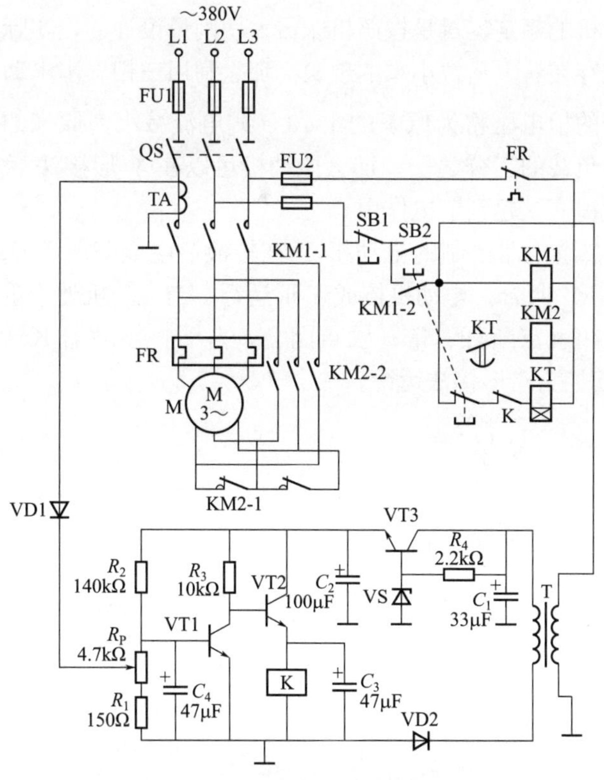

图 9-1 电动机轻载节能器电路

图 9-1 所示的电动机轻载节能电路由电源电路、电流取样检测电路和控制电路等组成。其中，电源电路由电源变压器 T、电源调整管 VT3、稳压二极管 VS、整流二极管 VD2、电阻器 R_4 和滤波电容器 C_1、C_2 等组成；电流取样检测电路由电流互感器 TA、二极管 VD1、电位器

R_P、电阻器 R_1、R_2、电容器 C_4 等组成；控制电路由电源开关 QS、停止按钮 SB1、启动按钮 SB2、晶体管 VT1、VT2、继电器 K、时间继电器 KT、交流接触器 KM1、KM2 等组成。

接通电源开关 QS，按动启动按钮 SB2 后，交流接触器 KM1 通电吸合，交流 380V 电压经 KM1 的主触点加至电动机 M 的三相绕组上，电动机为星形启动。

当电动机轻载时，电流互感器 TA 上的感应电压较低，VT1 截止，VT2 导通，继电器 K 吸合，其常闭触点 K 断开，时间继电器 KT 和交流接触器 KM2 均不动作，电动机 M 三相绕组的尾端经交流接触器 KM2 的常闭触点 KM2-1 接通，电动机 M 在星形连接状态下运行。

当电动机 M 的负载增大到一定程度时，电流互感器 TA 上的感应电压升高至一定值时，VT1 将导通，使 VT2 截止，继电器 K 释放，继电器 K 的常闭触点接通，时间继电器 KT 吸合，其常开触点接通，使交流接触器 KM2 得电吸合，KM2 的常闭触点 KM2-1 断开，常开触点 KM2-2 接通，电动机 M 由星形连接运转状态变换为三角形连接运转状态。

9.2 电动机 Y-△转换节电电路

9.2.1 用热继电器控制电动机 Y-△转换节电电路

在机床上，电动机的额定容量是按照机床最大切削量设计的，实际在应用中，往往不能满负荷，很大程度上存在着大马拉小车的现象。那么利用三相异步电动机的△形接法改为 Y 形接法后，绕组承受的相电压将为原来的 $1/\sqrt{3}$，线电流减小为原来的 1/3。如果电动机的实际负载也减小为满负载的三分之一，那么电动机可以在 Y 形接法下安全运行，从而使线电流减小，功率因数提高，起到节电作用。

图 9-2 所示是用热继电器控制的电动机 Y-△转换节电电路。当轻载时，热继电器不动作，接触器 KM1、KM2 吸合，电动机接成 Y 形运行；当电动机处于重负荷下运行时，热继电器 FR 动作，其常闭触点断开、常开触点闭合，自动将接触器 KM2 断开，并使接触器 KM3 吸合，电动机切换为△形接法运行。

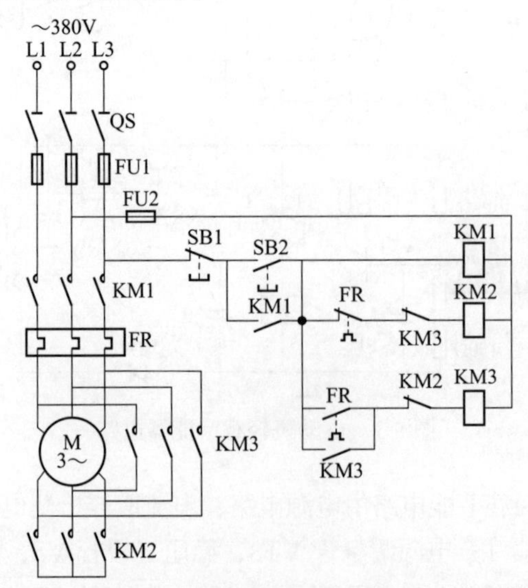

图 9-2 用热继电器控制的电动机 Y-△转换节电电路

9.2.2 用电流继电器控制电动机Y-△转换节电电路

用电流继电器控制的电动机Y-△转换节电电路如图9-3所示。当按下启动按钮SB2时，接触器KM1、KM2吸合，电动机接为Y形启动。图中的SQ限位开关受主轴操纵杆控制，主轴在工作运转时，SQ压下闭合，时间继电器KT吸合。如空载或轻载时，电流继电器KI不动作，电动机Y形接法运行不变；如重载时，KI吸合，这时KA随之吸合，切断KM2线圈电路，KM2断电释放，KM3得电吸合，电动机改为△形运行。工作完毕时，通过主轴操纵杆使SQ断开，KT断电释放，KM3释放，KM2线圈得电吸合，于是电动机改为Y形接法运行。

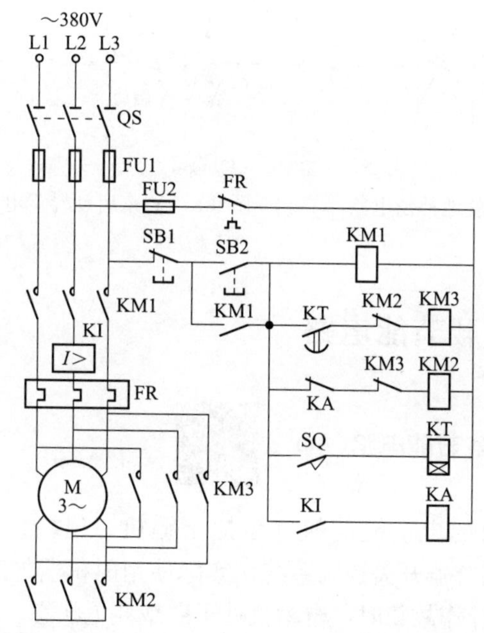

图9-3 用电流继电器控制电动机Y-△转换节电电路

9.3 异步电动机无功功率就地补偿电路

（1）直接启动异步电动机就地补偿电路

直接启动异步电动机就地补偿电路如图9-4所示。该电路也可以用于自耦减压启动或转子串接频敏变阻器启动电路的就地补偿。该电路将电容器直接并接在电动机的引出线端子上。

（2）Y-△启动异步电动机就地补偿电路

Y-△启动异步电动机就地补偿电路如图9-5所示。

采用图9-5(a) 所示线路时，当电动机绕组Y形连接启动时，和电容器连接的U2、V2、W2三个端子被短接，成为Y形接线的中性点，电容器短接无电压。启动完毕，将电动机绕组改为△形接线，电容器与电动机绕组并接。当停机时，电容器不能通过定子绕组放电，所以补偿电容器必须选用BCMJ型自愈式金属化膜电容器或类似内部装有放电电阻的电容器。

采用图 9-5（b）所示线路时，每组单相电容器直接并联在电动机每相绕组的两个端子上。

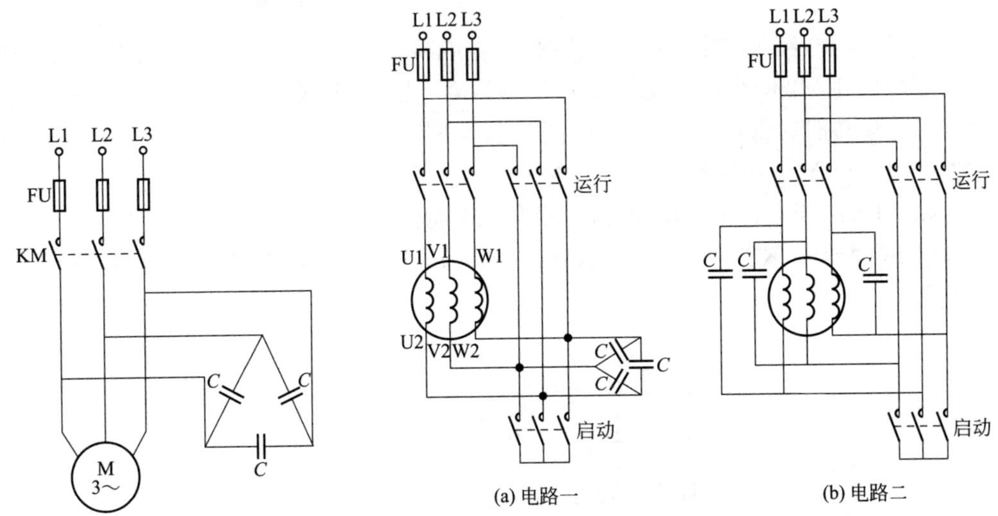

图 9-4　直接启动异步电动机就地补偿电路

图 9-5　Y-△启动异步电动机就地补偿电路

9.4 电动缝纫机空载节能电路

9.4.1 电动缝纫机空载节能电路(一)

中、小型服装厂使用的电动缝纫机（包括平缝机、包缝机等，装机功率为 0.25～0.37kW）一般采用机械离合器开关控制系统，实际使用时机器加工的时间较短，手工操作较多。在手工操作或出现操作故障时，电动机处于空载耗电状态。若使用电动缝纫机空载节能电路，可以在手工操作或出现操作故障时，使电动机停止空转，从而达到节电的效果。

图 9-6 是一种电动缝纫机空载节能电路，它由直流稳压电源电路、传感器控制电路和主控制电路等组成。其中，直流稳压电源电路由降压电容器 C_1、泄放电阻器 R_1、整流桥堆 UR、滤波电容器 C_2、C_3、限流电阻器 R_2 和稳压二极管 VS 组成；传感器控制电路由固定安装在缝纫机离合器操纵杆上的磁铁和霍尔传感器集成电路 IC（内含霍尔元件、差分放大器、施密特触发器和输出电路）、电阻器 R_3、R_4、电容器 C_4、晶体管 VT、二极管 VD、发光二极管 VL 和继电器 K 组成；主控制电路由隔离开关 QS、熔断器 FU 和交流接触器 KM 组成。

接通 QS 后，L3 端与 N 端之间的 220V 交流电压经电容器 C_1 降压、整流桥 UR 整流、电容器 C_2 滤波后，为继电器 K 的驱动电路提供＋16V 工作电压。该＋16V 电压还经电阻 R_2 限流、稳压二极管 VS 稳压及电容器 C_3 滤波后，为霍尔传感器集成电路 IC 提供＋5V 工作电压。

在操作人员未踏下脚踏板时，IC 在磁铁的强磁场作用下输出低电平，使晶体管 VT 截止，发光二极管 VL 不发光，继电器 K 和接触器 KM 均处于释放状态，电动机 M 不工作。

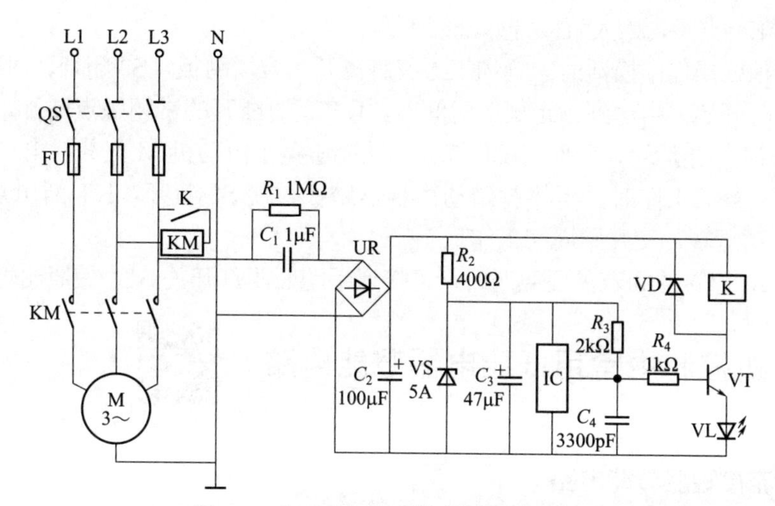

图 9-6 电动缝纫机空载节能电路（一）

使用缝纫机时，操作人员踏下脚踏板，使磁铁随离合器操纵杆下移，IC 失去强磁场作用，其输出端变为高电平，VT 饱和导通，K 通电吸合，其常开触点接通，使 KM 通电吸合，KM 的常开主触点将电动机 M 的工作电源接通，电动机 M 启动运转，同时 VL 点亮。

当需要停机或手工操作时，操作人员释放脚踏板，磁铁又回复原挡，使 VT 截止，VL 熄灭，K 和 KM 断电释放，电动机 M 停转。

9.4.2 电动缝纫机空载节能电路(二)

图 9-7 也是一种电动缝纫机空载节能电路，该电路由断路器 QF、控制开关 S1、灯开关 S2、S4、脚踏开关 S3、交流接触器 KM 和时间继电器 KT 组成，EL 为照明灯，M 为电动缝纫机的电动机。

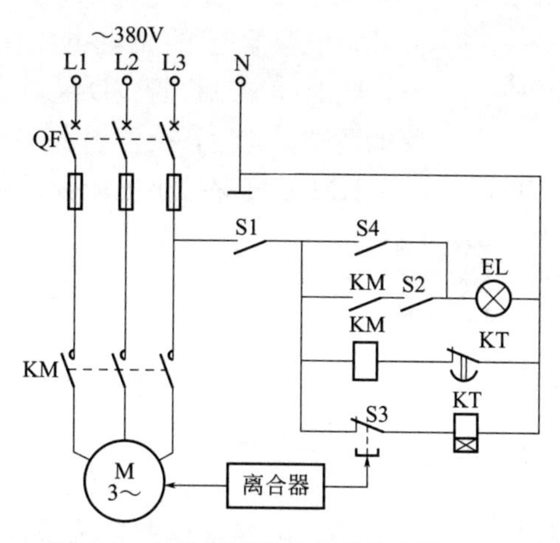

图 9-7 电动缝纫机空载节能电路（二）

使用时，先接通断路器 QF，然后接通控制开关 S1 和灯开关 S2，缝纫工人将脚放在离合器踏板上，使脚踏开关 S3 断开，时间继电器 KT 失电释放，KT 延时断开的常闭触点复位，使接触器 KM 得电吸合，其常开主触点闭合，将电动机 M 的电路接通，电动机 M 启动运转，照明灯 EL 点亮，工人可以开始缝纫工作。

在缝纫间隙或操作中换活时，缝纫工人将脚离开离合器踏板，S3 闭合，时间继电器 KT 通电吸合，延时开始。当达到预定延时时间时，KT 延时断开的常闭触点断开，使 KM 断电释放，电动机 M 停止运转，照明灯 EL 熄灭，从而避免了电动机 M 空载耗电。

当缝纫工人继续工作时，再将脚踏动离合器踏板，使 S3 断开，KT 断电复位，KM 通电吸合，M 启动运转，又开始缝纫工作。

在电动机 M 停转期间若需要照明时，可接通手动照明灯开关 S4，使照明灯 EL 点亮。

9.5 电动机控制中常用低压电器节能电路

9.5.1 交流接触器节能电路

交流接触器是电动机控制电路中的主要部件，它在工作时，铁芯损耗与短路环损耗占电磁系统有功损耗的绝大部分，线圈铜损耗仅占 4%左右。交流接触器节能电路，是将交流接触器改为交流启动、直流保持吸合的工作方式，使其铁芯损耗和短路环损耗降至最低，从而可以节约电能。

图 9-8 是一种交流接触器节能电路，该电路由续流二极管 VD、电解电容器 C、复合启动按钮 SB1、停止按钮 SB2 和交流接触器 KM 组成。

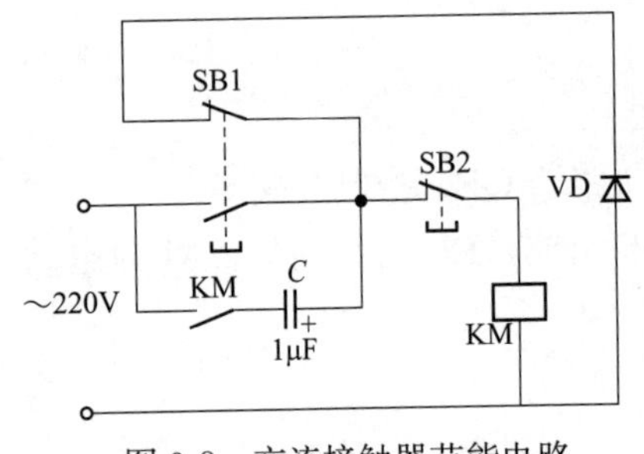

图 9-8 交流接触器节能电路

接通电源，按下启动按钮 SB1 时，交流 220V（或 380V）电压经 SB1 的常开触点和 SB2 的常闭触点加至交流接触器 KM 的线圈上，使 KM 通电吸合，KM 的主触点将负载（电动机）的工作电源接通，与此同时 KM 的常开辅助触点将电容器 C 接入 KM 的线圈电路中，C 开始充电。松开 SB1 后，SB1 的常闭触点接通、常开触点断开，电容器 C 的充电电流使接触器 KM 维持吸合状态，同时续流二极管 VD 通过 SB1 和 SB2 并联在 KM 线圈的两端。此后，交流电源在正半周期间对电容器 C 充电，在负半周期间 C 通过 VD 放电，使 KM 始终保持小电流吸合状态。

9.5.2 继电器节能电路

继电器线圈吸合时需较大的启动电流，而吸合后利用很小的电流就可保持吸合状态，从而达到省电节能的目的。

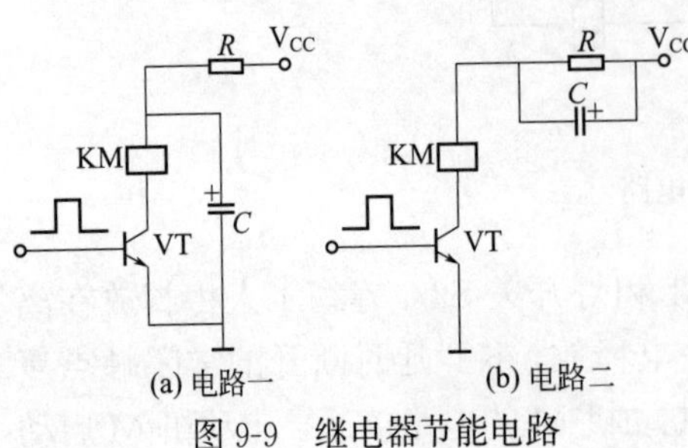

图 9-9 继电器节能电路

图 9-9 是一种继电器节能电路。在图 9-9(a) 中，电容器 C 平时充满电，晶体管 VT 导通时，C 对接触器 KM 放出瞬间较大电流使 KM 线圈得电吸合，然后电源通过电阻 R 限流使 KM 保持吸合。在图 9-9(b) 中，电容器 C 平时经电阻 R 放电，晶体管 VT 导通时，C 有较大的充电电流通过，KM 线

圈便得电吸合，然后电阻 R 限流，使接触器 KM 保持吸合，达到省电的目的。

R 的阻值与 C 的容量的选择依试验参数而定。C 只要充满电后对 KM 放电，能使接触器 KM 瞬间吸合即可，而调节 R 的阻值可使电流保持最小。

9.5.3　继电器低功耗吸合锁定电路

图 9-10 是一种继电器低功耗吸合锁定电路。晶体管 VT 的基极为低电平时，VT 的集电极电平等于电源电压的一半左右，K、R_P、LED 可构成回路，有 8mA 的电流流过继电器线圈，LED 发光起指示作用。当 VT 基极为高电平时，VT 饱和导通，电源电压几乎全部加于继电器 K 的线圈上，继电器动作吸合。之后，VT 失去触发信号而截止，集电极又变为电源电压的一半左右，使继电器线圈在较小的电流下仍能维持吸合锁定，从而达到降低功耗的目的。

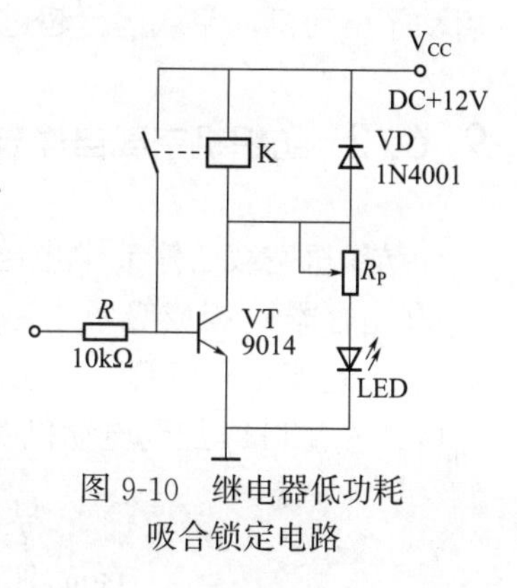

图 9-10　继电器低功耗吸合锁定电路

9.6　其他电气设备节电电路

9.6.1　机床空载自停节电电路

机床空载自停节电电路如图 9-11 所示。该电路主要由接触器 KM、时间继电器 KT 等组成。当时间继电器 KT 线圈得电后，其常闭触点经一定的延时断开。

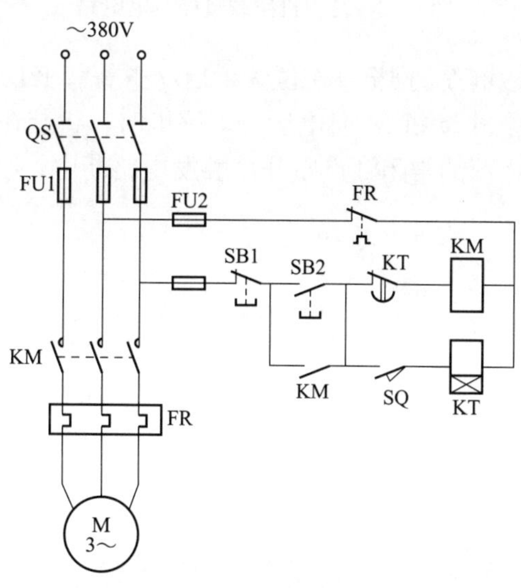

图 9-11　机床空载自停节电电路

按下启动按钮 SB2，接触器 KM 线圈得电吸合并自锁，其主触点 KM 闭合，车床电动机启动运转，由连动杆使限位开关 SQ 断开；在加工停止时，把操纵杆打到空挡位置，连动杆便压下限位开关 SQ，此时时间继电器 KT 线圈得电吸合，如果在 KT 延时的时间内，限位开关没有复位，则 KT 的常闭触点经过一定的延时后断开，切断接触器 KM 线圈的电源，KM 失电释放，其主触点断开，电动机停止运转。

延时的时间可根据车床操作而定。如果车工在车床操作时有较长一段时间不工作，即使启动了电动机，空载运行超过 KT 延时时间，也会自动停车，以节约用电。

9.6.2 纺织机空载自停节电电路

纺织机空载自停节电电路如图 9-12 所示，图中 VTH1～ VTH3 是双向晶闸管，电阻 R_1 和电容器 C 组成吸收电路，R_2 是触发限流电阻，K1 是启动干簧管，其触点为常开触点；K2 是停止干簧管，其触点是常闭触点。Y1、Y2 是磁钢。三相电源 L1、L2、L3 经过 VTH1～ VTH3 加到电动机 M 上。

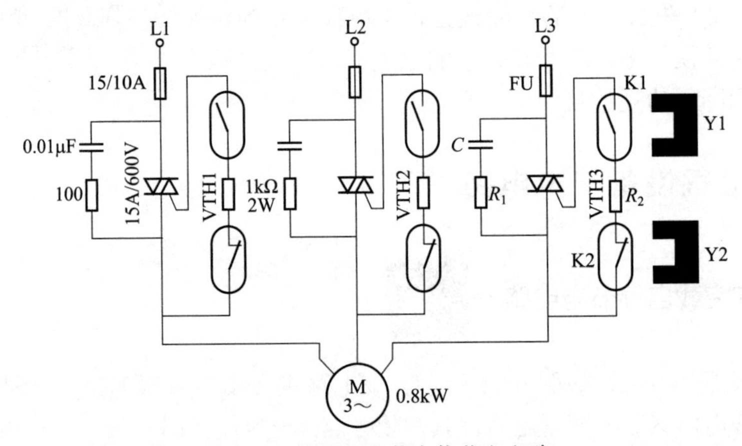

图 9-12　纺织机空载自停节电电路

移动离合器手柄，将磁钢 Y1 推至开机位置，启动干簧管 K1 内部的触点接通，晶闸管 VTH1～ VTH3 触发导通，电动机 M 通电运行；停机时，将装在离合器手柄上的磁钢 Y2 靠近停止干簧管 K2，K2 内部的常闭触点断开，触发电路断电，晶闸管 VTH1～ VTH3 相继截止，电动机 M 停转。

第10章 常用电动机控制经验电路

10.1 加密的电动机控制电路

为防止误操作电气设备，并防止非操作人员随意按下操作台上的启动按钮而造成设备或人身事故，可采用加密的电动机控制电路，如图10-1所示。

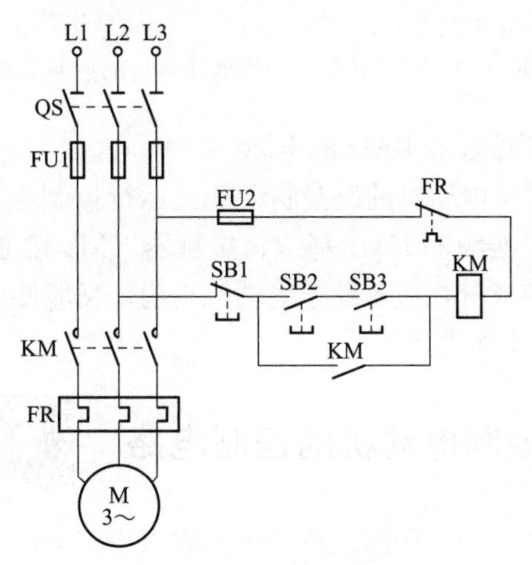

图10-1 加密的电动机控制电路

操作时，首先按下按钮SB2，确认无误后，再同时按下加密按钮SB3，这样控制回路才能接通，接触器KM线圈才能得电吸合，电动机M才能转动起来。而非操作人员不知其中加密按钮（加密按钮装在隐蔽处），故不能操作此电气设备。

10.2 三相异步电动机低速运行的控制电路

有时由于工作的需要，如机床运动部件准确定位，需要电动机降低速度运行。图10-2所示是一种三相异步电动机反接制动后并低速运行的控制电路，图中只画出了主回路。KM1和KM2为电动机正常运行接触器，KM3为电动机反接制动接触器。

图10-2（a）为△形接法的电动机反接制动并低速运行控制电路。接触器KM1、KM2吸合，电动机正常工作，在制动时，接触器KM1、KM2释放；接触器KM3接通电源，这时电动机绕组中串联二极管，电流中含直流成分，既有助于电动机制动，又能使电动机低速

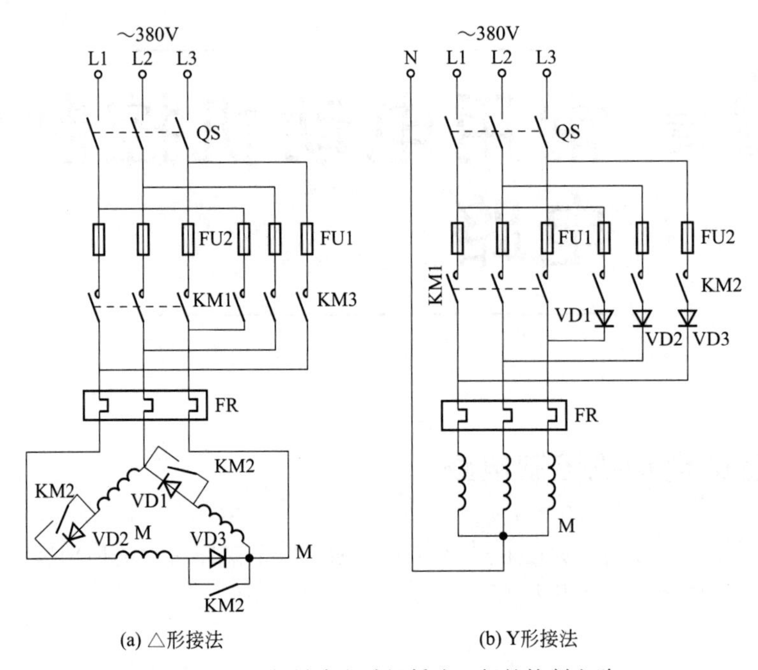

图 10-2　三相异步电动机低速运行的控制电路

反转，在工作完毕时可切断接触器 KM3 的电源。

图 10-2（b）为 Y 形接法电动机的反接制动低速运行控制电路。接触器 KM1 吸合，电动机正常工作，在制动时，接触器 KM1 释放；接触器 KM2 接通电源，这时电动机绕组中串联二极管，电流中含直流成分，既有助于电动机制动，又能使电动机低速反转，在工作完毕时可切断接触器 KM2 的电源即可。

10.3 用安全电压控制电动机的控制电路

在环境潮湿的工作场所，为了保障人身安全，需采用安全电压控制电动机。

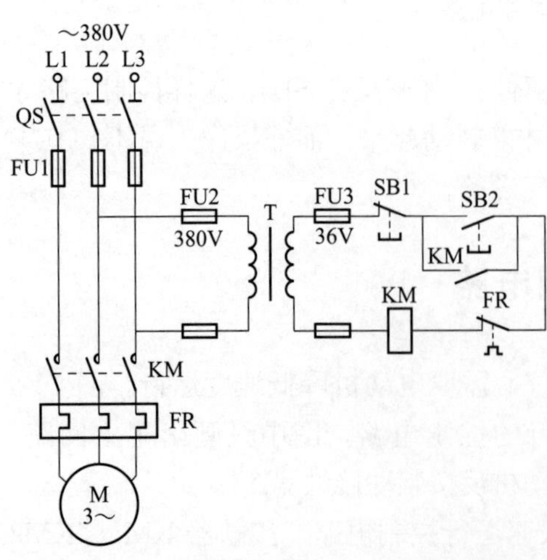

图 10-3　用安全电压控制电动机的控制电路

图 10-3 是一种用安全电压控制电动机的控制电路。该控制电路采用安全电压控制电动机启动、停止，主要用于操作环境条件极差及潮湿、易发生漏电的工作场所，以保证操作人员在接触按钮时，即使按钮漏电也不会造成触电危险。

该电路采用一台 BK 系列机床控制变压器为控制电路供电，交流接触器 KM 线圈的工作电压为 36V。该控制电路的工作原理与常规的电动机启动、停止控制电路完全一样，只是控制电压由 380V 或 220V 改为 36V 以下而已。使用时需注意，变压器的功率应大于交流接触器线圈标称功率，以免过载烧坏控制变压器的绕组。

10.4 单线远程控制电动机启动、停止的电路

通常用两个按钮控制一台电动机的启动和停止，从开关柜到控制按钮需要三根导线来连接。如果用一根导线能够实现远程控制电动机的启动和停止，则可节约大量的导线。

图 10-4 是一种实用的单线远程启动、停止控制电路。现场控制按钮按一般常规控制电路连接，只是在现场停止按钮前串联两只灯泡 EL1、EL2。当启动电动机时，按下按钮 SB2，现场的 L2、L3 相电源给交流接触器 KM 的线圈供电，KM 吸合并自锁，电动机启动运转。松开按钮 SB2，现场的 L2、L3 相电源通过两只灯泡 EL1、EL2 继续给交流接触器 KM 供电。

当需要远地停止时，按下按钮 SB4，接触器 KM 的线圈两端都为 L2 相电源，因为接触器 KM 的线圈两端电压为零，所以 KM 释放，电动机停止运行。

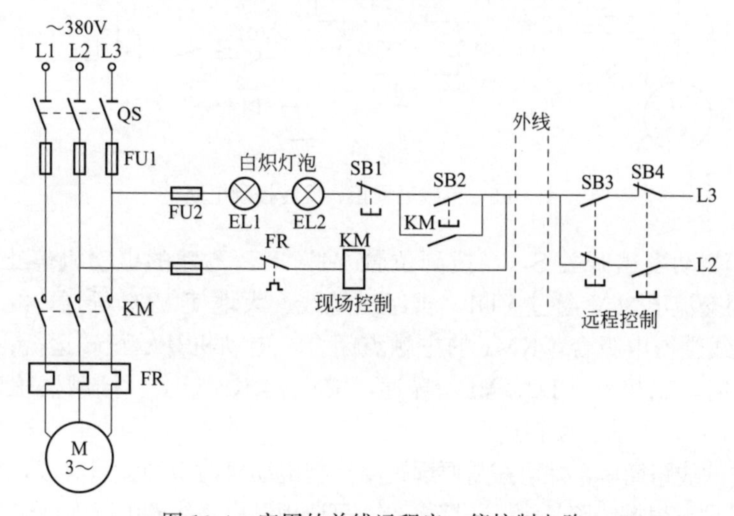

图 10-4　实用的单线远程启、停控制电路

反之，当需要远地启动时，按下按钮 SB3，接触器 KM 的线圈两端为 L2 相和 L3 相电源，因为接触器 KM 的线圈两端电压为 380V，所以 KM 吸合，电动机启动运行。

在正常运行时，KM 线圈与两只为 220V 的电灯泡串联，灯泡功率可根据接触器的规格型号来确定。经过实验，一般主触点额定电流为 40A 的交流接触器可用功率分别为 60W 的两只灯泡串联，即能使 40A 的交流接触器线圈可靠吸合。如果是大于 40A 的交流接触器，则应适当增大电灯泡功率。在正常工作时，两只灯泡不亮，在远地按下 SB4 停止按钮时，灯泡会瞬间闪亮一下，这也可作为停止指示灯。

此电路应接在同一个三相四线制电力系统中。接线时要注意电源相序。另外，远地控制按钮 SB3、SB4 上存在两相电源，使用者应注意安全。

10.5 单线远程控制电动机正、反转的电路

在有些条件限制的场合，需要在离电动机较远的场所控制电动机的启动、停止或正、反转运行。利用图 10-5 所示的控制电路，在控制柜与控制按钮之间架设一根导线，就可完成

电动机启动、停止和正、反转的控制过程。

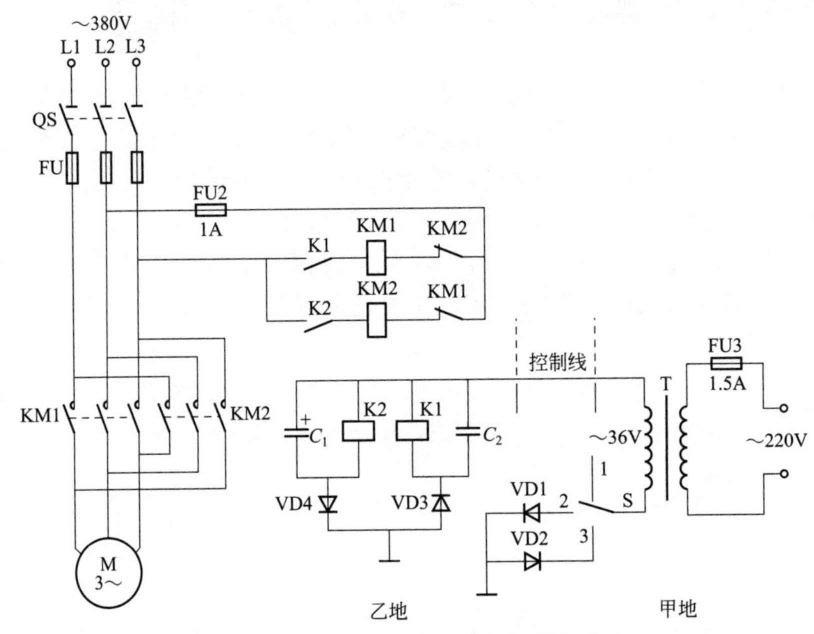

图 10-5 单线远程正、反转控制电路

用户在甲地拨动多挡开关 S，当拨到位置“1”时，乙地的电动机停止；当拨到位置“2”时，乙地因交流电 36V 通过 VD1，再经过地线、大地使 VD3 导通，继电器 K1 吸合，接触器 KM1 的线圈得电吸合，KM1 的主触点闭合，电动机开始正转运行；当多挡开关 S 拨到位置“3”时，二极管 VD2、VD4 导通，继电器 K2 吸合，接触器 KM2 得电吸合，KM2 的主触点闭合，电动机反转运行。

此控制电路的线路简单，并可在需要远距离控制电动机时节约大量导线，继电器 K1、K2 可选用 JRX-13F 型，根据线路长短、压降多少，可选用继电器线圈电压为直流 12V 或 24V。

10.6 具有三重互锁保护的正、反转控制电路

在众多正、反转控制电路中，采用最多的是双重互锁保护，也就是利用按钮常闭触点、交流接触器辅助常闭触点互锁。为了使电路更加安全可靠，可采用图 10-6 所示的控制电路，该电路为三重互锁保护，即按钮常闭触点互锁、交流接触器常闭辅助触点互锁及断电延时时间继电器断电延时闭合的常闭触点互锁。

正转启动时，按下正转启动按钮 SB2，此时 SB2 的常闭触点断开反转交流接触器 KM2 的线圈回路，起到互锁保护，同时 SB2 的常开触点闭合，交流接触器 KM1、断电延时时间继电器 KT1 的线圈同时得电吸合。KM1 主触点闭合，电动机 M 正转启动运行。KM1 的常闭触点、KT1 延时闭合的常闭触点均断开，使 KM2 的线圈回路同时三处断开，从而起到可靠的互锁保护。

当需要反转时，按下反转启动按钮 SB3，此时，正转交流接触器 KM1 的线圈回路断电释放，电动机 M 正转停止工作，但 KT1 断电延时几秒钟后它的常闭触点才能恢复闭合，即使按下反转启动按钮，电动机 M 也不能反转启动，则必须按动反转启动按钮 2s 后（设定时

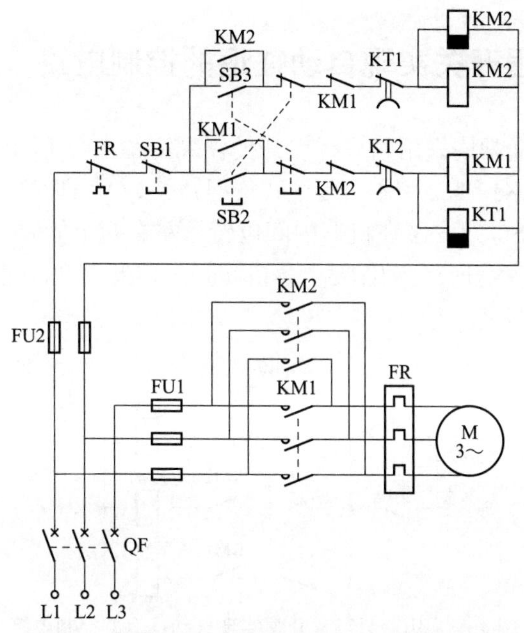

图 10-6　具有三重互锁保护的正、反转控制电路

间可任意调整），即断电延时闭合的常闭触点 KT1 闭合（复位）后，电动机 M 反转才能启动，从而真正起到互锁保护的作用。

10.7 防止相间短路的正、反转控制电路

图 10-7 是一种防止相间短路的较理想的正、反转控制电路。它多加了一个接触器 KM3，当正、反转转换时，接触器 KM2（或 KM1）断电，接触器 KM3 也随着断开。即无论哪一种情况，总有两个接触器组成四断点灭弧电路，可有效地熄灭电弧，防止相间短路。

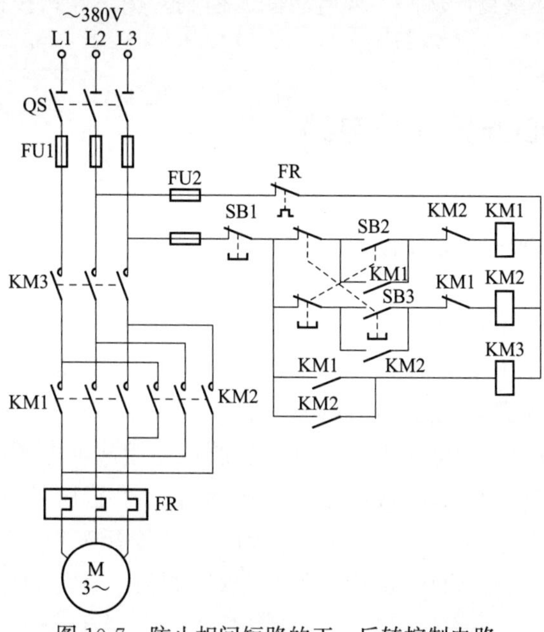

图 10-7　防止相间短路的正、反转控制电路

10.8 用一只行程开关实现自动往返的控制电路

自动往返控制电路通常均采用两只行程开关，采用图 10-8 所示的控制电路（主电路未画出），仅用一只双轮 LX19-232 型不可复位式行程开关 SQ，即可实现生产机械工作台的自动往返控制。行程开关 SQ 可安装在机器中间位置，左右两个撞块可分别安装在工作台上，且需根据 LX19-232 型行程开关的动作要求各自错开一定的角度，使左右两个撞块能分别撞动行程开关的各个滚轮即可。

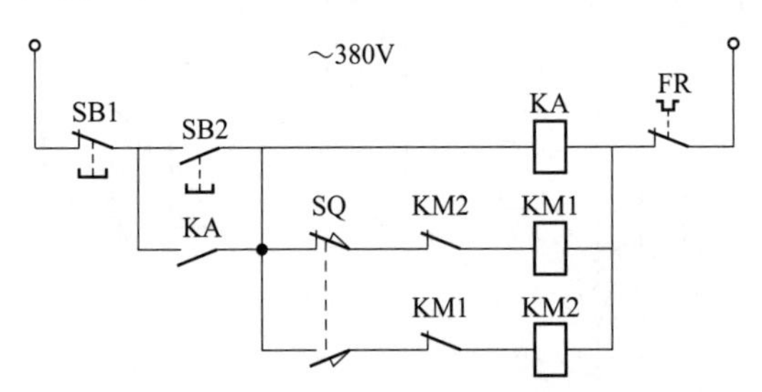

图 10-8　用一只行程开关实现自动往返的控制电路

启动工作台时，按下启动按钮 SB2，中间继电器 KA 得电吸合并自锁，接触器 KM1 得电吸合，其主触点闭合，电动机正转运行（工作台向左移动）。当工作台向左移动到位时，右边的撞块将行程开关 SQ 撞动而改变状态（即 SQ 行程开关的常闭触点断开、常开触点闭合），接触器 KM1 失电释放，电动机正转运行停止（工作台向左移动停止）。同时，接触器 KM2 得电吸合，其主触点闭合，电动机反转运行（工作台向右移动），当工作台向右边移动到位时，左边的撞块将行程开关撞动，恢复原来状态（即 SQ 行程开关的常闭触点闭合、常开触点断开），此时接触器 KM2 线圈失电释放，电动机反转运行停止（工作台向右移动停止）。同时接触器 KM1 线圈又得电吸合，其主触点闭合，电动机再次正转运行（工作台向左移动）。这样一直循环重复，从而实现自动往返控制。按下停止按钮 SB1，则电动机停止运行。

10.9 电动机离心开关代用电路

10.9.1 电动机离心开关代用电路(一)

单相电容启动电动机的启动转矩和输出功率较大，应用非常广泛。但是，当这类电动机在启动较频繁时，其离心开关很容易损坏。如果买不到所需的离心开关，可以采用图 10-9 所示的离心开关的代用电路，供生产时应急代用。

图 10-9 所示的控制电路由电源电路和延时控制电路组成，电源电路由降压电容器 C_1、泄放电阻器 R_1、整流二极管 VD1、VD2、滤波电容器 C_2 和稳压二极管 VS 组成；延时控制电路由电阻器 R_2、电容器 C_3、二极管 VD3、VD4、晶体管 VT1、VT2 和继电器 K 组成。交流 220V 电压经 C_1 降压、VD1 和 VD2 整流、C_2 滤波及 VS 稳压后，为延时电路提供 +12V 工作电源。

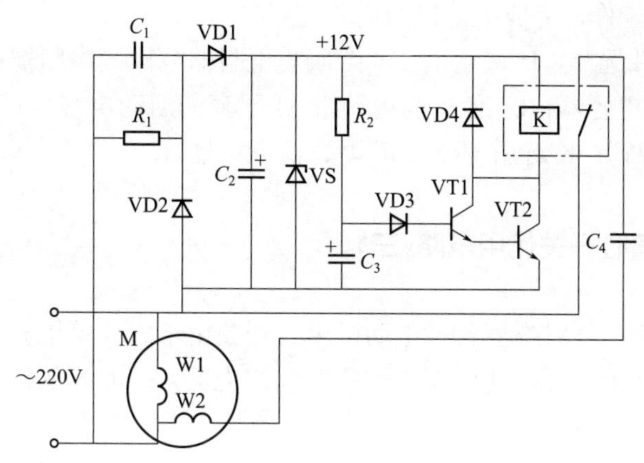

图 10-9　电动机离心开关代用电路（一）

刚接通电源时，由于 C_3 两端电压不能突变，VT1 和 VT2 均处于截止状态，继电器 K 处于释放状态，其常闭触点接通，电动机 M 的辅助绕组（启动绕组）W2 和启动电容器 C_4 通过继电器 K 的常闭触点接入电路中，电动机 M 启动运行。约 6s 左右，当 M 的转速达到额定转速的 75%～ 80%时，C_3 两端电压充至 1.8V 左右，VT1 和 VT2 饱和导通，继电器 K 通电吸合，其常闭触点断开，将电动机 M 的辅助绕组 W2 和 C_4 与电源电路断开，此时主绕组 W1 单独运行工作，电动机启动完成。

图 10-9 中元器件选择：R_1 和 R_2 选用 1/4W 金属膜电阻器或碳膜电阻器；C_1 选用耐压值为 400V 以上的 CBB 电容器；C_2 和 C_3 均选用耐压值为 25V 的铝电解电容器；C_4 为电动机 M 配套的启动电容；VD1、VD2 和 VD4 均选用 1N4007 型硅整流二极管；VD3 选用 1N4148 型硅开关二极管；VS 选用 1W、12V 的硅稳压二极管，例如 1N4742 等型号；VT1 选用 S9013 或 S9014 型硅 NPN 晶体管；VT2 选用 S8050 或 C8050 型硅 NPN 晶体管；K 选用 JRX-13F 型 12V 直流继电器。

10.9.2　电动机离心开关代用电路(二)

图 10-10 是另一种电动机离心开关代用电路，该电路由电容器 C_1、C_2、电阻器 R、继电器 K、二极管 VD1、VD2 组成。

接通电源后，交流 220V 电压一路加至电动机 M 的主绕组（W1）上，另一路经继电器 K 的常闭触点加至由启动电容器 C_3 和 M 的辅助绕组（W2）组成的启动电路上，电动机 M 启动运转。

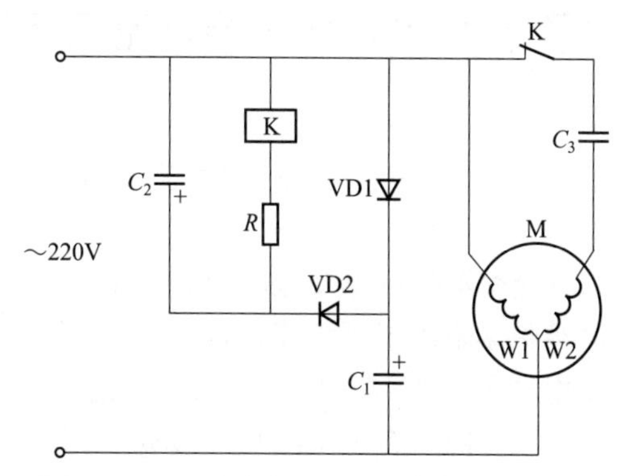

图 10-10　电动机离心开关代用电路（二）

刚接通电源时，由于 C_2 的容量较大，其两端电压不能突变，继电器 K 不能吸合。几秒钟后，当电容器 C_2 两端的电压充至一定值时（当输入交流电压为正半周时，输入电压经 VD1 对 C_1 充电；当输入电压为负半周时，C_1 所充电压与输入电压相叠加后，再经 VD2 对 C_2 充电），K 通电吸合，其常闭触点断开，将的电动机 M 的启动电路切断，

M 的主绕组单独运行工作，完成电动机的启动过程。

图 10-10 中元器件选择：R 选用 1/2W 金属膜电阻器或碳膜电阻器；C_1 和 C_2 均选用耐压值为 50V 的铝电解电容器；C_3 使用与电动机 M 配套的启动电容器；VD1 和 VD2 均选用 1N4007 型硅整流二极管；K 选用 JRX-13F 型直流继电器。

10.9.3 电动机离心开关代用电路(三)

图 10-11 是一种用时间继电器代替电动机离心开关用于启动单相异步电动机的电路，该电路由时间继电器 KT 和熔断器 FU 组成，将时间继电器延时断开的常闭触点串联在单相异步电动机启动绕组的电路中。

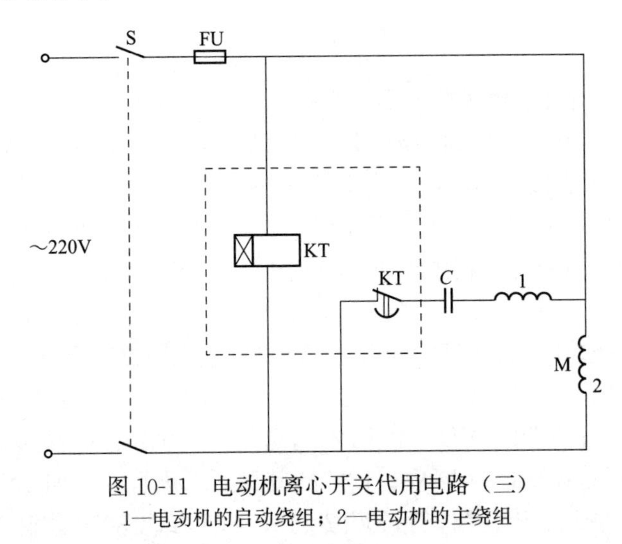

图 10-11　电动机离心开关代用电路（三）

1—电动机的启动绕组；2—电动机的主绕组

合上电源开关 S 后，交流 220V 电压一路经熔断器 FU 加至电动机 M 的主绕组上，另一路经熔断器 FU、时间继电器 KT 延时断开的常闭触点加至由启动电容器 C 和电动机 M 的启动绕组组成的启动电路上，电动机 M 启动运转。

刚接通电源时，单相异步电动机 M 和时间继电器 KT 同时得电，KT 开始延时，电动机 M 得电启动，经 KT 一段延时后，KT 的常闭触点断开，电动机正常运行。

10.10 交流接触器直流运行的控制电路

10.10.1 交流接触器直流运行的控制电路(一)

当交流接触器交流启动、交流运行时，存在噪声较大、功率损耗大等弊端。然而，当交流接触器采用了直流控制后，不但能明显地消除噪声，减少功率损耗，还能降低温升，延长使用寿命。图 10-12 是一种交流接触器直流运行的控制电路。

工作时，合上电源开关 QS，按下启动按钮 SB2，电源经过电阻 R 和二极管 VD1 使交流接触器 KM 得电吸合，电动机启动。此时由于接触器的常闭辅助触点 KM 已经断开，电源改经电容 C 给接触器 KM 的线圈送电，因为二极管 VD2 与线圈并联，所以为线圈提供了续

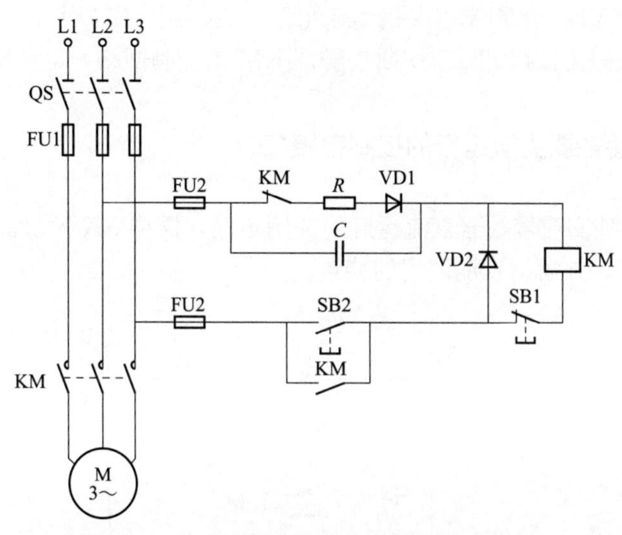

图 10-12　交流接触器直流运行的控制电路（一）

流回路，使线圈得到了连续的直流电流，维持接触器吸合，使电动机 M 保持运转。

停止时，只要按下停止按钮 SB1，切断接触器 KM 线圈的控制回路，电动机 M 就停止运转。

10. 10. 2　交流接触器直流运行的控制电路(二)

图 10-13 是另一种交流接触器直流运行的控制电路。

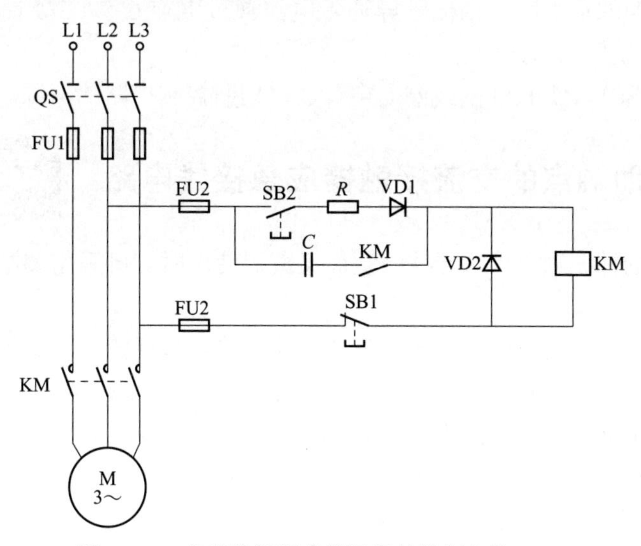

图 10-13　交流接触器直流运行的控制电路（二）

工作时，合上电源开关 QS，按下启动按钮 SB2，电源经过电阻 R 和二极管 VD1，使交流接触器 KM 得电吸合，其主触点 KM 闭合，电动机 M 运转。当启动按钮 SB2 复位时，电源通过已闭合的辅助触点 KM 和电容 C 使接触器 KM 自保持。由于二极管 VD2 与线圈 KM 并联，二极管半波截止，半波工作。在截止半波中，电源经电容 C 给接触器线圈供电，在工作半波中，二极管 VD2 给线圈提供了续流回路，使接触器维持吸合，电动机继续运转。

停止时，只要按停止按钮 SB1，切断接触器 KM 的控制回路，电动机 M 就停止运转。

10.10.3 交流接触器直流运行的控制电路(三)

图 10-14 也是一种交流接触器直流运行的控制电路，图中 SA 为双掷开关，该电路具有交流启动、直流运行，并可交直流两用的特点。

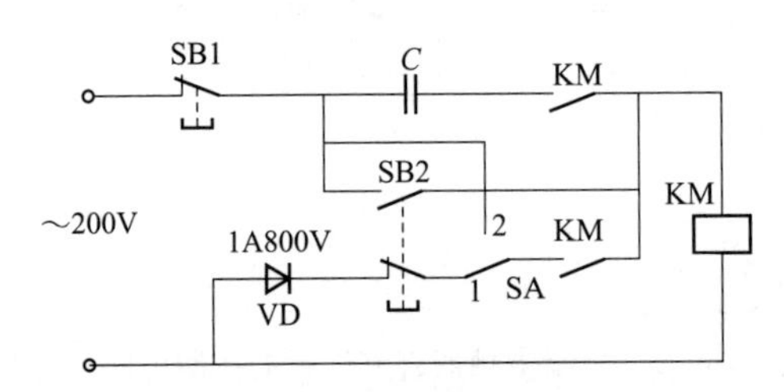

图 10-14　交流接触器直流运行的控制电路（三）

启动时，将双掷开关 SA 置于“1”位，按下启动按钮 SB2，其常开触点闭合、常闭触点断开，交流接触器 KM 的线圈经 SB1、SB2 得电吸合，这时为交流启动，接触器 KM 的主触点闭合，电动机启动运行，与此同时，KM 的两个常开辅助触点闭合。当松开启动按钮 SB2 后，SB2 的常开触点先断开、常闭触点后闭合，接触器 KM 的线圈通过电容 C 接通交流 220V 电源，使接触器维持吸合。等到 SB2 的常闭触点闭合后，将二极管 VD 经 SB2、SA 和 KM 的常开辅助触点接入电路，在交流电源的正半周，二极管 VD 截止，KM 的线圈经电容通电；在交流电源的负半周，二极管导通，电流通过电容 C 和二极管 VD 构成通路，使流过 KM 线圈电流为直流脉动电流。

按下停止按钮 SB1，使 KM 的线圈断电释放，切断控制电路的电源，电动机停转。

10.11 缺辅助触点的交流接触器应急接线电路

当交流接触器的辅助触点损坏无法修复而又急需使用时，可采用如图 10-15 所示的接线方法满足应急使用的要求。

按下启动按钮 SB2，交流接触器 KM 线圈得电吸合，KM 的主触点闭合，电动机启动运行。当放松按钮 SB2 后，KM 的一个主触点兼作自锁触点，使接触器 KM 自锁，因此 KM 仍保持吸合，电动机继续运行。图 10-15 中，SB1 为停止按钮，在停车时，按动 SB1 的时间要长一点，待接触器 KM 释放后，再松开停止按钮 SB1。否则，手松开按钮 SB1 后，接触器 KM 的线圈又得电吸合，使电动机继续运行。

接触器线圈电压为 380V 时，可按如图 10-15（a）所示接线；接触器线圈电压为 220V 时，可按如图 10-15（b）所示接线。图 10-15（a）的接线还有缺陷，即在电动机停转时，其引出线及电动机带电，使维修不安全。因此，这种应急接线电路只能在应急时采用，这一点应特别引起注意。

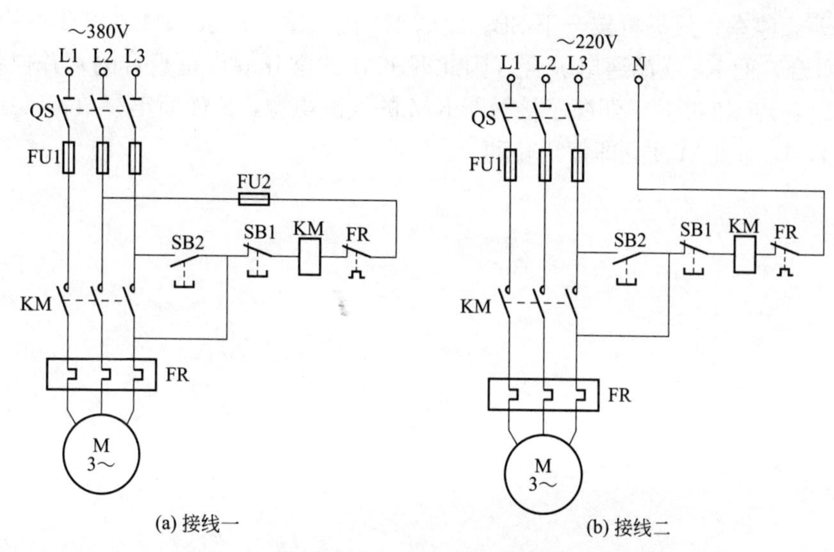

图 10-15　缺辅助触点的交流接触器应急接线电路

10.12 用一只按钮控制电动机启动、停止的电路

前面介绍的许多电动机启动电路，都是用两个按钮来控制的。而图 10-16 是一种利用一只按钮来控制电动机启动、停止的电路。

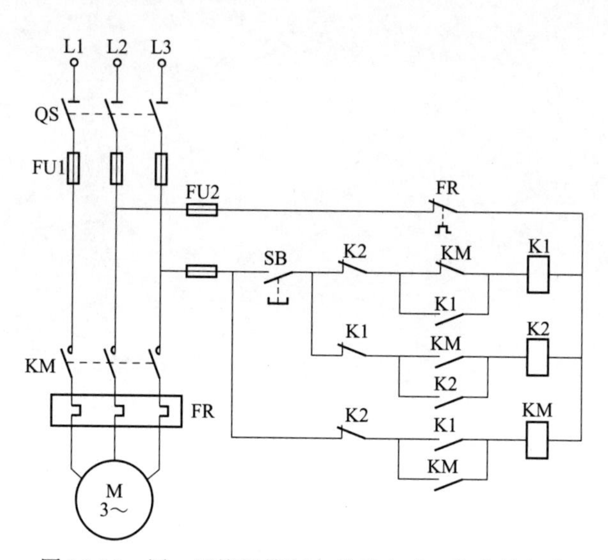

图 10-16　用一只按钮控制电动机启动、停止的电路

启动时，按下按钮 SB，继电器 K1 的线圈得电吸合并自锁，K1 的另一副常开触点闭合，交流接触器 KM 的线圈得电，KM 吸合并且自锁，其主触点 KM 闭合，电动机 M 启动运行。与此同时 KM 的另一副常开辅助触点闭合，但继电器 K2 的线圈因 K1 的常闭触点已断开而不能通电，所以 K2 不能吸合。松开按钮 SB，因为 KM 已经自锁，所以 KM 仍然吸合，电动机 M 继续运行。但此时 K1 因 SB 松开而断电释放，其常闭触点复位，为接通 K2

做好准备。要想停车，只需再按一下 SB。此时 K1 的线圈通路被 KM 的常闭触点切断，所以 K1 不会吸合，而 K2 线圈通电吸合（因此时 KM 的常开触点是吸合的）并自锁。K2 吸合后，其常闭触点 K2 断开，切断了接触器 KM 的线圈电源，KM 断电释放，其主触点 KM 断开（复位），电动机 M 便立即停止转动。

第11章 常用电气设备控制电路

11.1 电磁抱闸制动控制电路

11.1.1 起重机械常用电磁抱闸制动控制电路

在许多生产机械设备中，为了使生产机械能够根据工作需要迅速停车，常常采用机械制动。机械制动是利用机械装置使电动机在切断电源后迅速停转。采用比较普遍的机械制动是电磁抱闸。电磁抱闸主要由两部分组成，制动电磁铁和闸瓦制动器。

图 11-1 是一种电磁抱闸制动的控制电路与抱闸原理。

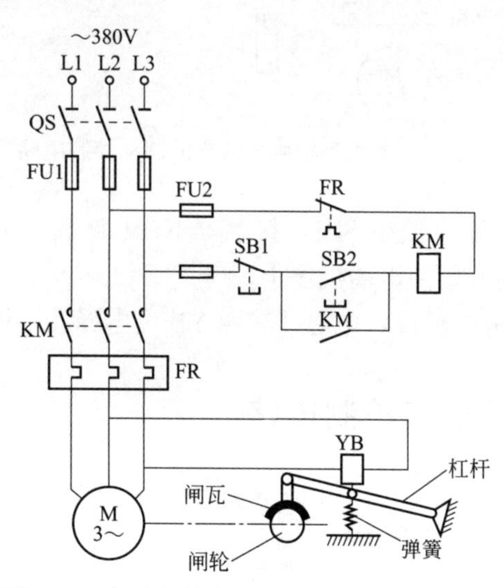

图 11-1 起重机械常用电磁抱闸制动控制电路

当按下启动按钮 SB2 时，接触器 KM 的线圈得电动作，其常开主触点 KM 闭合，电动机 M 接通电源。与此同时，电磁抱闸的线圈 YB 也接通了电源，其铁芯吸引衔铁而闭合，同时衔铁克服弹簧拉力，迫使制动杠杆向上移动，从而使制动器的闸瓦与闸轮松开，电动机正常运转。

当按下停止按钮 SB1 时，接触器 KM 线圈断电释放，电动机 M 的电源被切断时，电磁抱闸的线圈 YB 也同时断电，衔铁释放，在弹簧拉力的作用下使闸瓦紧紧抱住闸轮，电动机就迅速被制动停转。

这种制动在起重机械上被广泛采用。当重物吊到一定高处，线路突然发生故障断电时，电动机断电，电磁抱闸线圈也断电，闸瓦立即抱住闸轮使电动机迅速制动停转，从而可防止重物掉下。另外，也可利用这一点将重物停留在空中某个位置。

11.1.2 断电后抱闸可放松的制动控制电路

当电动机已经制动停止以后，某些机械设备有时还需用人工将工件传动轴做转动调整，图 11-2 可满足这种需要。

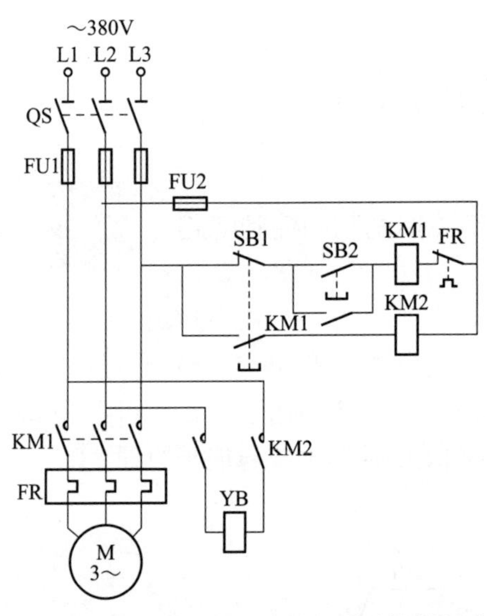

图 11-2　断电后抱闸可放松的制动控制电路

当制动时，按下电动机停止按钮 SB1，接触器 KM1 释放，电动机断电，同时 KM2 得电吸合，使 YB 动作，抱闸抱紧使电动机停止。

松开 SB1，KM2 线圈失电释放，电磁铁线圈 YB 失电释放，抱闸放松。

11.2 常用建筑机械电气控制电路

11.2.1 建筑工地卷扬机控制电路

在建筑工地上常用的一种卷扬机为单筒快速电磁制动式电控卷扬机，它主要由卷扬机交流电动机、电磁制动器、减速器及卷筒组成。图 11-3 是一个典型的电动机正、反转带电磁抱闸制动的控制电路。

当合上电源开关 QS，按下正转启动按钮 SB2 时，正转接触器 KM1 得电吸合并自锁，其主触点 KM1 闭合，接通电动机 M 和电磁铁线圈 YB 的电源，电磁铁 YB 得电吸合，使制动闸立即松开制动轮，电动机 M 正转，带动卷筒转动，使钢丝绳卷在卷筒上，从而带动提升设备向楼层高处运输。

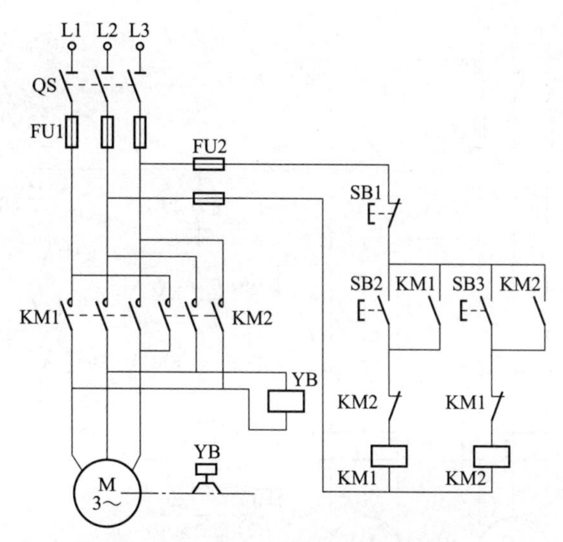

图 11-3　建筑工地卷扬机控制电路

当需要卷扬机停止时，按下停止按钮 SB1，接触器 KM1 断电释放，切断电动机 M 和电磁铁线圈 YB 的电源，电动机停转，并且电磁抱闸立即抱住制动轮，避免货物以自重下降。

当需要卷扬机做反向下降运行时，按下反转按钮 SB3。反转接触器 KM2 得电吸合并自锁，其主触点 KM2 反序接通电动机的电源，电磁铁线圈 YB 也同时得电吸合，松开抱闸，电动机反转运行，使卷筒反向松开卷绳，货物下降。

这种卷扬机的优点是体积小、结构简单、操作方便，重物下降时安全可靠，因此得到广泛采用。

11. 2. 2　带运输机控制电路

在大型建筑工地上，当原料堆放较远，使用很不方便时，可采用带运输机来运送粉料。利用带传送机构把粉料运送到施工现场或送入施工机械中加工，这既省时又省力。图 11-4 是一种多条带运输机控制电路。电路采用两台电动机拖动，这是一个两台电动机按顺序启动，按反顺序停止的控制电路。

为了防止运料带上运送的物料在带上堆积堵塞，在控制上要求：先启动第一条运输带的电动机 M1，当 M1 运转后才能启动第二条运输带的电动机 M2。这样能保证首先将第一条运输带上的物料先清理干净，来料后能迅速运走，不至于堵塞。停止带运输时，要先停止第二条运输带的电动机 M2，然后才能停止第一条运输带的电动机 M1。

启动时，先按下启动按钮 SB2 时，接触器 KM1 得电吸合并自锁，其主触点 KM1 闭合，使电动机 M1 运转，第一条带开始工作。KM1 的另一个常开辅助触点闭合，为接触器 KM2 通电做准备，这时再按下启动按钮 SB4，接触器 KM2 得电动作，电动机 M2 运转，第二条带投入运行。

停止运行时，先按下停止按钮 SB3，接触器 KM2 断电释放，其主触点 KM2 断开（复位），电动机 M2 停转，第二条带停止运输。再按下按钮 SB1，接触器 KM1 断电释放，其主触点 KM1 断开（复位），电动机 M1 停转，第一条带也停止运输。

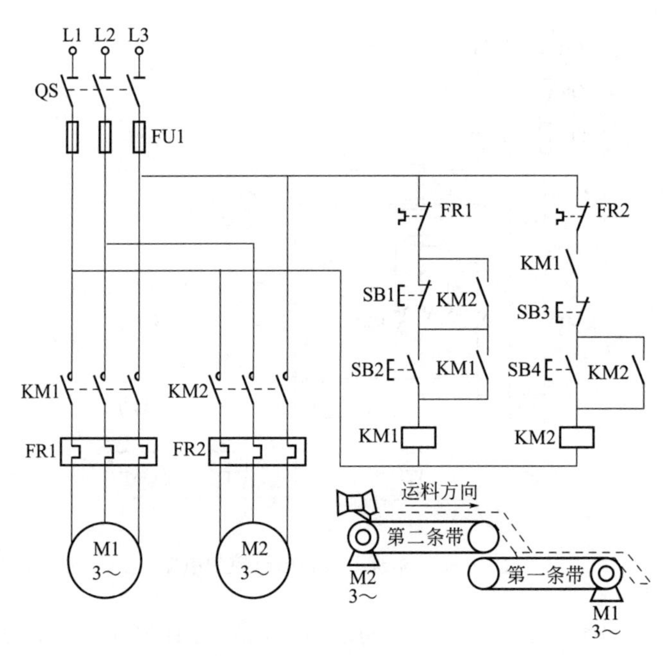

图 11-4 带运输机控制电路

由于在 KM2 线圈回路串联了 KM1 的常开辅助触点，使得在接触器 KM1 未得电前，接触器 KM2 不能得电；而又在停止按钮 SB1 上并联了 KM2 的常开辅助触点，能保证只有 KM2 先断电释放后，KM1 才能断电释放。这就保证了第一条运输带先工作，第二条运输带才能开始工作；第二条运输带先停止，第一条运输带才能停止，防止了物料在运输带上的堵塞。

11.2.3 混凝土搅拌机控制电路

JZ350 型混凝土搅拌机控制电路如图 11-5 所示。图中 M1 为搅拌机滚筒电动机，正转时搅拌混凝土，反转时使搅拌好的混凝土出料，正、反转分别由接触器 KM1 和 KM2 控制；M2 为料斗电动机，正转时牵引料斗起仰上升，将砂子、石子和水泥倒入搅拌机滚筒，反转时使料斗下降放平，等待下一次上料，正、反转分别由接触器 KM3 和 KM4 控制；M3 为水泵电动机，由接触器 KM5 控制。

当把水泥、砂子、石子配好料后，操作人员按下上升按钮 SB5 后，接触器 KM3 的线圈得电吸合并自锁，使上料卷扬电动机 M2 正转，料斗送料起升。当升到一定高度后，料斗挡铁碰撞上升限位开关 SQ1 和 SQ2，使 KM3 断电释放。这时料斗已升到预定位置，把料自动倒入搅拌机内，并自动停止上升。然后操作人员按下下降按钮 SB6，接触器 KM4 的线圈得电吸合并自锁，其主触点逆序接通料斗电动机 M2 的电源，使电动机 M2 反转，卷扬系统带动料斗下降，待下降到其料口与地面平齐时，料斗挡铁碰撞下降限位开关 SQ3，使接触器 KM4 断电释放，料斗自动停止下降，为下次上料做好准备。

待上料完毕，料斗停止下降后，操作人员再按下水泵启动 SB8，接触器 KM5 的线圈得电吸合并自锁，使供水水泵电动机 M3 运转，向搅拌机内供水，与此同时，时间继电器 KT 得电工作，待供水与原料成比例后（供水时间由时间继电器 KT 调整确定，根据原料与水的

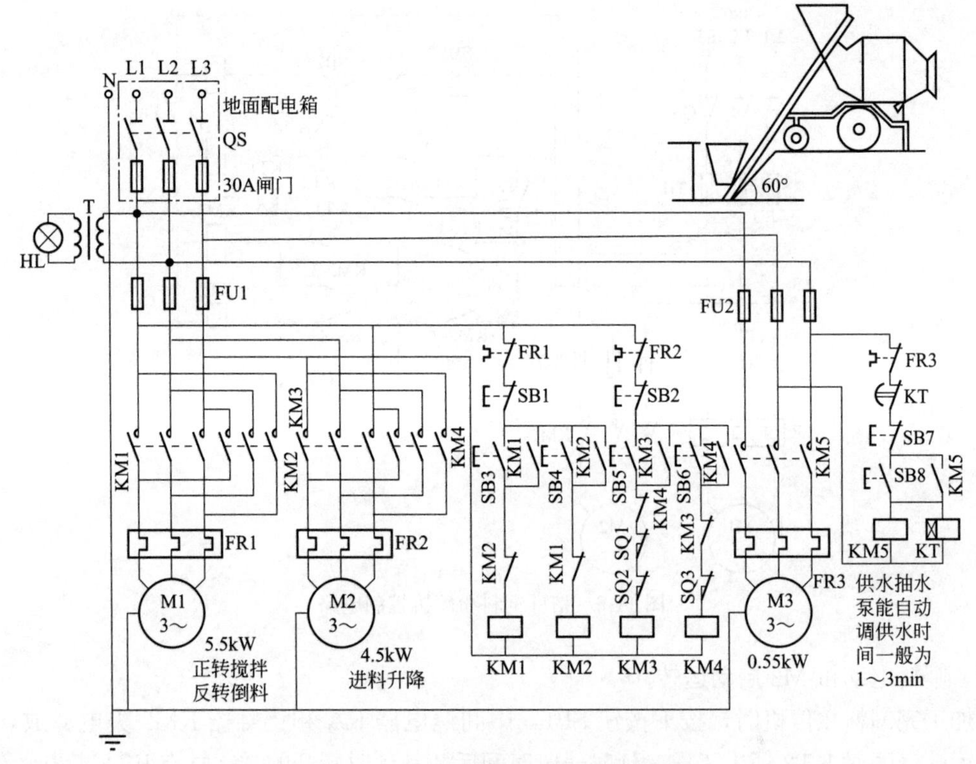

图 11-5　JZ350 型混凝土搅拌机控制电路

配比确定），KT 动作延时结束，时间继电器 KT 的延时断开的常闭触点断开，从而使接触器 KM5 断电自动释放，水泵电动机停止。也可根据供水情况，手动按下停止按钮 SB7，停止供水。

加水完毕即可实施搅拌，按下搅拌启动按钮 SB3，搅拌控制接触器 KM1 得电吸合并自锁，搅拌电动机 M1 正转搅拌，搅拌完毕后按下停止按钮 SB1，搅拌机停止搅拌。出料时，按下出料按钮 SB4，接触器 KM2 得电吸合并自锁，其主触点 KM2 逆序接通电动机 M1 的电源，M1 反转即可把混凝土泥浆自动搅拌出来。当出料完毕或运料车装满后，按下停止按钮 SB1，接触器 KM2 断电释放，电动机 M1 停转，出料停止。

11.3 秸秆饲料粉碎机控制电路

农村用于加工玉米秸秆、青草等牲畜饲料的秸秆饲料粉碎机，有的使用两台电动机（喂料用电动机和切料用电动机各一台）作动力来完成秸秆饲料的粉碎工作。为防止切料电动机堵转，要求切料电动机先启动运转一段时间后再启动喂料电动机。图 11-6 是一种秸秆饲料粉碎机控制电路，可以实现上述功能。

粉碎青饲料时，先接通刀开关 QS，然后按下启动按钮 SB2，使中间继电器 KA 通电吸合，其常开触点 KA-1～KA-3 接通，常闭触点 KA-4 断开，其中 KA-1 使中间继电器 KA 自锁；KA-2 使接触器 KM1 和时间继电器 KT1 通电吸合，KM1 的常开辅助触点 KM1-2 使 KM1 和 KT1 自锁；切料电动机 M1 启动运转，此时 KM1-3 闭合，为接触器 KM2 和时间继电器 KT2 通电做准备。延时约 30s 后，KT1 的延时闭合的常开触点接通，KM2 通电吸合并

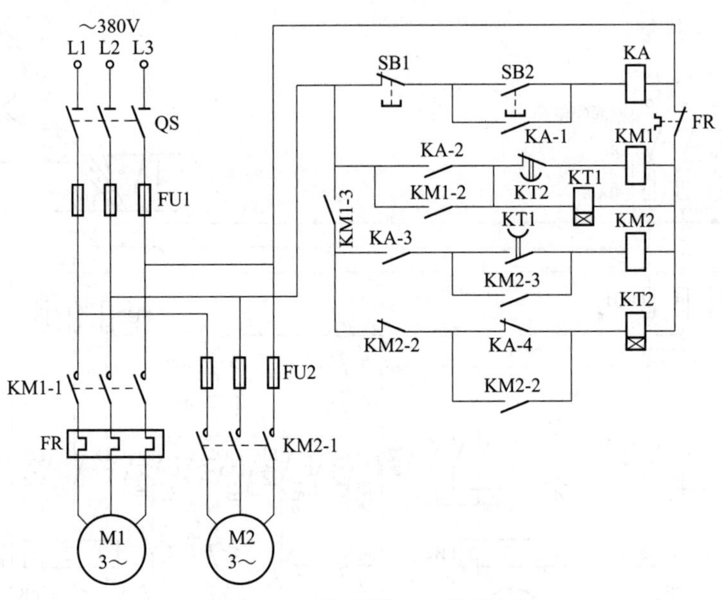

图 11-6　秸秆饲料粉碎机控制电路

自锁，喂料电动机 M2 启动运转。

加工完饲料欲停机时，按下按钮 SB1，中间继电器 KA 和接触器 KM2 失电释放，M2 停止运转；同时 KT2 通电工作，延时一段时间后，其延时断开的常闭触点 KT2 断开，使接触器 KM1 失电释放，电动机 M1 停止运行，整个工作过程结束。

11.4 自动供水控制电路

图 11-7 是一种采用干簧管来检测和控制水位的自动供水控制电路。该控制电路由电源电路和水位检测控制电路组成，电路简单、工作可靠，既可用于生活供水，也可用于农田灌溉。

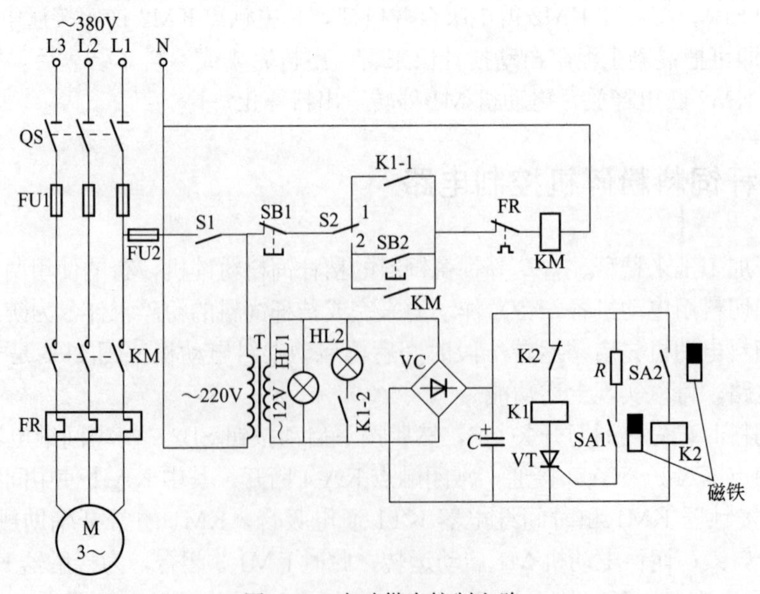

图 11-7　自动供水控制电路

水位检测控制电路由干簧管 SA1、SA2、继电器 K1、K2、晶闸管 VT、电阻器 *R*、交流接触器 KM、热继电器 FR、控制按钮 SB1、SB2 和手动/自动控制开关 S2 组成。

图 11-7 中 S2 为手动/自动控制开关，S2 位于位置 1 时为自动控制状态，S2 位于位置 2 时为手动控制状态；HL1 和 HL2 分别为电源指示灯和自动控制状态时的上水指示灯。

接通刀开关 QS 和电源开关 S1，L1 端和 N 端之间的交流 220V 电压经电源变压器 T 降压后产生交流 12V 电压，作为 HL1 和 HL2 的工作电压，同时还经整流桥堆 VC 整流及滤波电容器 *C* 滤波后，为水位检测控制电路提供 12V 直流工作电压。

SA1 为低水位检测与控制用干簧管，SA2 为高水位检测与控制用干簧管。

在受控水位降至低水位时，安装在浮子上的永久磁铁靠近 SA1，SA1 的触点在永久磁铁的磁力作用下接通，使晶闸管 VT 受触发导通，继电器 K1 通电吸合，其常开触点 K1-1 和 K1-2 接通，使 HL2 点亮，KM 通电吸合，水泵电动机 M 通电工作。

浮子随着水位的上升而上升，使永久磁铁离开 SA1，SA1 的触点断开，但晶闸管 VT 仍维持导通状态。直到水位上升至设定的高水位、永久磁铁靠近 SA2 时，SA2 的触点接通，使继电器 K2 通电吸合，K2 的常闭触点断开，使继电器 K1 释放，晶闸管 VT 截止，继电器 K1 的常开触点 K1-1 和 K1-2 断开，HL2 熄灭，接触器 KM 失电释放，电动机 M 断电而停止工作。

当用户用水使水位下降、永久磁铁降至 SA2 以下时，SA2 的触点断开，使继电器 K2 失电释放，K2 的常闭触点又接通（复位），但此时继电器 K1 和接触器 KM 仍处于截止状态，直到水位又降至 SA1 处、SA1 的触点接通时，晶闸管 VT 再次导通，继电器 K1 和接触器 KM 吸合，电动机 M 又通电工作。

以上工作过程周而复始地进行，即可使受控水位保持在高水位与低水位之间，从而实现了水位的自动控制。

11.5 液压机用油泵电动机控制电路

11.5.1 常用液压机用油泵电动机控制电路

常用液压机用油泵电动机控制电路如图 11-8 所示，该电路为无失控保护电路，图中 SA 为转换开关，用于选择自动控制与手动控制；KP 为电触点压力表，用于使管路中的压力维持在高、低设定值之间。

将转换开关 SA 旋转到“自动”位置，开始时管路中的压力低、电触点压力表 KP 的动针与低位触点接通（即 1—2 触点闭合）。合上电源开关 QS 后，继电器 KA1 的线圈得电吸合，其常开触点闭合，使接触器 KM 的线圈得电吸合，KM 的主触点闭合，使电动机 M 启动、运行。当管路压力增加到高压设定值时，压力表 KP 的动针与高位触点接通（即 1－3 触点闭合），继电器 KA2 线圈得电吸合，其常闭触点 KA2 断开，接触器 KM 的线圈失电释放，KM 主触点复位，电动机 M 停转；与此同时 KA2 的常闭触点断开，使 KA1 的线圈失电释放，其触点 KA1 复位；此时 KA2 的常开触点闭合，自锁。因此当管路压力下降后，KP 动针与高位触点断开（即 1—3 触点断开），KA2 线圈仍得电吸合。

当管路压力下降到低位设定值时，KP 的动针与低位触点又接通（即 1—2 触点闭合），

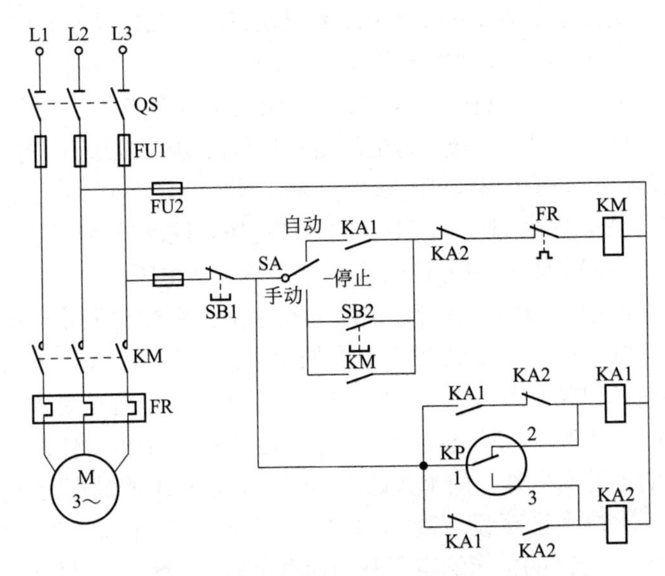

图 11-8 常用液压机用油泵电动机控制电路

继电器 KA1 的线圈得电吸合，其常闭触点 KA1 断开，使继电器 KA2 的线圈失电释放，KA2 的触点复位，为 KM 得电做准备，与此同时，KA1 的常开触点闭合，使接触器 KM 的线圈得电吸合，KM 的主触点闭合，使电动机 M 启动、运行。又重复上述过程，从而使管路中的压力维持在高、低设定值之间，实现自动控制。

欲手动控制时，将转换开关 SA 转到“手动”位置，用启动按钮 SB2 和停止按钮 SB1 控制即可。

11.5.2 带失控保护的液压机用油泵电动机控制电路

带失控保护的液压机用油泵电动机控制电路如图 11-9 所示。它是在图 11-8 的基础上增加一保护电路（如点划线框中所示）。

图 11-9 中 KP2 为保护用的电触点压力表，将其高限位调整于工艺所允许的最高压力。平时，由 KP1 随时调整工艺所需要的高、低压力，并使管路中的压力维持在高、低设定值之间，实现自动控制。一旦 KP1 损坏，管路压力超过高位设定值并继续增加，达到工艺所允许的最高压力时，KP2 的动针与高位触点接通（即 4—6 触点闭合），中间继电器 KA3 的线圈得电、吸合并自锁，其常闭触点 KA3 断开，接触器 KM 线圈失电释放，接触器 KM 的主触点断开（复位），及时断开电动机 M 的电源，同时电铃 HA 发出报警声，告诉操作者前来处理。断开开关 SA2，电铃停止发声。

11.6 排水泵控制电路

排水泵是城市中常用的电气设备，电动机容量多在 1.1～7.5kW 之间。排水泵的水位大部分采用干簧浮子式液位计控制，其触点容量为 300W、电压为 220V。虽然它可以直接与接触器线圈连接，但其触点不能自锁控制，一般通过接触器的常开辅助触点使电动机保持运转。

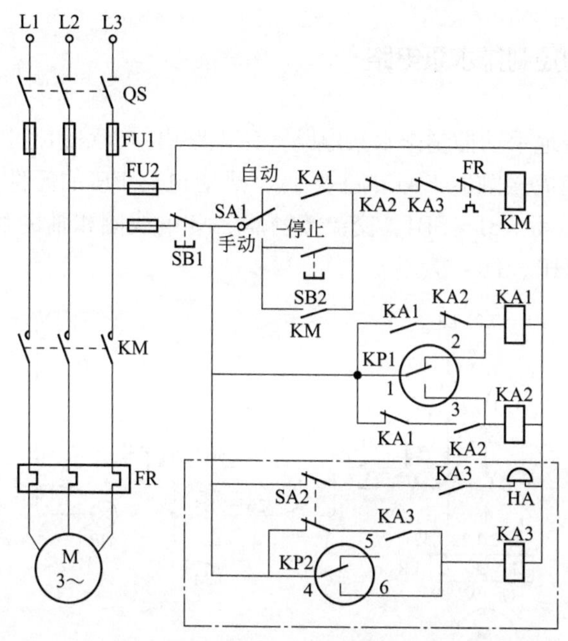

图 11-9　带失控保护的液压机用油泵电动机控制电路

11.6.1　排水泵控制电路

图 11-10 是一种排水泵控制电路，它由主电路和控制电路组成，其主电路包括电源开关 QF、交流接触器 KM 的主触点、热继电器 FR 的热元件以及三相交流电动机 M 等；其控制电路包括控制按钮 SB1、SB2，选择开关 SA，水位信号开关 SL1、SL2 以及交流接触器 KM 的线圈等。

这个电路有两种工作状态可供选择，即手动控制和自动控制。本电路手动、自动控制共用热继电器进行过载保护。

采用手动控制时，将单刀双掷开关 SA 置于"手动"位置，按下按钮 SB1 时水泵电动机 M 启动，按下按钮 SB2 时水泵电动机 M 停机。图中 HG 为绿色信号灯，点亮时表示接触器 KM 处于运行状态。

采用自动控制时，将单刀双掷开关 SA 置于"自动"位置，当集水井（池）中的水位到达高水位时，SL1 闭合，接触器 KM 的线圈得电吸合并自锁，KM 的主触点闭合，水泵电动机启动排水；待水位降至低水位时，SL2 动作，将其常闭触点断开，接触器 KM 的线圈失电复位，排水泵停止排水。

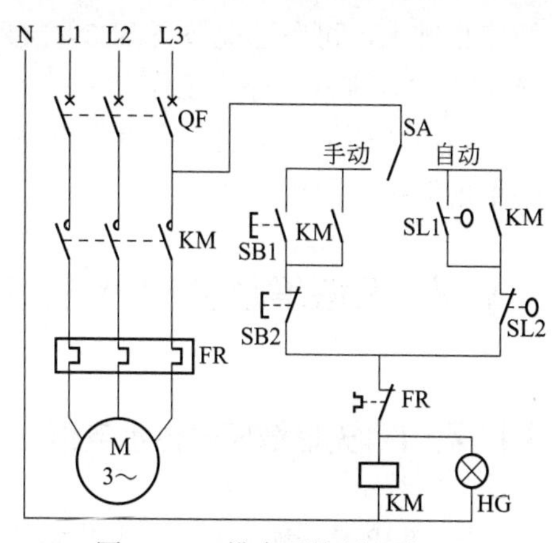

图 11-10　排水泵控制电路

11.6.2 两地手动控制排水泵电路

图 11-11 是一种两地手动控制排水泵电路，该电路由主电路和控制电路组成，其主电路包括电源开关 QF、交流接触器 KM 的主触点、热继电器 FR 的元件和三相交流电动机 M 等；其控制电路包括按钮 SB1～SB4、交流接触器 KM 的线圈和辅助触点、热继电器 FR 的触点以及信号指示灯 HR、HG 等。

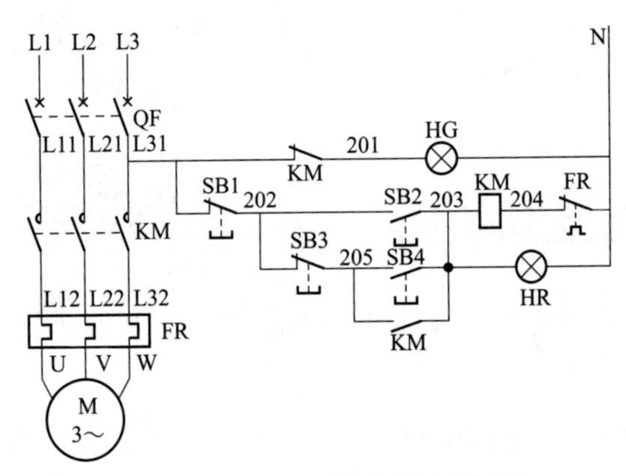

图 11-11 两地手动控制排水泵电路

合上电源开关 QF 后，绿色指示灯 HG 点亮，表示电源供电正常。

甲地控制由按钮 SB1、SB2 执行。按下按钮 SB2 后，交流接触器 KM 的线圈得电吸合并自锁，其主触点 KM 闭合，电动机 M 启动运行，红色指示灯 HR 点亮；与此同时 KM 的辅助常闭触点断开，绿色指示灯 HG 熄灭。如果要停止排水，可在甲地按下按钮 SB1，接触器 KM 的线圈失电释放，其主触点 KM 断开电动机电源，排水泵停止工作。

乙地控制由按钮 SB3、SB4 执行。按下按钮 SB4 后，交流接触器 KM 的线圈得电吸合，其主触点 KM 闭合，电动机 M 启动运行。同样，KM 的辅助常开触点闭合，实现自锁，红色指示灯 HR 指示灯亮；与此同时 KM 的辅助常闭触点断开，绿色指示灯 HG 熄灭。如果要停止排水，可在乙地按下 SB3，接触器 KM 的线圈失电释放，其主触点 KM 断开电动机 M 的电源，排水泵停止工作。

利用两地控制电路，可以在甲地启动排水泵，到乙地停机；也可以在乙地启动排水泵，到甲地停机，使用方便灵活。

11.7 无塔增压式供水电路

11.7.1 无塔增压式供水电路(一)

图 11-12 是一种无塔增压式供水电路，它由开关 Q1、熔断器 FU、中间继电器 KA、交流接触器 KM、热继电器 FR、报警器 HA、指示灯 HL1、HL2 和水泵出口的压力计 Q2 的控制触点、水罐水位检测压力计 Q3 的控制触点组成。该电路采用电接点压力表作为检测装置，电路简单，在水源不足或潜水泵出现故障时能自动切断水泵电动机的工作电源，同时还能发出声音报警。

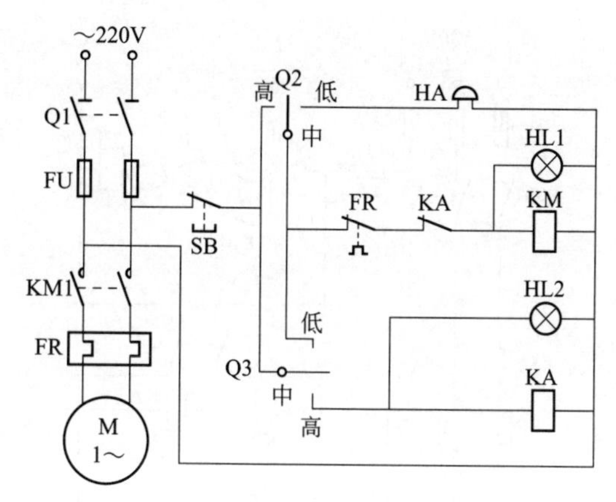

图 11-12　无塔增压式供水电路（一）

刚接通开关 Q1 时，水罐内水位和压力较低，交流 220V 电压经开关 Q1、熔断器 FU、停止按钮 SB、水罐水位检测压力计 Q3 的动触点（中）、下限触点（低）、热继电器 FR 的常闭触点、中间继电器 KA 的常闭触点加至交流接触器 KM 的线圈上，使 KM 得电吸合，KM 的主触点闭合，接通水泵电动机 M 的电源，水泵电动机启动运行，开始向水罐内供水，与此同时工作指示灯 HL1 点亮。此时，泵出水口的压力也较低，泵出水口压力计 Q2 的动触点（中）与下限触点（低）接通，报警器 HA 发出报警信号。

当水罐内水位上升至一定高度，压力达到一定值时，泵出水口压力计 Q2 的动触点与下限触点断开，HA 停止报警，当 Q2 达到设定的最大压力时，其动触点与上限触点接通。在 Q2 的动触点与上限触点接通后，水罐水位检测压力计 Q3 的动触点与下限触点断开。

当水罐内压力达到设定的最大压力时，水罐水位检测压力计 Q3 的动触点与压力上限控制触点（高）接通，中间继电器 KA 通电吸合，其常闭触点 KA 断开，使接触器 KM 的线圈失电释放，水泵电动机 M 停止运行。同时指示灯 HL2 点亮，HL1 熄灭。

当用户用水、使水罐内水位下降，压力低于设定的最大压力值时，水罐水位检测压力计 Q3 的动触点与上限触点断开，使中间继电器 KA 释放，指示灯 HL2 熄灭。

当水罐内水位继续下降、压力降至设定的最小压力值时，水罐水位检测压力计 Q3 的动触点与下限触点接通，接触器 KM 的线圈得电吸合，水泵电动机 M 又通电开始运行。

11.7.2　无塔增压式供水电路(二)

图 11-13 也是一种无塔增压式供水电路，该电路由电源电路和压力计检测控制电路组成，其电源电路由熔断器 FU2、刀开关 Q1、电源变压器 T、整流二极管 VD 和滤波电容器 *C* 组成；

其压力检测控制电路由电接点压力计 Q3、继电器 K1、K2、中间继电器 KA1、KA2、交流接触器 KM、热继电器 FR、控制按钮 SB1、SB2 和刀开关 Q2 等组成。该电路具有自动控制与手动控制两种功能。

接通刀开关 Q1 和 Q2，L3 端与 N 端之间的交流 220V 电压经电源变压器 T 降压、二极管 VD 整流及电容器 *C* 滤波后产生 9V 直流电压，供给继电器 K1 和 K2。

刚通电供水时，水罐内压力较小，电接点压力计的动触点（中）与设定的压力下限触点

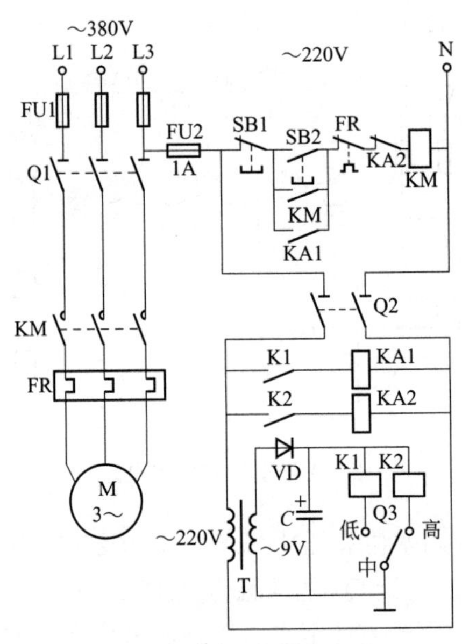

图 11-13　无塔增压式供水电路（二）

（低）接通，使 K1 通电吸合，K1 的常开触点接通，使中间继电器 KA1 通电吸合，KA1 的常开触点接通，又使接触器 KM 通电吸合，KM 的常开触点接通，潜水泵电动机 M 通电工作，向水罐内供水。

随着水罐内水位的不断上升，水罐内的压力也不断增大，Q3 的动触点与压力下限触点断开，K1 和 KA1 释放，但由于 KM 的常开辅助触点接通后使 KM 自锁，此时电动机 M 仍通电工作。

当 Q3 的动触点与设定的压力上限触点（高）接通时，K2 和 KA2 相继吸合，KA2 的常闭触点断开，使接触器 KM 失电释放，电动机 M 断电而停止供水。

随着用户不断用水，使水罐内水位和压力下降时，Q3 的动触点与压力上限触点（高）断开，K2 和 KA2 释放，但由于 KA1 的常开触点处于断开状态，接触器 KM 仍不能吸合，电动机 M 仍处于断电状态。当水罐内水位和压力继续下降，使 Q3 的动触点与压力下限触点（低）接通时，K1、KA1 和 KM 相继吸合，电动机 M 又通电启动，向水罐内供水。

以上工作过程周而复始地进行，即可实现不间断自动供水。

将 Q2 断开时，压力检测控制电路停止工作，供水系统由自动控制变为手动控制，即按一下启动按钮 SB2，水泵电动机 M 即通电工作。若要停止供水时，按一下停止按钮 SB1 即可。

11.8 电动葫芦的控制电路

电动葫芦的控制电路如图 11-14 所示。升降电动机采用正、反转控制，其中 KM1 闭合，电动机正转，实现吊钩上升功能，而 KM2 闭合，电动机反转，实现吊钩下降功能。吊钩水平移动电动机也采用正、反转控制，其中 KM3 闭合，电动机正转，实现吊钩向前平移功能，而 KM4 闭合，电动机反转，实现吊钩向后平移功能。由于各接触器均无设置自锁触点，所以吊钩上升、下降、前移、后移均为点动控制。

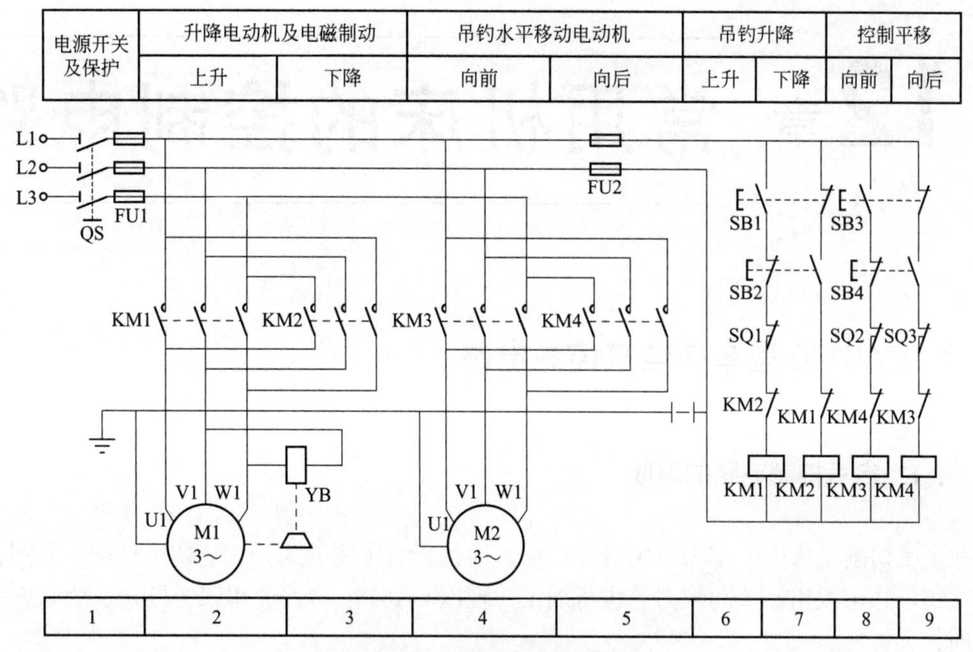

图 11-14　电动葫芦的控制电路

按下吊钩上升按钮 SB1，接触器 KM1 线圈得电吸合，升降电动机 M1 主回路中 KM1 常开主触点闭合，电动机 M1 正转，开始将吊钩提升；与接触器 KM2 线圈串联的 KM1 常闭辅助触点断开，实现互锁。按下吊钩下降按钮 SB2，接触器 KM2 线圈得电吸合，升降电动机 M1 主回路中 KM2 常开主触点闭合，电动机 M1 反转，开始将吊钩下放；与接触器 KM1 线圈串联的 KM2 常闭辅助触点断开，实现互锁。

按下吊钩前移按钮 SB3，接触器 KM3 线圈得电吸合，吊钩水平移动电动机 M2 主回路中 KM3 的常开主触点闭合，电动机 M2 正转，开始将吊钩向前平移；与接触器 KM4 线圈串联的 KM3 常闭辅助触点断开，实现互锁。按下吊钩后移按钮 SB4，接触器 KM4 线圈得电吸合，吊钩水平移动电动机 M2 主回路中 KM4 常开主触点闭合，电动机 M2 反转，开始将吊钩向后平移；与接触器 KM3 线圈串联的 KM4 常闭辅助触点断开，实现互锁。

利用行程开关 SQ1 实现吊钩上升时的行程控制，当行程开关 SQ1 动作后，吊钩上升按钮 SB1 失去作用。利用行程开关 SQ2 实现吊钩前移时的行程控制，当行程开关 SQ2 动作后，吊钩前移按钮 SB3 失去作用。利用行程开关 SQ3 实现吊钩后移时的行程控制，当行程开关 SQ3 动作后，吊钩后移按钮 SB4 失去作用。

第12章 常用机床的控制电路

12.1 CA6140型车床电气控制电路

12.1.1 电气控制电路的组成

在金属切削机床中，车床应用极为广泛，而且所占比例最大。它能切削外圆、内圆、端面、螺纹，并可以用钻头和铰刀等进行加工。现以CA6140型普通车床为例来说明车床的工作原理。

CA6140型普通车床的主要结构如图12-1所示，其主要由床身、主轴箱、进给箱、溜板箱、刀架、丝杠、光杠、尾座等组成。

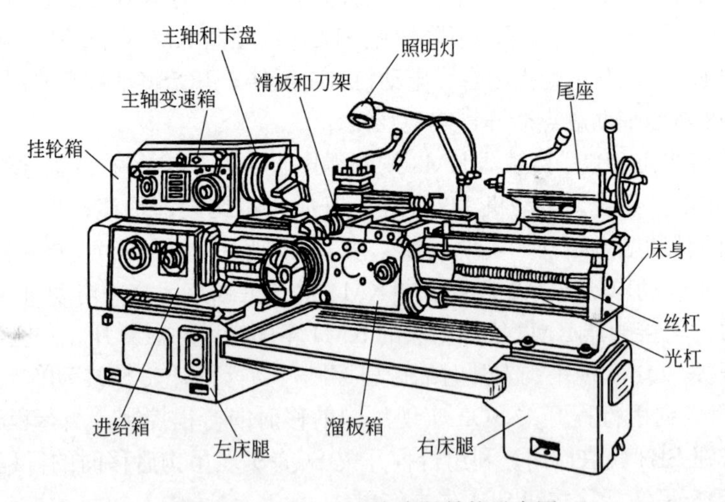

图12-1 CA6140型车床的结构示意图

CA6140型车床的电气控制电路如图12-2所示。该电气控制电路分为主电路、控制电路、照明与信号灯电路三部分。

该控制电路中，主轴电动机M1是由启动按钮SB2和停止按钮SB1及接触器KM1控制的。冷却泵电动机M2是采用开关SA和接触器KM2控制的，M2与M1是联锁的，只有主轴电动机M1运转后，冷却泵电动机M2才能启动运转。刀架快速移动电动机M3是由点动按钮SB3及接触器KM3控制的。

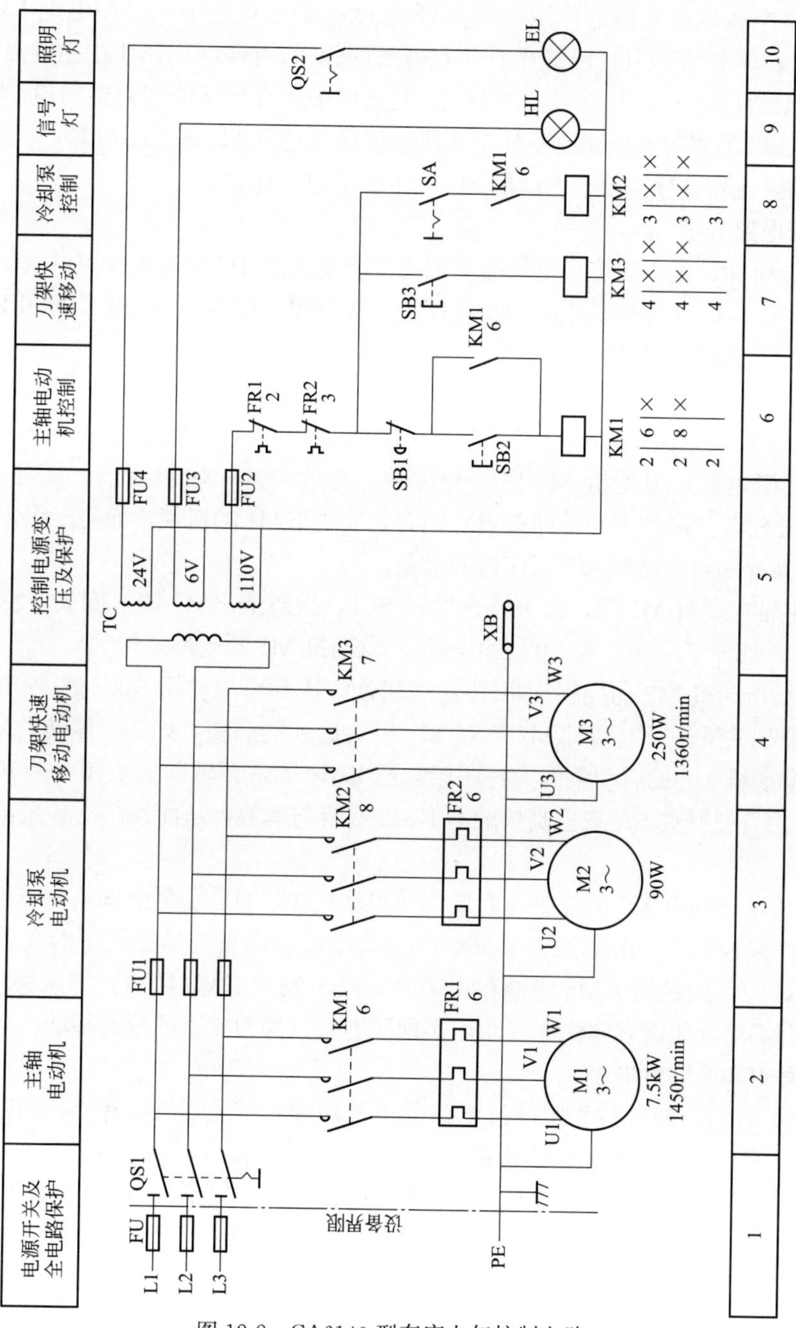

图 12-2　CA6140 型车床电气控制电路

12.1.2 电气控制电路分析

(1) 主电路分析

① 主电路的组成　由图 12-2 可知，主电路由隔离开关 QS1；熔断器 FU1、FU2；接触器 KM1、KM2、KM3 的主触点；热继电器 FR1、FR2 的热元件和三相异步电动机 M1、M2、M3 组成。

② 主电路中各电器元件的作用　隔离开关 QS1 的作用是引入三相电源 L1、L2、L3，并起隔离作用；熔断器 FU1、FU2 的作用是作短路保护；接触器 KM1 的主触点接通或断开主轴电动机 M1 的三相电源；接触器 KM2 的主触点接通或断开冷却泵电动机 M2 的三相电源；接触器 KM3 的主触点接通或断开刀架快速移动电动机 M3 的三相电源；FR1 和 FR2 是热继电器的感测元件，分别用于电动机 M1 和 M2 的过载保护。

（2）控制电路分析

由图 12-2 可知，该车床控制电路的电源由控制变压器 TC 的二次侧提供其值为 110V 的交流电压，熔断器 FU2 作控制电路的短路保护。热继电器的常闭触点 FR1 和 FR2 作三相异步电动机 M1 和 M2 的过载保护。

① 主轴电动机 M1 的控制　首先合上电源开关 QS1，接通三相电源。欲启动主轴电动机 M1 时，按下启动按钮 SB2，接触器 KM1 的线圈得电吸合，其主触点 KM1 闭合，接通电动机 M1 的三相电源，电动机 M1 启动并运转。与此同时，接触器的一组常开辅助触点 KM1（与按钮 SB2 并联的常开辅助触点）闭合，实现 KM1 的自锁，而另一组常开辅助触点 KM1 闭合，为冷却泵电动机 M2 工作做好准备。

欲停止主轴电动机 M1 时，按下停止按钮 SB1，接触器 KM1 的线圈失电释放，其主触点 KM1 分断，切断了电动机 M1 的三相电源，电动机 M1 断电停止转动。

② 冷却泵电动机 M2 的控制　由图 12-2 可知，冷却泵电动机 M2 与主轴电动机 M1 之间存在顺序控制关系，即电动机 M2 需在 M1 启动后才能启动，如 M1 停转，M2 也同时停转。因此，电动机 M2 的启动条件为：在接触器 KM1 的常开辅助触点闭合后（即主轴电动机启动后），由旋钮开关 SA 来控制接触器 KM2 吸合与释放，从而控制冷却泵电动机 M2 的启动和停止。

③ 刀架移动电动机 M3 的控制　刀架移动电动机 M3 的启动是由安装在进给操纵手柄顶部的按钮 SB3 来控制的。由图 12-2 可知，其为点动控制电路。当操纵手柄扳到所需方向并按下按钮 SB3 时，接触器 KM3 线圈得电吸合，其主触点 KM3 闭合，刀架移动电动机 M3 启动运转，刀架就向所需方向快速移动，实现了刀架（即刀具）的快速移动。

（3）信号灯和照明灯电路

由图 12-2 可知，信号灯和照明灯电路的电源由控制变压器 TC 提供。HL 为电源指示灯，指示灯（又称信号灯）HL 的电路采用 6V 交流电压，信号灯亮表示控制电路有电。EL 为机床的局部照明灯，照明灯 EL 的电路采用 24V 交流电压，照明电路由开关 QS2 和灯泡 EL 组成。灯泡 EL 的另一端必须接地，以防止照明变压器原绕组和副绕组间发生短路时，可能发生的触电事故。熔断器 FU3、FU4 分别作信号灯电路和照明电路的短路保护。

12.2 M7120 型平面磨床电气控制电路

12.2.1 电气控制电路的组成

磨床是用砂轮周边或端面对工件表面进行磨削加工的精密机床，它可使零件表面获得较高的磨削精度和较细的表面粗糙度。磨床按用途可分为平面磨床、外圆磨床、内圆磨床等。

M7120 型平面磨床的结构示意图如图 12-3 所示。

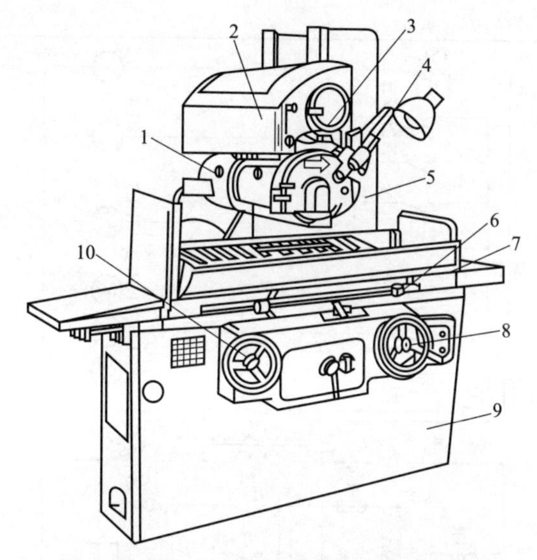

图 12-3　M7120 型平面磨床的结构示意图

1—磨头；2—床鞍；3—横向手轮；4—修整器；5—立柱；6—撞块；7—工作台；
8—升降手轮；9—床身；10—纵向手轮

M7120 型平面磨床的电气控制电路如图 12-4 所示。该电气控制电路分为主电路、控制电路、电磁吸盘控制电路、照明与信号灯电路四部分。

12.2.2　电气控制电路分析

(1) 主电路分析

① 主电路的组成　由图 12-4 可知，主电路由隔离开关 QS；熔断器 FU1；接触器 KM1、KM2、KM3、KM4 的主触点；热继电器 FR1、FR2、FR3 的热元件和三相异步电动机 M1、M2、M3、M4 组成。

② 主电路中各电气元件的作用　隔离开关 QS 的作用是引入三相电源 L1、L2、L3，并起隔离作用；熔断器 FU1 的作用是作短路保护；接触器 KM1 的主触点接通或断开液压泵电动机 M1 的三相电源，M1 拖动高压液压泵，由液压系统传动实现工作台的往复运动；接触器 KM2 的主触点接通或断开砂轮电动机 M2 和冷却泵电动机 M3 的三相电源，M2 拖动砂轮旋转对工件进行磨削加工，M3 为砂轮磨削工件时输送冷却液，其中，冷却泵电动机 M3 在砂轮电动机 M2 启动后才能启动，由插接器 XS2 控制；接触器 KM3 和 KM4 的主触点接通或断开砂轮升降电动机 M4 的三相电源，控制砂轮升降电动机 M4 的正反转，M4 用于调整砂轮与工作台的相对位置；FR1、FR2 和 FR3 是热继电器的感测元件，分别用于电动机 M1、M2 和 M3 的过载保护。因为砂轮升降电动机 M4 为短时工作，所以不用过载保护。

(2) 控制电路分析

由图 12-4 可知，该磨床控制电路的电源为 380V 的交流电压。热继电器的常闭触点 FR1 作三相异步电动机 M1 的过载保护。热继电器的常闭触点 FR2 和 FR3 作三相异步电动机 M2 和 M3 的过载保护。

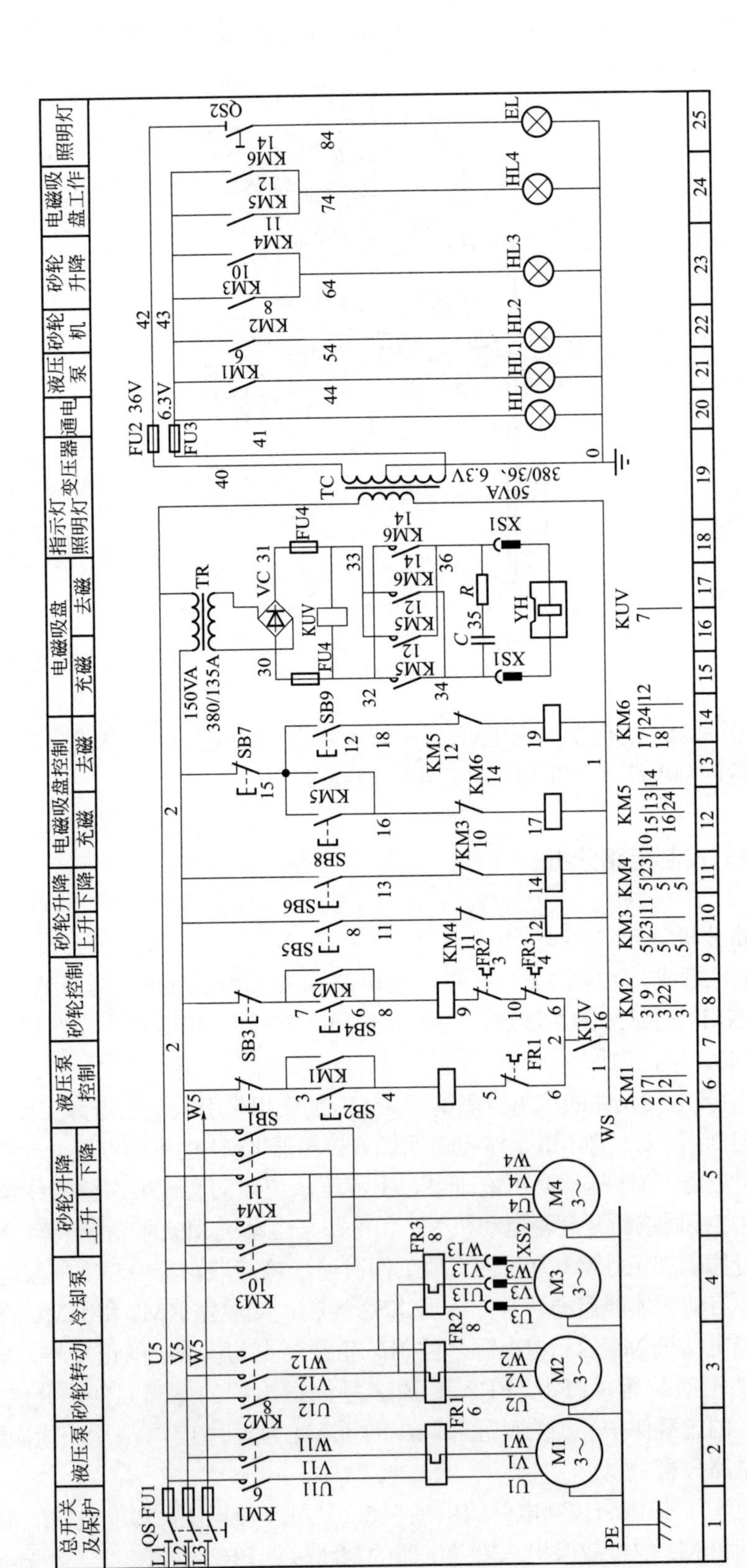

图 12-4 M7120 型平面磨床电气控制电路

如果电源电压正常，欠电压继电器 KUV 吸合，其常开触点 KUV（7 区）闭合，才能启动液压泵电动机 M1 和砂轮电动机 M2。这是由于只有在电压正常、有了可靠的直流电压以后，才能确保电磁吸盘吸牢工件，此时再启动砂轮和液压系统，才能保障安全可靠的工作。

① 液压泵电动机 M1 的控制　由图 12-4 可知，当欠电压继电器 KUV 吸合以后，按下启动按钮 SB2，接触器 KM1 线圈得电吸合并自锁，其主触点 KM1 闭合，液压泵电动机 M1 启动运转；按一下停止按钮 SB1，接触器 KM1 线圈失电释放，其主触点 KM1 断开，液压泵电动机 M1 停转。

② 砂轮电动机 M2 的控制　由图 12-4 可知，当欠电压继电器 KUV 吸合以后，按下启动按钮 SB4，接触器 KM2 线圈得电吸合并自锁，其主触点 KM2 闭合，砂轮电动机 M2 启动运转；按一下停止按钮 SB3，接触器 KM2 线圈失电释放，其主触点 KM2 断开，砂轮电动机 M2 停转。当然，砂轮电动机和冷却泵电动机可以同时启动、停止。也可以在需要冷却时，插上插头 XS2（4 区），不需要冷却时则拔掉 XS2。

③ 砂轮升降电动机 M4 的控制　由图 12-4 可知，砂轮升降电动机 M4 仅在需要调整工件与砂轮之间的相对位置时使用，所以对 M4 采用点动控制。按下启动按钮 SB5，接触器 KM3 线圈得电吸合，其主触点 KM3 闭合，电动机 M4 正转，砂轮上升，当升到需要的位置时，放松按钮 SB5，接触器 KM3 失电释放，其主触点 KM3 断开，砂轮停止移动。同理，用按钮 SB6 和接触器 KM4，可以控制砂轮下降。接触器 KM3 和 KM4 有联锁，以防止同时吸合，造成电源相间短路。

（3）电磁吸盘控制电路分析

电磁吸盘控制电路由单相桥式整流桥 VC 供给电磁吸盘 YH 直流电源，当需要电磁吸盘吸牢工件时，按下按钮 SB8，接触器 KM5 得电吸合并自锁，同时其主触点 KM5 闭合，直流电压加在电磁吸盘线圈两端，使之产生磁场，将工件吸牢。

当工件加工完毕需要取下时，应按下按钮 SB7，使接触器 KM5 线圈失电释放，其主触点 KM5 断开，切断了电磁吸盘的直流电源。由于电磁吸盘和工件上有剩磁，若取下工件较难，因此要给电磁吸盘线圈反方向通电去磁。去磁时，需按下按钮 SB9，使接触器 KM6 线圈得电吸合，其主触点 KM6 闭合，使电磁吸盘线圈中流入反方向电流而去磁。为避免去磁时间过长，导致吸盘和工件反方向磁化，因而按钮 SB9 采取点动形式，而不准自锁。按钮 SB9 按下多长时间合适，操作者经几次操作，即可掌握其规律。

电磁吸盘电路中，欠电压继电器 KUV 的作用十分重要，当电源电压不足时，欠电压继电器不能吸合，液压泵电动机和砂轮电动机不能启动，防止发生工件没有吸牢就开始工作而将工件抛出的危险。因此，当工作中电源电压降低时，欠电压继电器释放，使液压泵电动机和砂轮电动机停转，确保安全。

和电磁吸盘线圈并联的 *RC* 支路的作用是：当电磁吸盘断电时，存储在线圈中的能量可以通过 *RC* 支路释放，否则将在线圈两端感应出很高的自感电动势，势必危及电磁吸盘线圈和其他电器的绝缘，造成绝缘被击穿而损坏。如果参数配合得当，*R-L-C* 组成一个衰减振荡电路，这对去磁是有利的。

（4）照明和信号灯电路

图 12-4 中 EL 为照明灯，其电源电压为 36V，由控制变压器 TC 提供，由开关 QS2 控制。HL 为电源指示灯，由电源开关 QS 控制。其余指示灯都由相应设备接触器的常开辅助触点控制，用来指示设备是否在工作。

12.3 Z3040型摇臂钻床电气控制电路

12.3.1 电气控制电路的组成

钻床是一种专门用于孔加工的机床，主要用于钻孔、扩孔、铰孔和攻丝等。钻床的主要类型有台式钻床、立式钻床、卧式钻床、深孔加工钻床、多轴钻孔钻床等。摇臂钻床是立式钻床中的一种，具有操作方便灵活、应用范围广的优点，特别适用于单件或批量生产中带有多个孔的零件的加工。

摇臂钻床主要由底座、内外立柱、摇臂、主轴箱和工作台等组成。常见的Z3040型摇臂钻床的结构示意图如图12-5所示。

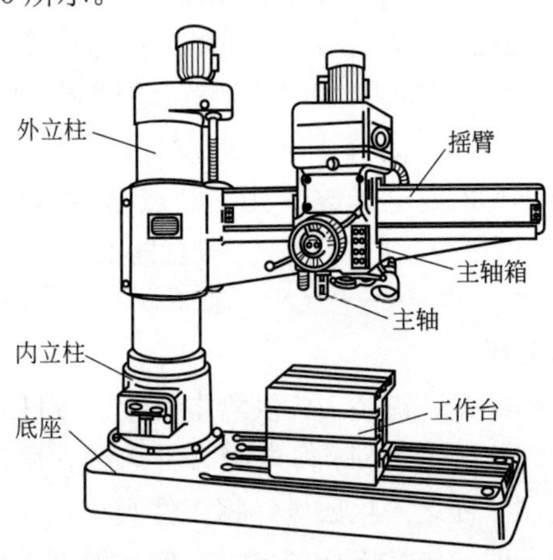

图12-5　Z3040型摇臂钻床的结构示意图

常用的Z3040型摇臂钻床电气控制电路如图12-6所示。该控制电路由主电路、控制电路和辅助电路等部分组成。

12.3.2 电气控制电路分析

(1) 主电路分析

① 主电路的组成　由图12-6可知，主电路由隔离开关QS1；熔断器FU1、FU2；接触器KM1、KM2、KM3、KM4、KM5的主触点；转换开关QS2；热继电器FR1、FR2的热元件和三相异步电动机M1、M2、M3、M4组成。

② 主电路中各电气元件的作用　隔离开关QS1的作用是引入三相电源L1、L2、L3，并起隔离作用；熔断器FU1、FU2的作用是作短路保护；接触器KM1的主触点接通或断开主轴电动机M1的三相电源；接触器KM2和KM3的主触点接通或断开摇臂升降电动机M2的三相电源，控制摇臂升降电动机M2的正反转，带动摇臂沿立柱上升或下降；接触器KM4和KM5的主触点接通或断开液压泵电动机M3的三相电源，控制液压泵电动机M3的正反转，以实现摇臂的松开、夹紧；转换开关QS2接通或断开冷却泵电动机M4的三相电源，冷却泵电动机M4带动冷却泵供给工件冷却液；FR1和FR2是热继电器的感测元件，

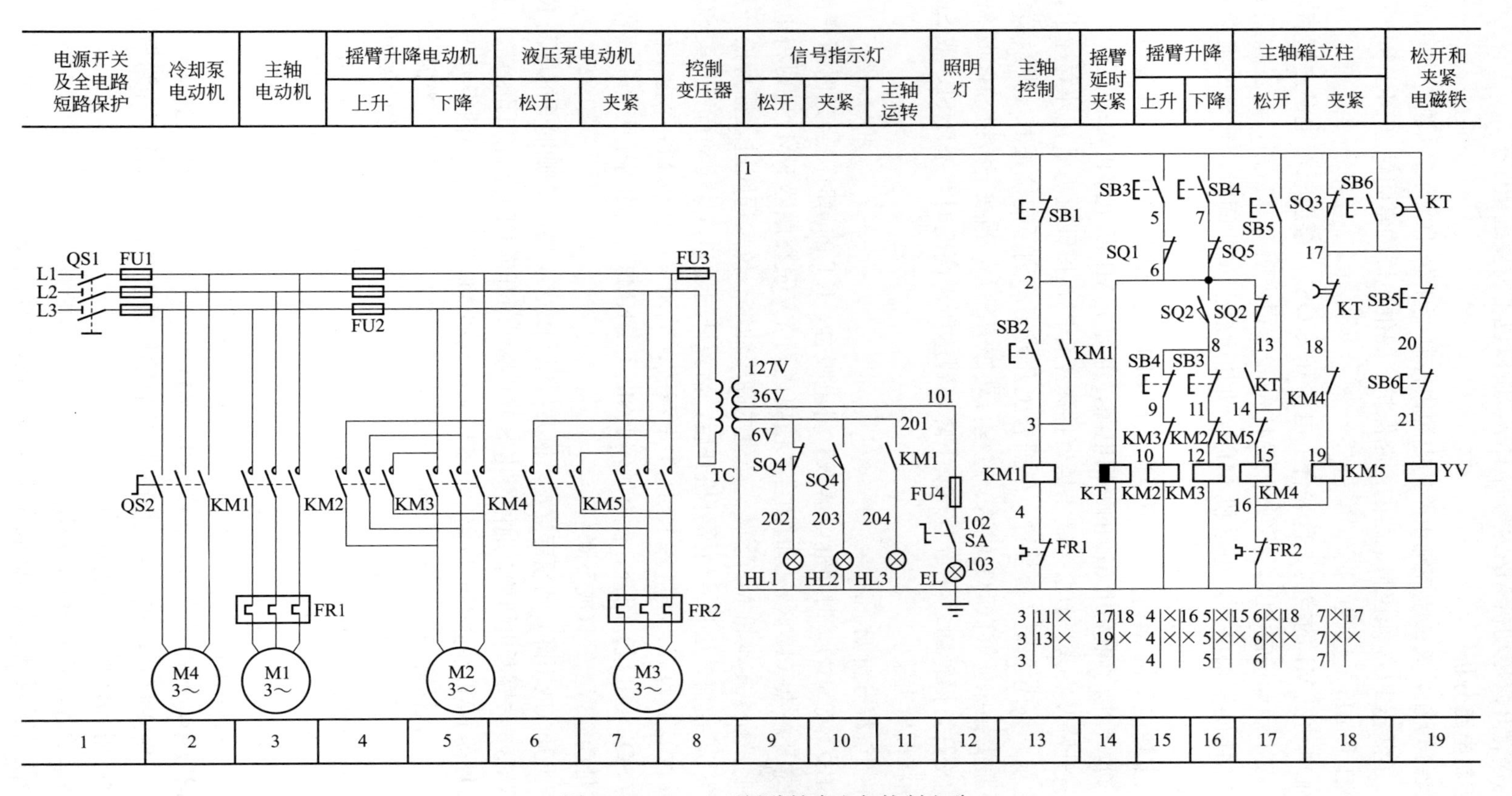

图12-6　Z3040型摇臂钻床电气控制电路

分别用于电动机 M1 和 M3 的过载保护。由于冷却泵电动机 M4 容量较小，因此不需要过载保护。因为摇臂升降电动机 M2 为短时工作，所以也不需要过载保护。

(2) 控制电路分析

由图 12-6 可知，该钻床控制电路的电源由控制变压器 TC 的二次侧提供其值为 127V 的交流电压，熔断器 FU3 作控制电路的短路保护。热继电器的常闭触点 FR1 和 FR2 作三相异步电动机 M1 和 M3 的过载保护。

① 主轴电动机 M1 的控制　首先合上电源开关 QS1，接通三相电源。欲启动主轴电动机 M1 时，按下启动按钮 SB2，接触器 KM1 的线圈得电吸合并自锁，其主触点 KM1 闭合，接通电动机 M1 的三相电源，电动机 M1 启动并运转。与此同时，其另一组常开辅助触点 KM1 闭合，同时有主轴运转指示。

欲停止主轴电动机 M1 时，按下停止按钮 SB1，接触器 KM1 的线圈失电释放，其主触点 KM1 分断，切断了电动机 M1 的三相电源，电动机 M1 断电停止转动。

② 摇臂升降及夹紧、放松控制　摇臂钻床工作时，摇臂应夹紧在外立柱上，在摇臂上升与下降之前，须先松开夹紧装置，当摇臂上升或下降到预定位置时，夹紧装置将摇臂夹紧。Z3040 摇臂钻床能够自动完成这一过程。动作情况为：当按下按钮 SB3 或 SB4，摇臂夹紧机构自动松开，摇臂随之开始上升或下降，到达所需高度时，松开 SB3 或 SB4，升降停止，并自动将摇臂夹紧。

具体控制过程分析如下：

按下 SB3（或 SB4），时间继电器 KT 得电吸合，KT 的瞬时闭合延时断开的常开触点（19 区）和常开触点（17 区）瞬时闭合，使电磁阀 YV 及接触器 KM4 同时得电动作，接触器 KM4 控制液压泵电动机 M3 运转，产生的高压油经二位六通阀进入摇臂松开油腔，推动活塞和菱形块，使摇臂松开。当摇臂松开后，活塞杆通过弹簧片压动行程开关 SQ2，其常闭触点 SQ2（17 区）打开，接触器 KM4 失电释放，液压泵电动机 M3 停止工作。与此同时，其常开触点 SQ2（16 区）闭合，使接触器 KM2（或 KM3）线圈得电吸合，摇臂升降电动机 M2 启动，带动摇臂上升（或下降）。

当摇臂上升（或下降）到预定位置，松开按钮 SB3（或 SB4），则时间继电器 KT、接触器 KM2（或 KM3）线圈断电释放，时间继电器 KT 瞬时断开延时闭合的常闭触点(18 区）经延时后闭合，接触器 KM5 线圈得电吸合，使液压泵电动机 M3 反转，压力油经另一条油路流入二位六通阀，再进入摇臂夹紧油腔，反向推动活塞与菱形块，使摇臂夹紧。当摇臂夹紧后，活塞杆通过弹簧片压动行程开关 SQ3，使 SQ3(18 区）断开，接触器 KM5 线圈失电释放，其主触点 KM5 断开，液压泵电动机 M3 停止工作，与此同时，电磁阀 YV 也失电，电磁阀 YV 复位。

至此，摇臂从松开⟶上升（或下降）到预定位置⟶夹紧控制的全过程结束。

考虑到升降电动机 M3 有一定惯性，时间继电器的延时触点用来保证升降电动机完全停转后才夹紧。延时时间视摩擦情况，可调整在 1～3s 范围内。

在图 12-6 中，行程开关 SQ1（15 区）、SQ5（16 区）用作极限位置保护。若摇臂上升到极限位置，SQ1 打开，此时可用 SB4 按钮启动摇臂下降。若摇臂下降到极限位置，SQ5 打开，此时可用 SB3 按钮启动摇臂上升。

摇臂夹紧的行程开关 SQ3，应调整到保证夹紧后能够动作，若调整不当，夹紧后仍不能动作，则会使液压泵电动机 M3 长期工作而过载，为防止由于长期过载而损坏液压泵电动机，电动机 M3 虽为短时运行，也仍采用热继电器 FR2 作过载保护。

③ 主轴箱与立柱的夹紧与放松　立柱与主轴箱均采用液压操纵夹紧与放松，二者同时进行工作，工作时要求二位六通阀 YV 不通电。

松开与夹紧分别用 SB5 和 SB6 按钮控制，HL1、HL2 指示灯指示其动作。

按下按钮 SB5 时，接触器 KM4 线圈得电，电动机 M3 正转，此时电磁阀 YV 不通电，其提供的高压油经二位六通电磁阀到另一油路，推动活塞与菱形块使立柱和主轴箱同时松开，松开后，行程开关 SQ4 复位（9 区），松开指示灯 HL1 亮。

按下按钮 SB6 时，接触器 KM5 线圈得电，电动机 M3 反转，反向推动活塞与菱形块使立柱和主轴箱同时夹紧，夹紧后，行程开关 SQ4 动作（10 区），夹紧指示灯 HL2 亮。

(3) 控制电路的检查

利用夹紧或放松按钮，检查通电电源的相序。当按下放松按钮 SB5 时，若使放松指示灯 HL1 亮，同时摇臂能回转，这表明所接电源相序正确。

(4) 照明和信号灯电路

图 12-6 中 EL 为照明灯，电压为 36V，由控制变压器 TC 提供，由开关 SA 控制。HL1 为松开指示灯，由行程开关 SQ4 的常闭触点控制，HL2 为加紧指示灯，由行程开关 SQ4 的常开触点控制，HL3 为主电动机旋转指示灯，由接触器 KM1 的常开辅助触点控制。

12.4 T68 型卧式镗床电气控制电路

12.4.1 电气控制电路的组成

镗床是一种精密加工机床，其主要用于加工精度高和表面粗糙度较低的孔，以及在一个平面内孔间距离要求十分精确的多个孔。按不同用途，镗床可以分为卧式镗床、立式镗床、坐标镗床和专用镗床等，其中，以卧式镗床使用最普遍。

T68 型镗床是卧式镗床中使用较多的一种，其主要用于钻孔、镗孔、铰孔及加工端平面等，若使用附件后，还可以加工螺纹。

常见的 T68 型卧式镗床的主要结构如图 12-7 所示。其主要由床身、前立柱、主轴箱、主轴、平旋盘、工作台和后立柱等部分组成。

T68 型卧式镗床的电气控制电路如图 12-8 所示。该电气控制电路分为主电路、控制电路、机床照明及信号指示电路三部分。

12.4.2 电气控制电路分析

(1) 主电路分析

由图 12-8 可知，该镗床的主电路中有两台三相异步电动机 M1 和 M2。M1 是双速的主轴电动机，其作用是通过变速箱等传动机构，带动镗床主轴及花盘旋转，完成工件的加工及主轴变速时的冲动控制。M2 是快速进给电动机，其作用是带动主轴的轴向进给和垂直进给、工作台的横向和纵向进给的快速移动。主轴电动机 M1 由接触器 KM1 和 KM2 控制正、反转。由接触器 KM3、KM4 和 KM5 作三角形-双星形变速切换。KM3 的主触点闭合，把电动机 M1 的定子绕组接成三角形（四极），实现对 M1 低速运转的控制；接触器 KM4 和

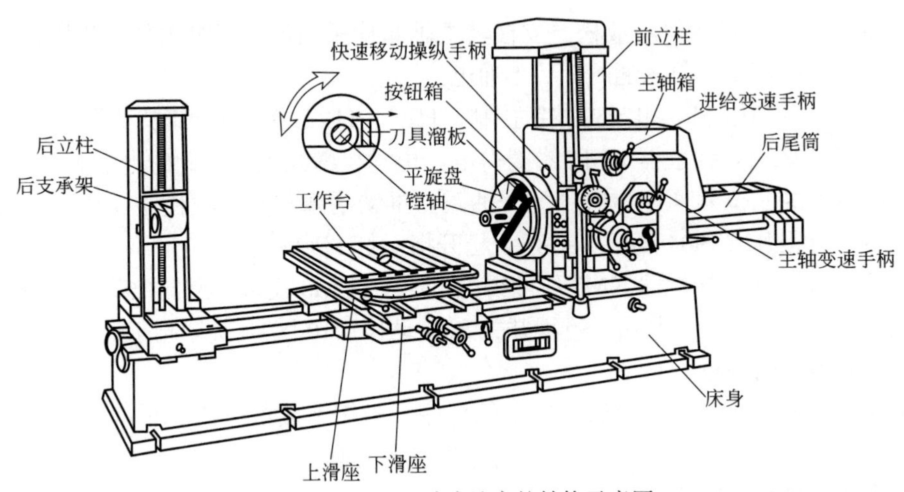

图 12-7　T68 型卧式镗床的结构示意图

KM5 主触点闭合，把 M1 的定子绕组接成双星形（二极），实现对 M1 高速运转的控制。快速进给电动机 M2 由接触器 KM6 和 KM7 控制正、反转。

在图 12-8 中，QS 为电源开关，FU1 作电路总的短路保护，FU2 作快速移动电动机 M2 和控制电路的短路保护，热继电器 FR 作电动机 M1 的过载保护，因为快速移动电动机 M2 为短时工作，所以 M2 不用过载保护。电磁铁 YA 用于主轴制动。接触器 KM3 和 KM5 的辅助触点控制主轴电磁铁 YA 工作与否，实现对主轴制动的控制。

（2）控制电路分析

① 主轴电动机 M1 的正、反转和点动控制　欲使主轴电动机 M1 正转启动时，按下正转启动按钮 SB3，接触器 KM1 线圈得电吸合，并通过回路 6—10—11—8 自锁，其主触点 KM1 闭合，电动机 M1 正转。欲使电动机 M1 停止运行，按下停止按钮 SB1，接触器 KM1 线圈失电释放，其主触点 KM1 断开，切断了电动机 M1 的电源，电动机 M1 停转。

欲使主轴电动机 M1 反转启动时，按下反转启动按钮 SB2，接触器 KM2 线圈得电吸合，并通过回路 6—10—11—13 自锁，其主触点 KM2 闭合，电动机 M1 反转。欲使电动机 M1 停止运行，按下停止按钮 SB1，接触器 KM2 线圈失电释放，其主触点 KM2 断开，切断了电动机 M1 的电源，电动机 M1 停转。

由图 12-8 可知，为了防止因误操作，使接触器 KM1 和 KM2 同时吸合而导致短路事故，该电路中采用了接触器 KM1 常闭辅助触点与接触器 KM2 常闭辅助触点以及复合按钮 SB2、SB3 进行互锁。

在对刀时用点动控制，正转点动按钮为 SB4，反转点动按钮为 SB5。由图 12-8 可知，点动时，因为点动按钮是复合按钮，在接触器线圈得电时，自锁电路被断开，所以不能自锁。

② 主轴电动机的高、低速控制　主轴电动机 M1 为双速电动机，当接触器 KM3 得电吸合时，电动机 M1 定子绕组接成三角形，电动机低速运转；当接触器 KM4 和 KM5 同时吸合时，电动机 M1 定子绕组接成双星形（即两路星形），电动机高速运转。三角形-双星形转换由变速手柄和位置开关 SQ1 控制。

将变速手柄压下去，如果压不到位置开关 SQ1，则 SQ1 不能动作（即处于常态），其常开触点 SQ1 不能闭合、常闭触点 SQ1 不能断开，此时，接触器 KM3 线圈得电吸合，其主触点 KM3 闭合，电动机 M1 定子绕组为三角形连接，电动机 M1 低速旋转。

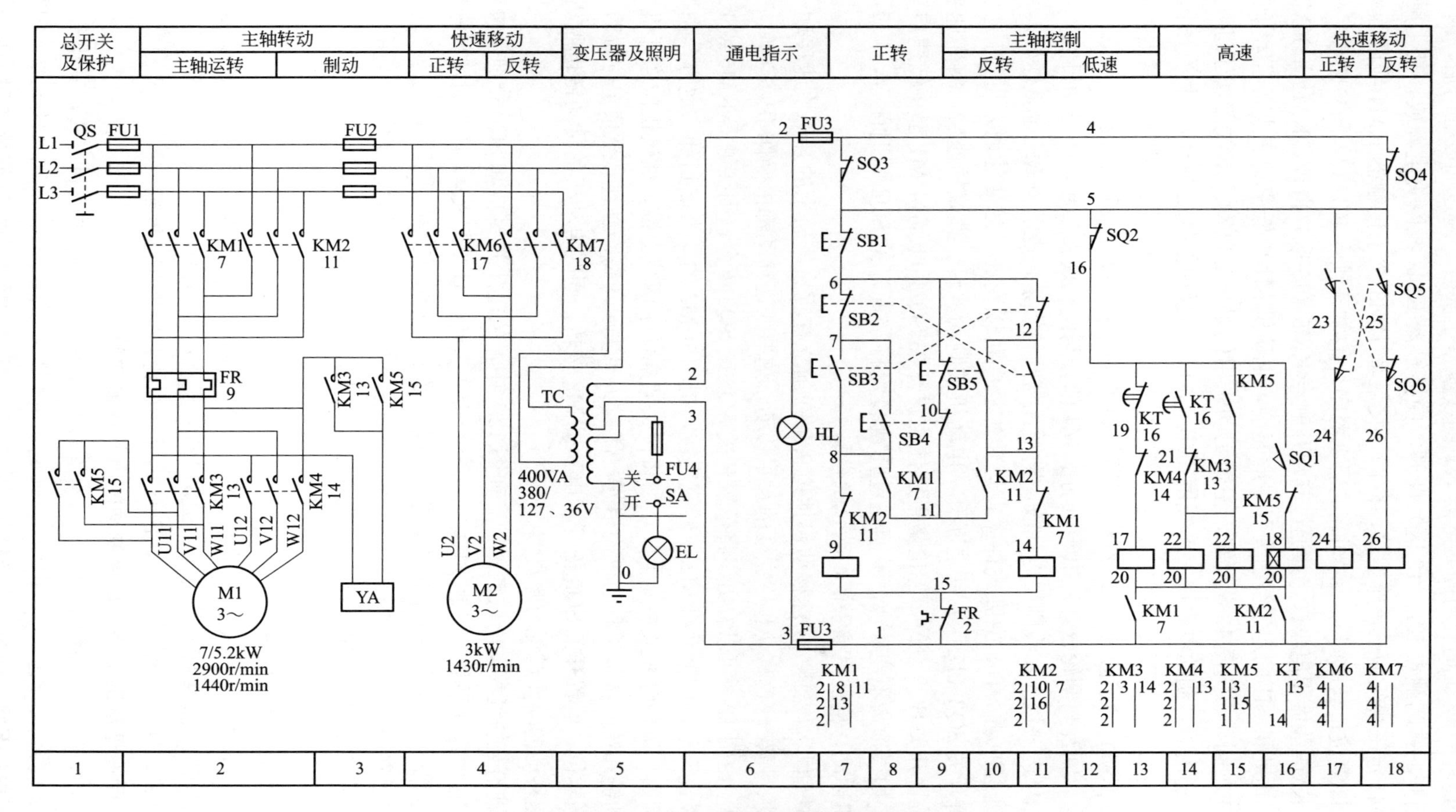

图 12-8　T68 型卧式镗床电气控制电路图（1）

将变速手柄压下去，如果压到位置开关SQ1，则SQ1动作，其常开触点SQ1闭合、常闭触点SQ1断开，此时，时间继电器KT的线圈得电吸合。经过一段延时后，时间继电器的延时断开的常闭触点KT（13区）断开，使接触器KM3线圈失电释放，其主触点断开，取消了M1定子绕组的三角形连接，同时，接触器KM3位于接触器KM4线圈回路的常闭触点KM3复位；与此同时，时间继电器延时闭合的常开触点KT（14区）闭合，使接触器KM4和KM5线圈得电吸合，并通过其常开触点KM5（15区）自锁，KM4和KM5的主触点闭合，电动机M1的定子绕组为双星形连接，电动机M1由低速转换成高速运行。

③ 主轴制动　由图12-8可知，主轴制动采用的是电磁制动。本线路属于断电制动型，即主电路通电时，制动电磁铁YA线圈得电（3区），吸动衔铁使闸瓦与闸轮分开；主电路断电时，制动电磁铁YA线圈也断电，在弹簧力的作用下，使闸瓦与闸轮紧紧地抱着。无论是接触器KM3（低速）吸合，还是接触器KM5（高速）吸合，都会使制动电磁铁YA线圈得电吸合，闸瓦与闸轮分开，由于电动机M1的轴与闸轮连在一起，故电动机的轴能够自由旋转；如果电磁铁YA线圈失电释放，则闸瓦与闸轮抱紧，电动机M1也就停转。

④ 变速冲动　T68型卧式镗床在运转过程中可以变速。想变速时，可拉出变速手柄，压住位置开关SQ2（12区）使之断开，电动机被制动停转。选好转速后，将变速手柄推进去时，位置开关SQ2复位，无论是否压住位置开关SQ1，电动机M1都将低速启动，使齿轮啮合。如果顶齿不能啮合，手柄通过弹簧装置将位置开关SQ2瞬时闭合，随后又断开，使电动机冲动，再往里推手柄，啮合就容易了。

⑤ 快速移动控制　快速移动包括镗头架在前立柱垂直导轨上的升降快速移动、工作台快速移动、尾架快速移动和后立柱的水平移动。这些快速移动都由操作手柄控制，由电动机M2拖动。由图12-8可以看出，将位置开关SQ5或SQ6压合，则接触器KM6或KM7的线圈得电吸合，分别使电动机M2正转或反转，电动机M2的动力传到什么地方，由操作手柄控制。例如，欲使镗头架快速上升，则将镗头架操作手柄往上推，通过机械连杆机构将电动机的传动链和镗头架上下移动机构相连，使镗头架快速升高，直到升至预定位置时，将操作手柄扳到零位，位置开关SQ5松开，电动机M2停转，同时电动机的传动链也脱离镗头架。其余快速移动的动作过程与此类似。

⑥ 进给与快速移动的联锁保护　在图12-8中，位置开关SQ3和SQ4分别受快速移动操作手柄和进给操作手柄的控制，其中任意一个操作手柄SQ3（或SQ4）压下时，另一位置开关仍为通电状态，控制电路不会断电，镗床或是工作在进给状态，或是工作在快速移动状态。

如果已在进给，又要快速移动，则位置开关SQ3和SQ4同时被操作手柄压下，则两个位置开关的常闭触点SQ3和SQ4均断开，控制回路将断电，镗床就会停止工作。这样就保证了镗床的安全。

（3）照明和信号电路

由图12-8可知，该电气控制电路中有局部照明电路和电源指示电路。由变压器TC提供36V的安全电压为照明的电源、提供127V交流电压为控制电路的电源；SA为照明灯EL的控制开关；HL为电源指示灯；FU4为照明电源短路保护熔断器。

（4）带有速度继电器的反接制动的电气控制电路

另外，有的T68型镗床使用了带有速度继电器的反接制动控制方式，其电气控制电路图如图12-9所示。该控制电路中，主轴电动机M1需低速正转时，由按钮SB2、中间继电器KA1、接触器KM3、KM1、KM4进行控制；主轴电动机M1需低速反转时，由按钮SB3、

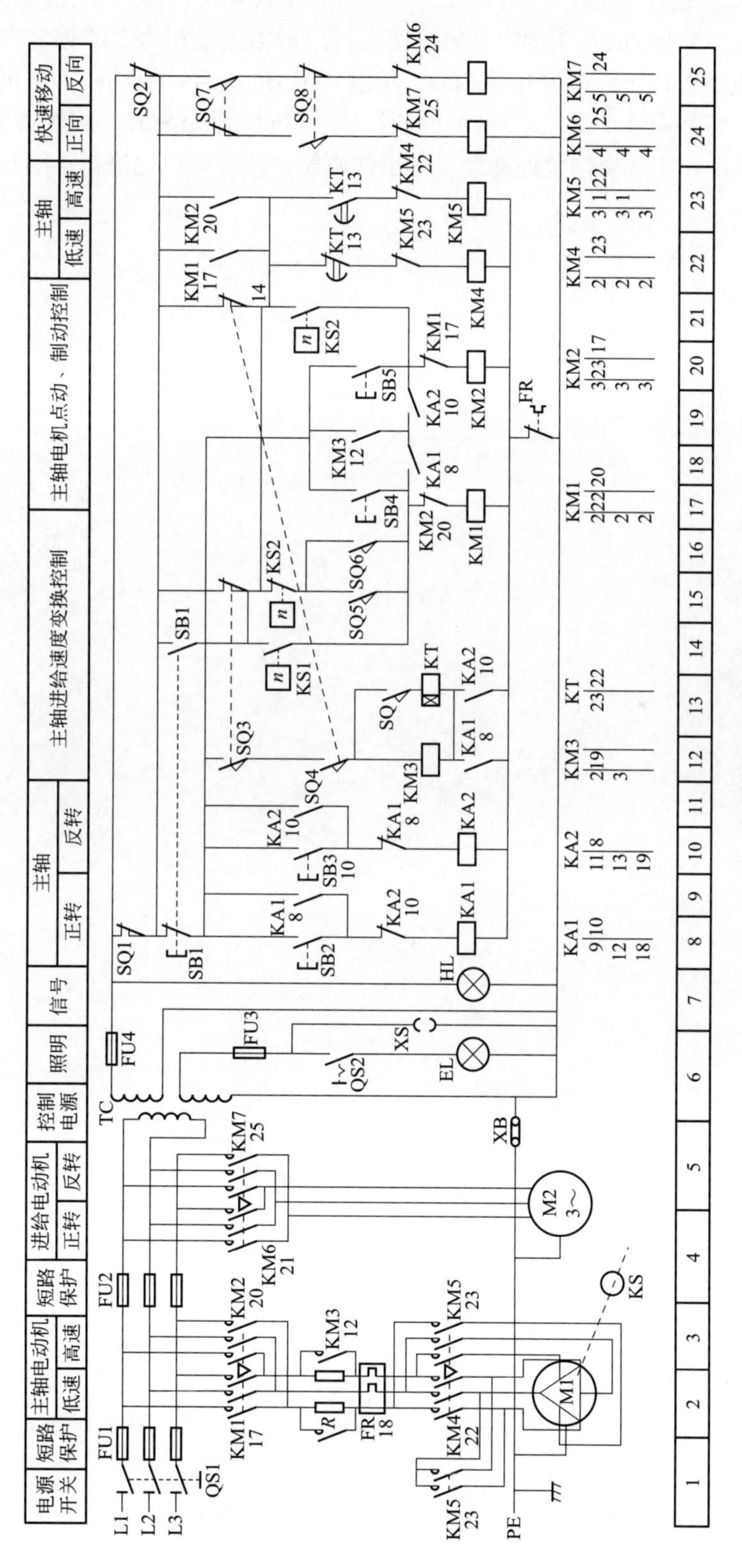

图 12-9　T68 型卧式镗床电气控制电路图（2）

中间继电器 KA2、接触器 KM3、KM2、KM4 进行控制。主轴电动机 M1 的高低速转换可通过变速手柄（即变速行程开关 SQ）控制，当接触器 KM4 吸合时，主轴电动机 M1 低速运行；当接触器 KM5 吸合时，主轴电动机高速运行。进给电动机 M2 的控制方式：将快速移动操纵手柄向里推时，压合行程开关 SQ8，接触器 KM6 吸合，电动机 M2 正转启动，实现正向快速移动；将快速移动操纵手柄向外拉时，压合行程开关 SQ7，接触器 KM7 吸合，电动机 M2 反向启动，实现反向快速移动。其工作原理，读者可自己进行详细分析。

参考文献

[1] 俞艳等.工厂电气控制.北京：机械工业出版社，2007.
[2] 徐超.电气控制与PLC技术应用.北京：清华大学出版社，2009.
[3] 刘玉敏.机床电气线路原理及故障处理.北京：机械工业出版社，2005.
[4] 张连华.电器-PLC控制技术及应用.北京：机械工业出版社，2007.
[5] 程周.电气控制技术入门与应用实例.北京：中国电力出版社，2009.
[6] 张永革.电气控制与PLC.天津：天津大学出版社，2013.
[7] 孙克军.电动机常用控制线路接线150例.北京：中国电力出版社，2012.
[8] 杨清德.零起步巧学电工识图.北京：中国电力出版社，2009.
[9] 孙克军.精讲电动机控制电路.北京：中国电力出版社，2017.
[10] 邓力等.工业电气控制技术.北京：科学出版社，2013.

视频讲解明细清单